出でよ電力イノベータ

グリーンと デジタルの先へ

松田 道男　大来 雄二　共著
電気学会社会連携委員会　編

電気学会

はじめに

　現在は過去の延長線上にあり、未来は現在の延長線上にある。過去を肯定的・否定的に捉えて未来を考えることは可能だが、過去を無視して未来を考えることは現実的でなく無意味と言ってもよいだろう。

　本書は、2部構成となっている。第1部では、トーマス・エジソンが電気エネルギーを広く社会に浸透させるために「中央発電所」というビジネスモデルを創出してからの電気事業の歴史を描いた。第2部では、電気事業の現状を検証しつつ、将来を構想し、解決するべき課題を展望した。

　本書の主題は、電気事業分野のイノベーションとそれを担ったイノベーターである。電力は現代社会になくてはならないエネルギーの一形態であるが、それを需要家のもとに使いやすい形で、しかも不断に届けるサービスを電気事業と呼ぶ。この140年間、電気の作り方も使い方も多様化してきた。この電気の需給の多様化に合わせて、電気事業のあり方も多様化する必要が生じた。いま日本では国も産業界も積極的にそのニーズに応えようとしている。

　イノベーションとは、発明・発見の成果を基盤に、ビジネスモデルを創成し、それを実用に堪えるものであると実証し、社会実装し、普及させるプロセスである。イノベーションが起きるところには、イノベーターを支える新技術、投資・金融、企業経営という3要素が同時に存在することが必要となる。それを下支えする秩序（規制や市場）に配慮が要ることは言をまたない。

　第1部はこの視点から、電気事業の温故知新の道を辿る。電気事業の発展と改革の姿は国によってさまざまだが、日本と米国のそれは関係が深い。何本もの「糸」でつながっているということができる。そして、そこには電力イノベーターがいた。事業は人である。人を抜きにして事業は語れない。過去に活躍した人を知ることは、未来に活躍する人の姿を思い描くうえで有益だ。本書では、「発明王」として有名なトーマス・エジソン、ザ・チーフと呼ばれ公益電気事業モデルを創成したサミュエル・インサル、「日本のエジソン」と称される藤岡市助、「電力の鬼」の異名を持つ松永安左エ門の4人を軸に電気事業を振り返る。

　われわれ著者二人が、「出でよ、電力イノベーター！」と叫ぶとき、脳裏にあ

はじめに

るのは彼らを電気事業に駆り立てたその若さである。そして若き彼らにその機会を与えた時代と環境である。

しかし時代は動いた。インサル＝松永モデルと呼んでもよい電気事業モデルは米国でも日本でも解体されていった。その実態を理解することは、電気事業の将来を構想するうえで不可欠であろう。

第2部では、電力システム改革やGX（グリーントランスフォーメーション）を検証しつつ、電気事業の将来を構想する。100億人に届かんとしている地球上の人間の生活を支えるエネルギーは、電気であろうと機械であろうと石油であろうと、すべからく「量」である。エネルギー量は「仕事」として定量化でき、その単位にはJ（ジュール）とかkWh（キロワットアワー）などがつかわれる。構想するためには、需要の量、需要に応じるために供給する量、その両面のエネルギー量の定量的イメージがいる。それは18,670 PJ（ペタジュール；ペタは 10^{15} = 1,000,000,000,000,000）とか16,000 TWh（テラワットアワー；テラは 10^{12} = 1,000,000,000,000）などの形で語られる。

筆者の家庭の電気使用量は、東日本大震災前は1年間に3,600 kWh（キロワットアワー）であった。以降節電に努めて（冷蔵庫・照明・窓等）、最近は2,300 kWhで推移している。家庭・産業・運輸業務他部門で消費される最終エネルギー消費量の総和が日本のエネルギー消費量である。第2部では未来を語る上で押さえておきたい数値をいくつか掲げ、本書を貫く公共・公益についての経済学的知見を振り返ったうえで、解決するべき課題を展望する。

われわれは、若い彼らが未知の電気事業に踏み込んでいった先見の明と勇気に加えて、その時の彼らの若さに驚かされる。エジソンが電球を発明し事業化に乗り出すのは32歳、インサルがシカゴ・エジソン社社長に就任するのは33歳、藤岡が東京電燈技師長に就任するのは29歳、松永が佐賀の広滝水力の監査役に就任するのは33歳である。1971年（昭和46年）、96歳で大往生した松永は、晩年、自分が提起した壮大な構想に関して、

「年寄りの考えることは小さい。私ならこうやると言ってかって出る青年が現れないものだろうか」。

と若者を鼓舞した。この地球を私たちが住み続けられる場所に保つためには、いくつもの壮大な構想と、それを現実のものにするためのち密な計画と、そして何よりも情熱と信念が必要だ。電気事業の分野にはなすべきことが山積している。

「出でよ、電力イノベーター！」

大来 雄二

目 次

はじめに ……………………………………………………………………… 3

第1部　過去に学ぶ －知る人ぞ知る偉人たち ……… 9
　電気事業の勃興という歴史的イノベーション ………………………… 9

第1章　インサルが築いた公益電気事業　　　　　　　13
　1.1　インサルを待ち受けていた電気の時代 ……………………… 13
　　　電気の時代の始まり ………………………………………… 13
　　　インサル再評価 ……………………………………………… 16
　1.2　インサルのイノベーション …………………………………… 18
　　　公益電気事業 ………………………………………………… 20
　　　供給責任 ……………………………………………………… 24
　　　負荷率・不等率 ……………………………………………… 26
　　　総括原価主義 ………………………………………………… 30
　　　電気料金体系 ………………………………………………… 31
　　　持株会社 ……………………………………………………… 34
　　　大衆投資家 …………………………………………………… 37
　1.3　戦い続けた人インサル ………………………………………… 40
　　　ロンドン下町の庶民 ………………………………………… 40
　　　エジソンとの機縁 …………………………………………… 41
　　　エジソンと共に ……………………………………………… 47
　　　電流戦争 ……………………………………………………… 54
　　　シカゴへ ……………………………………………………… 57
　　　シカゴとともに ……………………………………………… 59
　　　パワープールの形成 ………………………………………… 63
　　　福祉資本主義 ………………………………………………… 67
　　　終わりの始まり ……………………………………………… 70
　　　帝国の終焉 …………………………………………………… 73
　　　パリにて ……………………………………………………… 78
　　　ポスト・インサル …………………………………………… 81

第2章　松永安左エ門が築いた「9電力体制」　　　　85
　2.1　日本の電気の時代 ……………………………………………… 85
　　　エジソンと藤岡市助 ………………………………………… 86
　　　藤岡対岩垂の電流戦争 ……………………………………… 89
　　　電気の時代の幕開け ………………………………………… 93

2.2 戦う明治人、松永安左エ門 …… 97
- 九州へ …… 97
- 名古屋へ …… 101
- 科学的経営 …… 104
- スーパーパワー …… 106
- 電力ファイナンス …… 109
- 電力戦 …… 111
- 電力統制私見 …… 114
- 国営論との戦い …… 118
- 国営論に敗北 …… 121
- 日發の失敗 …… 126
- 武蔵野隠棲 …… 131

2.3 「電力の鬼」松永安左エ門 …… 132
- 日發解体 …… 132
- 75歳の中央復帰 …… 134
- 電力の鬼 …… 138
- 4度目の挫折 …… 140
- 広域運用 …… 142
- 産業計画会議 …… 144
- トインビーとの出会い …… 148

第3章 電力自由化:インサル=松永モデルの解体 151

3.1 「インサルモデル」の解体 …… 151
- レーガンとサッチャー …… 151
- IPPの出現 …… 152
- 電力自由化の原点 …… 154
- 本格的自由化 …… 155
- カリフォルニア電力危機 …… 157
- エンロンの世界最大の倒産 …… 158
- ポスト・エンロン …… 160

3.2 松永モデル「9電力体制」の解体 …… 163
- 「選択の自由」 …… 165
- 「高コスト構造」対策 …… 166
- 対日市場開放圧力 …… 168
- 「日本型モデル」への収斂 …… 169
- 「電力システム改革」への激変 …… 172

第2部　未来を考える ……… 177
　未来への二つの道 ……… 177

第4章　現在から未来へ　　　　　　　　　　181
4.1　電気事業の公益性とその過去・現在・未来 ……… 181
　　電気事業の「公益性」と「規制」の歴史的考察 ……… 182
　　電気事業の公益性：不断性・低廉性・環境性 ……… 187
　　公益性要件その一：不断性（供給責任）と電力人 ……… 188
　　公益性その二：低廉性 ……… 190
　　公益性その三：環境性 ……… 192
　　電気事業の未来 ……… 197
4.2　需要予測と電力技術 ……… 201
　　切り口①　人口 ……… 202
　　切り口②　自動車 ……… 203
　　切り口③　データセンター ……… 207
　　切り口④　電力システム ……… 209
　　全体像　長期電力需要想定 ……… 215

第5章　未来から現在へ　　　　　　　　　　219
5.1　理念のもつ意味 ……… 219
　　政治理念 ……… 219
　　経済思想 ……… 223
　　地球環境（人の住める地球を） ……… 227
5.2　日本の国土と電力システム ……… 229
　　魅力的な将来日本 ……… 230
　　自然災害列島日本 ……… 231
　　首都直下地震対応 ……… 235
　　需要立地 ……… 236
　　停電させないための人の心と技術力 ……… 241
　　改めて公益・公共を考える ……… 246

おわりに ……… 249
索引 ……… 253

第1部 過去に学ぶ ―知る人ぞ知る偉人たち

電気事業の勃興という歴史的イノベーション

　IT時代を生きる我々は、新しい技術が著しい速度で大規模な事業へと発展していく過程を日常茶飯事のように目にしている。PC・インターネット・スマートフォン・生成AIがその典型である。こうしたIT技術はすべて電気によって支えられている。そして現代社会における人間の営みはすべて電気によって支えられている。しかし電気という物理現象を理解しその原理を応用して人間の営みに利用し始めたのは遠い昔の話ではない。古代から知られていた磁石・雷・静電気の現象の解明をしようとする努力から始まって、ファラデー[1]などの科学者や技術者によって電気や磁気の法則や原理が「発見」されたのは19世紀前半である。そして、19世紀後半に至ってマックスウェル[2]らによって電磁気現象の理論が数学的な体系として完成する。

　それと並行して電気の持つ潜在的な効用を現実のものとするための技術開発と発明が後を追う。19世紀の後半は、電気をつくり、送り、光・動力・電波に転換するための激しい技術競争が開始され、それを先導したトーマス・エジソン[3]、ニコラ・テスラ[4]などの天才と呼ばれる発明家の活躍の舞台となった。

　やがて彼らによって実証された技術開発の成果を社会実装するための事業を興す起業家が現れる。起業家は新しいビジネスモデルを考案し新しい産業を興しイノベーションを先導する。世界各地に出現した電気事業の始祖となる多数の小規模な地域電力会社と、GE・ウェスティングハウス・シーメンスなどの電機製造業が誕生したのもこの時期である。

---

1) Michael Faraday (1791-1869)
2) James Clerk Maxwell (1831-1879)
3) Thomas Alva Edison (1847-1931)
4) Nikola Tesla (1856-1943)

図 1.1　1922年頃の
トーマス・エジソン
（US Library of Congress所蔵）

技術開発や社会実装には巨額の事業資金が継続的に必要であるゆえに、新技術の秘める可能性に賭けてリスクマネーを投じる人々の存在が同時に不可欠である。勃興期の電気事業と電力機器メーカーの起業と操業を支えたのは19世紀後半から立ち上がったニューヨークとロンドンの投資銀行家である。

このようにイノベーションは、インベンター（発明家）・アントレプレナー（起業家・企業家）・フィナンシア（投資家）が同時に現れてはじめて具現化する[5]。

19世紀の終わりから20世紀の初めにかけて興った第2次産業革命・石油の発見・資本主義の勃興を背景にして、米国では電気が人々の生活と産業の在り方を大きく変え始める。そしてそこで起きた「電化」というイノベーションは天才的洞察力と抜きんでた行動力を持つ人々によって支えられて急速な発展を遂げる。

その大きな変化を起こした人々を挙げるとすれば、一番に挙げるべき人の選択には議論の余地がない。それは電力分野のみならず電信・電話・蓄音機・映画の分野で数多くの発明をしたトーマス・エジソンである。彼は白熱電球の発明者としてのみならずニューヨークや、ロンドンに世界最初の中央発電所を稼働させ、全米各地にそのビジネスモデルを拡散させ、のちのGE社となる電機製造業を立ち上げた起業家でもあった。ここで言う中央発電所とはcentral stationの翻訳である。そもそも電気事業は、「電灯の明かりを我が邸宅に」という富豪の求めに応じて彼らの御屋敷に発電機を設置したのが始まりであった。それに対してエジソンが構想し実現させたのは「ある一定地域内に存在する多数の事務所・レストラン・家庭に対して需要地の中央に設置した発電機から電気供給を行う」というビジネスモデルである。

電気事業を新時代の産業にまで成長させた企業家として、エジソンに請われて

---

5) 各々に対応する英語は、inventor, entrepreneur, financierである。

弱冠21歳の時にロンドンからニューヨークに移住しエジソンの電気事業と電機製造業の経営を助けたサミュエル・インサル[6]をまず挙げねばならない。彼はのちにシカゴで小電力会社シカゴ・エジソン・エレクトリック社の社長に就任したことを手始めに、コモンウェルス・エジソン社[7]を中核にした一大グループ電力会社を築く。彼が創出・拡散させた電気事業ビジネスモデルは公益電気事業[8]と呼ばれ、長く米国で有効に機能し、日本にも移植され九電力体制として戦後日本の高度成長を支えた。

　発明と起業を財政面でエジソンを支えた投資銀行家（フィナンシア）として、ジョン・ピアモント・モルガン[9]（以下J.P.モルガン）を挙げる。彼は鉄道と鉄鋼をはじめとする様々な新興産業を金融面から応援しつつそれぞれの業界を支配する。電力の将来性に目を付けエジソンの電力ビジネスと電機製造業を強力に支援する。しかし、次第に直流技術に病的にまで固執するエジソンに見切りをつける。最終的には彼を追放しその事業を再編しGEとして傘下に収める。電気事業界でも覇者たらんとし次第にサミュエル・インサルとの敵対関係が露わになる。

　第1章では今挙げた発明家エジソン、企業家インサル、金融家J.P.モルガンの三人の足跡を中心に電気が社会実装される経緯を見る。電灯照明が夜の闇を光輝く時間に変えた衝撃が公益電気事業ビジネスモデルの隆盛をもたらす。電気が市街鉄道を電化し、工場動力を電化し、家庭を電化して米国人の生活が一変する。ここからその「電気の時代」の物語を始めることとしたい。

---

6) Samuel Insull（1859-1938）
7) The Commonwealth Edison Company of Chicago
8) 英語public utilityの翻訳
9) John Piermont Morgan（1837-1913）

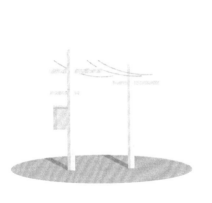

第1章　インサルが築いた公益電気事業

1.1　インサルを待ち受けていた電気の時代

　中央発電所モデルと呼ばれる電気事業の形は約140年前エジソンによって立ち上げられる。それ以来電気事業は社会のエネルギー需要の増大にこたえるため目覚ましい成長を遂げる。その過程で各国の政治的選択に伴うさまざまな大波を受けて変化してきた。歴史的に見て、電力会社の形態には大きく分けて国営・公営と民営があるが、米国と日本では民営の電力会社で電気事業が立ち上がる。

　インサルは、エジソンが天才的直観で構想した中央発電所モデルの立ち上げに参加し、エジソンの最も近くで彼の無二の協力者となる。彼は中央発電所モデルをエジソンからつぶさに学び、その後自らの道を歩んで今日にまで通じる公益電気事業モデルを完成させる。

電気の時代の始まり

　21歳のインサルが、英国からの船旅を終え、1881年2月28日にニューヨーク港に到着した時には、すでにエジソンの中央発電所モデルの計画は着々と実現に向かっていた。

　技術史家トーマス・ヒューズ[10]は、1878年10月20日に行われたエジソンの記者会見の模様を次のように描写している[11]。

　　トーマス・エジソンは、大都市の中心に設置した発電機から地中線によって配電する構想について語る。彼は、各家庭にはガス灯に代わってより経済的な電灯が入ると予測する。800メートル半径の円内に入る全戸に電灯を点灯させることができると自信を持って語る。彼が語るのは彼の電球についてだ

---

10) Thomas P. Hughes（1923-2014）：米国の技術史家。ペンシルベニア大学教授、MIT、スタンフォード大客員教授を歴任。
11) Networks of Power p.32：日刊紙「New York Sun」の掲載記事。

けではなく電力計・発電機・配電網にまで及ぶ。その時点ではまだ配電網はおろか発電機や実用可能な電球は出来上がっておらず、それらが手に入るにはまだ1年かかることになる。彼の頭の中にはその概念は確立していた。

　エジソンはこの中央発電所システムに必要となるありとあらゆる要素開発を自らの手で行うことにこだわった。他社に供給を依存する場合は性能の確認を彼のメンロパーク研究所で行った[12]。このシステム思考こそがエジソンを他の要素技術の発明家たちと異なる成功の高みに導くことになる。

　一方、J.P.モルガンのような投資銀行家（フィナンシア）は白熱電球の明かりのまばゆさに大きな利益の可能性を見出す。現代で言うベンチャーキャピタリストである。エジソンは1978年にJ.P.モルガンのドレクセル＝モルガン社から資金援助を得てエジソン電灯会社（Edison Electric Light Company）を設立する。この会社は彼の特許を管理し、電灯事業の全米フランチャイズとの契約を管理することを定款としていた。

　続いて1880年に、ニューヨークに第1号中央発電所を建設するための会社エジソン電灯照明会社（Edison Electric Illuminating Company[13]）を設立する。世界で初めての電力会社であった。中央発電所システムを構成する各要素である発電機、電球、配電線、配電器具を製造する工場をニューヨークとその近郊に次々と立ち上げる。

　エジソンはニューヨーク市内に建設する中央発電所建設許可申請を前にした1880年12月に、ニューヨーク市長と市議会議員団をニュージャージー州にある彼のメンロパーク研究所に招待して、白熱電球による照明のもと晩餐会を挙行する。この晩餐会の政治的効果はてきめんで、ガス灯業界からの強い反対で難航していた市当局の地下工事に関する許可がほどなく下りる。

　1881年に、英国から船旅でニューヨークに着いた若きサミュエル・インサルを待ち受けていたのはこのような状況であった。インサルは下船・上陸から間を置かずエジソン邸を訪問し、挨拶もそこそこにエジソンの命ずるままに徹夜で仕事を開始する。その後パール街257番地にある中央発電所第1号の建設現場で監

12）エジソンは「メンロパークの天才」との異名も取っている。
13）現在のニューヨークの電力会社Consolidated Edison社の始祖会社である。

督にあたることになる。

　発電所は計画通り1882年9月4日に稼働を始める。それはいかに小なりともいえどもまさに電力系統の概念が現実化した瞬間であった。石炭ボイラー・蒸気機関・ジャンボ直流発電機を組み合わせたシステムで発電された電気が、地中配電システムによって需要家各戸に供給され白熱電灯を灯した。この日エジソンは、ウォールストリート23番地のドレクセル＝モルガン社の事務所で電灯のスイッチを入れた。

　トーマス・ヒューズは発電所立ち上げ時の状況を次のように描写する[14]。

図1.2　パール街発電所

　　並列につないだ2台の発電機を起動した時に、問題が発生する。蒸気機関の調速機が故障して蒸気流量が不安定となったのだ。エジソンの機転で調速機を連結させてこの危機は乗り切った。発電所内ではこれに類した無数の問題が起こる。発電所構外でも地下に埋設した電線や接続箱で漏電が起こる。品質不良から電線に火災が発生する。エジソンはこうした問題を一つ一つ解決しながら、徐々に顧客の数も増やしていく。運転開始直後の1882年10月1日には1,626個の電灯契約があり、そのうち1,284個が使用されていた。1年後の10月1日には電灯契約総数は11,555個となり、そのうち8,573個が使用されていた。

　エジソンはこの成功をばねに、全米各地の地元有力者と結んで中央発電所ビジネスのフランチャイズ化を図る。インサルもビジネス拡大のために営業の先頭に立つ。エジソンの名前を冠するフランチャイジーの数は、1885年には31社、1886年には48社、1887年には62社と急増する[15]。後にインサルが運命的な機縁で社長を引き受けることになるシカゴ・エジソン・カンパニーは、その名前から

14）同上：p.43
15）Jack Casazza "Forgotten Roots"(2007) p.19

わかるようにフランチャイジーの一つであった。

エジソンは中央発電所というビジネスモデルのグローバル化にも力を入れる。1881年と1882年のパリ国際電気博覧会において「白熱電球のまばゆい安定した光」で新しい時代の到来を世界に告げる。

1882年に英国エジソン社を設立する。そして同年4月にはロンドン市内で世界初の中央発電所を開業させる。1883年にはドイツエジソン社を設立する。そして1884年9月にベルリンでドイツ第1号となるフリードリッヒ街発電所を運開させる。パリには1882年、ミラノには1883年にそれぞれ最初の中央発電所を運開させる。日本では東京電燈が藤岡市助技師長の下で1887年に第1号を運開させる。

インサル再評価

さてサミュエル・インサルとはいったいどんな人物であったのであろうか。「忘れられたルーツ」(2009年)[16]で、彼は次のように紹介されている。

> 米国電力産業の発展拡大の歴史がエジソンに始まることは誰でも知っているが、その黎明期に極めて大きい役割を果たしながら今ではその名前を憶えている人はほとんどいない人物がいる。1881年、21歳の時に見込まれて秘書、事務方としてエジソンの下で働き始め、その後電気事業を切り回したサミュエル・インサルがその人である。彼は、エジソンの下を離れた後、現在有数の電力会社として隆々と経営されているシカゴのコモンウェルス・エジソン社の始祖ともいうべき小電力会社シカゴ・エジソン電力会社の社長に就任し、ついにはコモンウェルス・エジソン社を中核にした電気事業界における「インサル帝国」を築き上げたのである。
>
> インサルの功績は、世界の電気事業者が今でも用いているビジネスモデルを創始し、電力供給に関する公益事業のモデルを民間人として作り上げたところにある。初期の電気事業がごく少数の富裕な顧客に高い電気を売るというビジネスであったのに対して、彼は安い電気を広域の顧客層に大量供給す

---

16) EIT電力発展史研究会編「忘れられたルーツ」(2009年社団法人日本電気協会発行) pp.23-26

るというビジネスに転換したのである。このため彼はトーマス・エジソンが固執する直流技術からきっぱりと離れ、新しいビジネスモデルにより適した交流技術に乗り換えるという正しい判断をしたことも忘れてはならない。

いま米国電力業界で仕事をしている人達にインサルについて聞いてみてもほとんどの人はその名前すら知らず忘れられている。彼の1881年から1931年にかけての50年間の電力業界の発展への貢献にもかかわらず、である。

インサルの人と仕事について、歴史家フォレスト・マクドナルドは、「インサル―ある電力王の盛衰」[17]と題する伝記を1962年に出版している。マクドナルドは「サミュエル・インサルの名前はトーマス・エジソンに次いで重要な人物の名前」とし、「大恐慌後の経済混乱から彼の帝国とまで呼ばれた巨大企業グループは破産に追い込まれ、彼とその一族は3件の刑事訴追を受ける。後にすべての訴因で無罪判決を勝ち取るが彼が電気事業に戻ることはなく世の中は彼を忘却した」と紹介している。マクドナルドは、GEがインサルをその社史から抹消しているという事実も指摘し、インサルとGEの関係について次のように説明している[18]。

　米国財界は、資本主義の罪悪を引き受けてくれるスケープゴートを必要としていた。インサルは、まさに理想的にもその役回りを引き受けてくれた。それゆえGEは静かに彼の名前を社史から抹消して、『GEは世の中の進歩と、電気料金の低減、サービス向上に邁進していたが、電気事業に闖入してきた悪者たちにその努力を妨げられた一時期があった』とインサルとの関係をいわば黒塗りにした。

最近では冷静にインサルの功績を評価する論文が出版されるようになってきた。トーマス・ヒューズは、1983年刊行の著書「Networks of Power」[19]の中で、

---

17) Forest McDonald "INSULL" The Rise and Fall of A Billionaire Utility Tycoon (1962)
18) Forest McDonald "INSULL" The Rise and Fall of a Billionaire Utility Tycoon (仮題「インサル－ある電力王の盛衰」)：p.334
19) Thomas P. Hughes "NETWORKS OF POWER" Electrification of Western Society：pp. 203-204

インサルが果たした役割を次のように総括する。

> 歴史家は、サミュエル・インサルには冷淡である。彼の人生の頂点で起こった破局がゆえにその実績は人々の記憶から消し去られ、マスコミ・政治家・ライバルによって大恐慌の責任を一手に引き受けさせられた。

インサルが1907年にシカゴに創設したコモンウェルス・エジソン社は、電力自由化の流れの中で発電部門を売却し、イリノイ州をサービス区域とする送配電・小売専業会社ComEdとなり、巨大な電力持株会社エクセロン社の傘下に属す。ComEd社のホームページ[20]は、インサルとの関係について次のように言及する。

> 1892年7月、もう一人トーマス・エジソンの部下だった人がシカゴに到着し、トーマス・エジソンの地域フランチャイジーであるシカゴ・エジソンの経営者になる。その人の名はサム・インサル。彼は優れたビジネスセンスを持ち熱心に電気の知識を蓄え続ける努力家だった。彼の卓抜した市場開拓手法の成果と、電灯需要の急拡大に支えられてコモンウェルス・エジソン社が1907年7月に誕生する。

電気事業の歴史をさかのぼれば、必ずトーマス・エジソン、ジョージ・ウェスティングハウス、ニコラ・テスラに加えて、サミュエル・インサルに行き当たる。インサルこそ近代資本主義の萌芽期に電気事業の公益概念を創出し、電化社会の創造というイノベーションを実現させた人として、再評価し電力史に正しく記録しておくべき人である。

1.2　インサルのイノベーション

イノベーションという言葉を普段「技術革新」と翻訳することが多く、そのよ

---

[20] https://www.comed.com/AboutUs/Pages/CompanyInformation.aspx（最終参照日：2025年1月11日）

うに理解している向きも多いと思われる。しかし、本来のイノベーションの意味は、「技術」を越えてはるかに広い。

イノベーションを、経済学用語として再定義しその経済理論の中心に据えたのは、ヨーゼフ・アロイス・シュンペーター(Joseph Alois Schumpeter; 1883-1950)である。彼は1928年に著作した論文「企業家」[21]の中で、イノベーションの態様を下記に示す5つの類型に切り分けている。

1．新しい生産物、または生産物の新しい品質の創出と実現
2．新しい生産方法の導入
3．工業の新しい組織の創出
4．新しい販売市場の開拓
5．新しい買い付け先の開拓

イノベーションとは企業家(アントレプレナー)が、この5つの類型の要素を従来とは違った発想でとらえて、それらを新たに組み合わせる作業である。このために各要素を創造的に変化させ新結合させることである。シュンペーターの言う新結合による創造的破壊こそがイノベーションである。インベンター(発明者)による技術革新そのものは、新結合に供されるイノベーションのきっかけとなっても一部分にすぎない。

インサルはエジソンの直流中央発電所システムから学び取ったことを、交流側のインベンション(発明)と新結合させて公益電気事業のビジネスモデルを構成していった壮大なイノベーターである。インサルが電気事業にもたらしたいくつかのイノベーションを整理しておこう。

1．新しい生産物または生産物の新しい品質の創出と実現：
電力を有価の商品と位置付けて、生産・配送・計量・販売するにあたり、総括原価主義会計による電気料金体系を導入し、さらに負荷平準化と深夜

---

21) J.A.シュンペーター著、清成忠男編訳「企業家とは何か」(東洋経済新報社)pp.3-51

第1章　インサルが築いた公益電気事業

図1.3　サミュエル・インサル（1920年撮影）

電力需要を誘導する時間帯別料金を導入したこと。
2．新しい生産方法の導入：
大容量設備で電力を大量生産し、広大な地域に大規模送配電網で配送し、多数の需要家に大量販売することによる規模の利益を実現したこと。これにより需要家は廉価サービス提供の受益者となる。
3．工業の新しい組織の創出：
自然独占・垂直統合・総括原価主義・料金規制という4本の柱の上に立つ民営公益事業体が顧客に対して供給責任を負いながら廉価で電気供給サービスを提供するという公益電気事業モデルの創出を実現したこと。
4．新しい販売市場の開拓：
サービスエリアを都市内から郊外、農村、さらに州間へと拡大する一方、需要を電灯から電車動力・工場動力へと拡大したこと。
5．新しい買い付け先の開拓：
火力発電用石炭のサプライチェーンを確立したこと。

この時代を俯瞰すれば、エジソンというインベンターと、インサルというアントレプレナーと、J.P.モルガンというフィナンシアの人的新結合が現代の電気事業と電力機器産業の基礎を築き上げたといえる。インサルが創成した公益電気事業モデルを構成する各要素について詳しく見ていくことにする。

公益電気事業

電気事業が自然独占[22]を前提とすべきであるという考え方は、インサルの電気事業経営思想の根幹を形成している。彼のこの思想に基づいて米国の電気事業は

---

22) 自然独占とは、1つの企業が全ての供給を行う方が、複数の企業が競争するよりも効率的でコストが低くなる状況を指す経済用語である。代表的な例として、電力、ガス、水道といったインフラ産業を挙げられる。

拡大発展を遂げたのである。このために彼は資本主義の興隆期にあって独占を嫌う政治家・実業家・社会運動家を説得するという極めて大きな仕事を成し遂げねばならなかった。

彼は自伝[23]の中で彼の最も重要な電気事業思想「規制下の民営事業」の展開に次のように言及している。

> 1897年から1898年にかけて私は全米電灯協会（NELA）の理事長の職にあったが、シカゴで開催された1898年の年次総会において、電力会社の「規制下の民営維持」を、すなわち電力会社は民営であるべきだがその公益性から規制を受けいれるべきことを力説した[24]。これには多数の電力会社経営者から批判が集中した。それは私が「電気事業が自然独占であるがゆえに政府に何らかの形で規制されるのは当然」という論陣を張った最初の有力電気事業経営者であったからである。私はこの業界では自由競争は非合理的な経済効果しかもたらさないので、適切な政府規制の対象とすべきだと固く信じていた。

このあたりの経緯は歴史的に非常に重要であるので、詳しく見てゆこう。1898年のインサルのNELA総会における理事長演説[25]は、業界内外に旋風を起す。彼はその演説で、つぎのように主張する。

> 電気料金は全費用の回収と保証された利益率で設定されるべきである。これが公益事業体としての電気事業に対する規制のあるべき姿であり、複数のフランチャイジーが同一地域に割拠する状態は投資家をしり込みさせる。その結果は電気事業会社の社債に対する高利回りの要求や貸付金の利率の上昇を引き起こす。解決策は電力会社に地域独占権を与え、同時に公的機関による電気料金の規制を行うことだ。

---

23) Samuel Insull "The Memoirs Of Samuel Insull" An Autobiography (1992)：pp.89-90
24) NELA 21st Convention (Chicago, June 7, 8 and 9, 1898)
25) Robert L. Bradley Jr."Edison to Enron" Energy Markets and Political Strategies (WILEY)：pp.86-88, pp.113-114

まさに、彼は電気事業の地域自然独占・公的機関による料金規制・総括原価主義による料金計算・投下資本に対する適正利潤の保証という近代的公益電気事業体の基本要件を体系化した。

　インサルは、規制を市町村レベルでもなく連邦レベルでもなくその中間の州レベルにするようにロビー活動を展開した。その理由は、電力会社を市町村レベルの政治家の汚職から守ることであった。彼はシカゴ市の政治家の腐敗をいやというほど経験させられていた。こうした努力によりNELA内部の公益政策委員会が「電気事業の拡大のためには州政府の規制を受けることが望ましい」との報告書を作成する。その結果1907年にウィスコンシン・マサチューセッツ・ニューヨーク各州において各州の公益事業委員会の設置が実現する。他州でも同じ動きが続き1914年にはインサルの本拠イリノイ州でも公益事業委員会が設立される。最終的には全米50州に公益事業委員会が設置される。

　インサルモデルの歴史的位置づけについて、ゴードン・ウェイルは、その著書『ブラックアウト』[26]の中で、次のように解説する。

　　1978年までの長きにわたって共通認識として米国で存続した、"電気事業は自然独占"という考え方はインサルに始まる。インサルはこの思想の脆弱性をよく意識していたので、これを無規制の下に放置すると必ず州議会の反発を招いてしまうだろうと予期していた。インサルは、シャーマン反トラスト法(1890)[27]はいずれ電力業界をも規制対象にする危険性が高いと考えて「電気事業の自然独占」を守る方法を模索しその解決策は「規制を受け入れることだ」と結論した。
　　1887年に連邦政府は州間通商委員会（Interstate Commerce Commission）を設立する。鉄道線路は州境を超えて敷設されることから鉄道業界に対する規制は一つの州の管轄権だけでは不可能なのでこの立法措置が取られた。この進展を見たインサルは電力業界の規制は州政府レベルの機関によるべきと考えた。電力会社はまだ小さく州間にまたがる例はほとんどなかったからで

---

26) Gordon L. Weil:：BLACKOUT How the Electric Industry Exploits America(2006)pp.11-12
27) https://www.ourdocuments.gov/doc.php?flash=false&doc=51（最終参照日：2025年1月11日）

もあるが、連邦政府機関による規制より州政府機関による規制の方が御しやすいとの計算からでもあった。

　こうしてインサルは州の規制機関から州内限定の独占営業権を取得し、その代わりに電気料金は州規制機関の認可を受けるという制度を政治的な取引を通して実現させた。消費者もこの規制機関と電気事業者との間で決まる電気料金を「自由市場があればそこで決まったはずの電気料金」の代わりとして受け入れた。インサルは州の公益事業規制員会は電力消費者の利益の代弁者ではなく一般公衆の利益を代弁するべきであると主張し、電気料金は顧客にとって極力安いレベルに設定されるべきであるが、同時に投資家に適正な利回りを保証できるものでなければならない、十分な利回りによって更なる電力への事業投資を誘発し電気事業の継続性を担保すべきと主張した。この考え方は全米で受け入れられるところとなり、地方の素封家たちはウォール街からの投資と支援を受けて各地で電気事業に乗り出した。

　この様にインサルの1898年のNELA総会演説こそが米国における公益電気事業モデルの基盤を形成する。1978年の再生エネルギー促進のための立法PURPA[28]の制定によって発電事業の規制緩和が行われるまで、インサルが創成した民営電力会社の地域独占電気供給体制は存続した。この独占的特権を得る代償として、電力会社はいわゆる供給責任を負い、営業許可地域内では需要家の要求があれば原則供給設備を用意し、また全地域で停電無き供給を理想として努力が重ねられてきた。

　こうした無限責任的義務を果たすために電力会社には料金計算にあたって、電力供給に必要とする資産の合計に法定利益率をかけたものを総費用に加えることが認められる。これを総括原価主義と称する。電気事業者に一定地域内で生産・販売の独占を許すことが社会的費用の最小化につながるとの考え方、すなわち電気事業は自然独占であるべきという思想である。

　インサルが排除しようとしたのは、同一地域で複数の電力会社が併存し、街路には各社の電柱や地中線路が各社ごとに乱立し、販売員が顧客を奪い合う「仁義

28）Carter大統領の下で制定されたPublic Utility Regulatory Policies Act（PURPA）

なき自由競争」であった。同一供給地域で複数の電力会社が需要家を奪い合う状況は1920年代の日本において現実のものとなる。それは「電力戦」や、「電力戦国時代」と呼ばれた。

　今後本書ではインサルが唱道し、米国に定着した公益電気事業モデルを「インサルモデル」と呼ぶ。インサルモデルを構成するのは、①地域独占、②発送配電・小売の垂直統合、③総括原価主義料金計算、④州公益事業委員会による規制受け入れの4本柱である。

供給責任

　インサルは、イリノイ州の公益事業委員会が設置された翌年の1915年5月7日にシカゴ中央発電所学院で学院生を前に「サービス」と題された特別講義を行っている[29]。この講義の中で公益電気事業の根源的な使命としての供給責任について熱弁をふるうが、その冒頭を、サービスという言葉の定義から始める。

　「古い定義に従えばサービスとは他人のためにする労働のことである。新しい定義によれば官吏や軍人の公務や、恒常的に提供される便益、例えば電話なども含む。電話や鉄道には、サービスについての良し悪しが論ぜられる。しかし電気については良いサービスしかありえず悪いサービスというものは考えられない。電気の供給と消費は同時に起こるので悪い供給サービスすなわち供給が停止すれば、直ちにサービスが停止するからである。一部で発生したサービスの停止は往々にして市内全域に波及して大問題化する。適切な防護を講じていなければ最終的には全面的なサービス停止という結果を招来する」と、電気については「良いサービス」しかありえないと断じる。彼は続ける。

　「諸君、サービスという言葉を口にするときは我が業界の社会的責任について語らねばならない。この商都シカゴで電力供給サービスにかかわることは、人々の生業の持続性に責任を有するに他ならぬ。停電がいつ起ころうともその影響は甚大なものとなる。諸君、影響を受けるのは25万の我々のお客様だけではない。地域社会すべてが停電の影響を受けるのだ[30]。市街電車やシカゴ高架鉄道に乗っている乗客も間接的に我々のお客様なのだ」と電力会社の社会的責任と

---

29) Samuel Insull "SERVICE" (1915) pp.3-4
30) シカゴの人口は、1900年170万人、1910年220万人、1920年270万人、1930年340万人と増加する。

は、まず、「停電させないこと」だとする。これが公益電気事業の重要な属性である「不断性」の定義である。そして、この不断性即ち停電の無いサービスを継続するための条件を次のように強調する。

　我々電気事業者に良いサービスを公衆が期待するのであれば公衆の方でも我々を公正に扱ってもらわねばならない。公衆とは時に行政であったり規制機関の形であったりする。我々が良いサービスを実現するために行う巨額の投資に対する公正な見返りを我々が受け取ることを認めてもらわねばならない。公益事業には資本投下が必要でその額は毎年の収益と比較すると巨額になる。その利子の総費用に占める割合は大きいものとなる。投資回収期間も５年から７年かかるのは通常である。このことをぜひ世の中の人たちに認識してもらえるようあらゆる機会に情報発信してほしい。

と学院生に説くのであった。そして彼の事業に対する基本思想の核心に入る。

　公共事業は投資が巨額で回収期間も長いリスクの大きい投資となる。投資家は十分な報酬が得られなければ投資はしない。公正にしてかつ十分な報酬とはどのレベルなのかが問題である。巨大な投資を要する事業では機械の償却も行わねばならぬし不測の事態に備えるだけの準備金も持たねばならない。不景気になった時の備えも必要である。法律で報酬率の上限を設けたり、低い報酬率に抑えたりすることは公正とは言えない。投資に対する金利のみを報酬とするのであれば電力への投資をする人はいなくなる。電気事業に従事する者は社会に対して電力供給というサービスを提供する義務を負う。一方社会は、電気事業者に十分な報酬を保証すべきである。双方の関係は双務的でなければならない。従前は行政側でもこのことは理解されていたが、最近は電気事業に厳しい行政方針が往々にして見られる。規制によって投資に見合う公正な報酬が得られなくなる事態は米国憲法違反である。憲法の規定によれば十分な補償なくして他人の財産を接収してはならない。この問題に対しては裁判所が介入してくれることが期待されるが、シカゴは事業報酬に関しては事業側に友好的ではない。このようなことが続くとシカゴに

投資する人がいなくなる。結果としてシカゴというコミュニティーにとって最悪の事態を招来する。

インサルは、電気事業が独占事業として引き受けなければならない不断性、即ち停電させないという社会的責任を全うするためには適正な利潤が保証されるべきと主張する。供給責任という公益事業としての義務を前面に打ち出して世論に問い、政治に対話を求めてついに公益電気事業の「インサルモデル」の制度化に成功する。

負荷率・不等率

地域独占を認められた制度の下で、電気事業は供給責任を果たすために変動する電力需要に対応するためにピーク需要に合わせた供給設備を準備しなければならない。電力経営を安定化させ収益を極大化するためには、季節ごと、週日ごと、一日ごとの需要曲線の山の高さを下げ谷の深さを浅くしてその差を極力圧縮することが必要となる。負荷の平準化を図ることによって設備の使用効率を高めることが経営の要諦となる。その指標となるのが負荷率[31]である。

> **column**
>
> ### 負荷率(Load Factor)と不等率(Diversity Factor)
>
> 福田節夫編現代電気工学講座『電力系統工学』(オーム社1966年)の定義に従うと、「負荷率とは、ある期間の平均需要電力とその期間中における最大需要電力との比を百分率で表したもの」であり、不等率とは、「一般に需要家相互間、配電用変圧器相互間、変電所相互間などにおいて、個々の最大需要電力は同時刻に発生するものではなく、時間的なずれがある。したがって個々の最大需要の和は、その群の総合最大需要よりも大きくなる。この比率を示すものが不等率」と呼ばれる。なお、戦前にはDiversity Factorは「散荷率」と訳されていた。

---

31) 日本全体の年負荷率(年間の最大電力に対する年間の平均電力の比率)は、1970年代にはおおむね60%を上回る水準で推移していたが、1990年代は50%台に低下、2000年代半ば以降負荷平準化対策により改善され60%台で推移している。

負荷ごとのピーク電力の発生時刻をずらすことも重要な目標となる。様々な需要パターンを持つ負荷をなるべく多数組み合わせ統計的に平準化を図って規模の経済を実現することが必須となる。その指標となるのが不等率である。

インサルは、1912年にニューヨークで開催されたAIEE（アメリカ電気学会）の会議で、コモンウェルス・エジソン社の電気供給の状況報告[32]をしている。

> 1900年における電力需要は電灯とモーターのみで、負荷率は28%程度であった。1903年から路面電車の需要が加わった。路面電車自体の負荷率は15%と低かったにもかかわらず全体の負荷率は31%程度に上昇した。その後路面電車の負荷率は45%を超えるところまで上昇し、43%程度で安定化した。一方電灯とモーターの電力需要の負荷率は35%弱迄増加した。その結果1912年時点でのコモンウェルス・エジソン社全体の負荷率は42.5%である。

松永安左エ門副社長の指揮下、東邦電力調査部は、米国の電力事情を常時調査していた。その結果は、東邦電力グループ会社のための社内月報『電華』[33]に詳細に発表されている。その第36号（1924年発行）には、インサルの業界誌インタビュー記事を翻訳のうえ転載している。インサルは、「シカゴ・エジソン會社が四十四年前に創立されてより今日の大を致したのは、左の五大方針に依るとふべきである」と前置きして、下記の5点を挙げている。
 1．不等率の改善によりピーク負荷を圧縮し、設備投資の圧縮を図る。
 2．発電所間を送電ネットワークで連系し、系統の予備率の最少化を図る。
 3．大口需要家獲得により設備を大型化し建設単価と電気料金の引き下げを図る。
 4．最新技術を導入して発送配電コストの切り下げを図る。
 5．重要なことは、需要家の信用と好意を獲得すること。

ここにはインサルの経営哲学が濃縮された形で示されており、現代の電力会社経営の基本としてもそのまま有効である。インサルは、小電力会社が大電力会社に発展する秘訣は不等率の向上にあり不等率を調査すれば負荷率よりもより正確

---

[32] The Relation of Central-Station Generation to Railroad Electrification
[33] 中部電力株式会社所蔵

に個別需要のピーク分散を図る方策を考えるのに役立つと説いている。この不等率向上を含むインサルの電力会社経営思想について、トーマス・ヒューズは[34]次のように述べている。

> インサルがシカゴにおいて電力負荷を管理した手法は19世紀の鉄道人の貢献にも匹敵しうる。ジョン・ロックフェラーやヘンリー・フォードの経営手法や方針にも伍する内容を持っている。インサルは不等率（diversity factor）についていろいろなところで持論を披瀝したが1914年の演説はもっとも明快であった。シカゴのアパートの193戸の戸別の年間ピーク電力の実測値の単純合計値は92 kWで、受電変圧器における年間ピーク電力が実測で29 kWであった。戸別には生活習慣や行動が違うのでおのおのの最大需要が生じる時刻は異なるから受電変圧器端における年間最大需要は29 kWに収まる。このケースでは不等率は92 kW/29 kWで計算されて2.3となる。

負荷率と不等率の重要性と有用性が最初に注目されたのは、1885年から1886年ころに起きた市街路面電車の導入ブームのころである。1885年にはニューオーリンズ・サウスベンド・ミネアポリスで試験線が敷設され、1886年に至ってウィスコンシン州アップルトンとアラバマ州モービルで営業路線が稼働する。市街路面電車の導入が本格的になり1889年には154路線が営業を開始する。その電力消費は夜間の照明需要をしのぐものとなり中央発電所ビジネスに多大の影響を及ぼすところとなった。中央発電所を夜間の電灯需要だけで稼働させると負荷率が低く電力単価は極めて高くなる。モーターは工場動力と路面電車駆動の為に使用される。工場動力としてモーターが消費する昼間の電力需要は市街路面電車の昼間の電力需要に遠く及ばない。このように夜間と昼間の電力需要の平準化に路面電車の普及が果たした役割はきわめて大きかった。

郊外の農村地帯にまでサービスエリアを拡大し農村型需要パターンも取り込んで負荷のさらなる平準化を実現させたのもインサルである。彼は自伝[35]の第11章「農村電化」で、レイク郡実験プロジェクト（Lake County Experiment）につ

---

34) Thomas P. Hughes "NETWORKS OF POWER" published by Johns Hopkins (1983)
35) Samuel Insull "The Memoirs Of Samuel Insull" An Autobiography (1992) pp.95-99

いて記している。

　コモンウェルス電力会社とシカゴ・エジソン電力会社の両社に協力させながらシカゴ近郊の群小電力会社を統合していった。そしてシカゴ周辺に多数割拠していた小さい発電会社を買収する機会をうかがっていた。そのうちの2社を1902年に買収・統合してノースショア電力会社（North Shore Electric Company）を発足させた。その後もシカゴ周辺地域の町や村をしらみつぶしに調べ小規模発電設備の統合に精力を注いだ。このプロジェクトはレイク郡実験プロジェクトと称されるものとなり後年いろいろなところで成功体験を語ることになった。

彼は1913年にフィラデルフィア・フランクリン・インスティチュートでの農村電化と広域需要開発に関する講演を行っている[36]。

　一部の経済評論家には、こうした田舎での小さい電力会社の統合を指して、落穂ひろいと酷評する向きもあったが、この努力によって実現した農村電化による経済効果・電力供給の安定化・電気料金の低廉化の意義をよく理解できなかっただけのことである。工場の農業地帯への移転により農村地区での雇用が促進され農村の生活様式の改善が行われるなど経済的にも社会的にも非常に大きな貢献ができた。この農村電化実験成功とノース・イリノイ・パブリック・サービス・カンパニー[37]の創設について私自身だけが功労者であるとまでは言わないが、電力の民営化に反対してきたTVAの幹部も賛辞を贈ってくれたのである。

こうしてインサルは、30社を数えたシカゴ市内の電力会社をコモンウェルス・エジソン社に統合しさらに郊外にも拡大を図り農村地帯にサービスエリアを拡大する。電力需要も照明から工場・鉄道用のモーター需要へと多様化する。発電所が増設され送配電線が延伸され電力ネットワークが形成される。すでに1910年

---

36) The Production and Distribution of Energy : State-wide Service
37) Public Service Company of North Illinois

ごろには、給電指令員という職種が同社内に確立していたが、同社に給電指令室が初めて設置されたのは1903年に遡る[38]。このころには同社の電力系統は、中央で給電指令員によって常時監視され統一したシステムとして運用されるようになっていた。

総括原価主義

地域独占権を与えられた電力会社の電気料金を規制機関の認可の下に置くという公益電気事業制度の下で、電気料金の根拠を何に求めるかは重要な問題である。この問題に対してもインサルは1898年のNELA総会における理事長演説で答えを出している。

> 第一に、地域独占権を与えられた公益事業体には、他の同様の公益事業体が享受している財産権に対する保護が与えられねばならない。第二に、サービスに対する対価は、総原価に適正報酬を加えた合計(コストプラス)とすること、事業体間の競争にさらされないものとすること、公的な監督下において決定されるものとすることすれば、需要家・納税者・投資家の利益は適切に保護される。

上記の第二点で、言及されているコストプラスという手法とは公共料金や政府調達などで使われる値決めの方法である。日本語では総括原価方式のことを指す。日本では1931年の電気事業法改正後の1933年に総括原価方式が採用され、戦後の日本でも「インサル＝松永モデル」による公益電気事業の基本として採用される。資源エネルギー庁は、

> これまで、規制部門の電気料金は、「総括原価方式」により、最大限の経営効率化を踏まえた上で、電気を安定的に供給するために必要であると見込まれる費用に利潤を加えた額(総原価等)と電気料金の収入が等しくなるよう設定されていました。

---

38) Thomas P. Hughes: "Networks of Power"(1983) published by Johns Hopkins pp.214-215

とそのホームページ[39]で解説している。

次に、適正報酬が問題となる。小売全面自由化以前の2012年時点での東京電力のホームページ[40]の解説では、

> 原価に事業報酬を算入する際、利潤が大きければ、独占事業として不当な利益をあげたことになり、逆に利潤がなければ、資本の欠損をまねくことから、一定の計算式により算定される適正な報酬(資本調達コスト)のみ算入が認められています。

となっており、この時点での事業報酬率は3％と定められていた。なお、この事業報酬は、事業資産(レートベース)に事業報酬率を掛けて算出されるものである。

電気料金体系

電気事業の創成期にあって公益事業として供給される電気という商品の価格の設定は、事業家にとって最も重要な課題の一つであった。インサルは価格設定に思想的なバックボーンを提供した人である。電気料金は供給者にとってサスティナブル(持続可能な)ものでなければならない、需要家にとってはアフォーダブル(支払能力を超えない)ものでなければならない、そして地域独占体制の下では、規制当局の認可を受けねばならないと主張しそれを社会システムとして確立させた。

1892年、インサルは、エジソンの下を去ってシカゴ・エジソン・カンパニー社長となる。当時の同社の規模は電灯需要家数5,000口、ピーク需要電力は4,000 kWであった。そして、当時のシカゴでは同程度の規模の小電力会社が約30社存在し互いに激しく競合していた。インサルはエジソンに任されたスケネクタディ工場の経営を通じて学んだ経営手法を電力会社の経営に実地適用する。その基本思想は、①電力の大量生産によるコスト削減、②不等率・負荷率の改善による設備投資削減、③時間帯別料金の導入という3点に集約される。

彼は自伝の中でシカゴにおける電気事業の初期の時代に陣頭指揮して獲得した

---

[39] https://www.enecho.meti.go.jp/category/electricity_and_gas/electric/fee/stracture/pricing/ (最終参照日：2025年1月11日)

[40] https://www.tepco.co.jp/cc/kanren/images/120528a.pdf(最終参照日：2025年1月11日)

重要な大口契約を一つ挙げている。それはシカゴ市内のグレート・ノーザン・ホテルとの契約であった。このホテルは1893年のシカゴ万国博覧会への来場者を当て込んで建てられたものであった。インサルは自分自身で法外な安値と評する低料金で契約に成功する。「安値であっても大口契約であるからスケールメリットを期待しての当然の意思決定だった」が、業界には計り知れないインパクトを与える。全米の同業者から酷評されるがそれが電気料金の引き下げの大きなうねりの先鞭となる。インサルは、シカゴ・エジソン電力社長就任当時を振り返って[41]、

　私がトーマス・エジソン氏の下で働いていた時の仕事は電気機器の製造の分野に限られていたので、その時点での私の電力供給に関する知識や配電に関する知識は抽象的なものにすぎなかった。しかし当時は、中央発電所経営者でも電気事業経営の基礎的な経済的特性を本当に理解している人はほとんどおらず、電灯用電力は夜の数時間、動力用電力は昼間の時間帯にもう少し長い時間使われているとおぼろげに認識していたのみであった。トーマス・エジソン氏がニューヨークで最初に中央発電所事業を開始した時の料金体系もまさにこの認識に基づくもので、電灯用料金は動力用料金の2倍に設定していた。正しい電気事業の経済的特性に立脚した料金体系を電力経営層が自信をもって設定できるようになるには何年もの時間を要したのだ[42]。

彼は続けて当時の状況を解説する。

　1895年から1905年の10年間、地域電力会社の経営陣・技術陣が集まる会議の主たる議題はこの料金体系の設定であった。頻繁に彼らは集まるが偏向した考え方から脱することはできず堂々巡りを繰り返した。まさにこの時代の電力経営は暗中模索の状況であった。会議をしてみても最小限の投資で最大限の効果を上げ投資の利回りを極大化すべきだなどとたいていの人は陳腐なことしか言えなかった。こういう状況の中で我がシカゴ・エジソン社は合理的な電気料金設定のリーダーとして業界に認知されることになる。

---

41) Samuel Insull "The Memoirs Of Samuel Insull" An Autobiography（1992）：p.73
42) Samuel Insull "The Memoirs Of Samuel Insull" An Autobiography（1992）：p.74

1.2 インサルのイノベーション

さて、何故インサルが、料金設定のリーダーになりえたのだろうか？これは、彼がトーマス・エジソンの下で働いていたときに培かった欧州の電力業界の人脈と知識が基盤となっている。これに加えて1889年、彼は重電業界・電力業界の中心地の観を呈していたベルリンを訪れ、シーメンスやAEGのトップ層に面談したことが大きく影響することになる。

彼の自伝第10章の『英国の電気事業』[43]の中の「デマンドメータの導入」の項で、料金体系についてのヒントは、故国のブライトンで得たというエピソードを紹介している。現代では時間帯別料金など料金面から需要パターンの変化をデザインしていくことは電力経営の重要なツールとなっているが、この考え方はインサルの実践的証明に負うところが大きい。インサルは、英国南部の町ブライトンで得た経験について次のように語る。

> 1896年、私はかなり長い時間をロンドンで過ごしていた。秋のことだったので霧が市内に立ち込めていた。私の健康状態もそれほど良くはなかった。ロンドンの天気はこのようにひどかったので健康にもよかろうと考えてブライトンに行った。ブライトンは英国の南海岸に位置する中心的な街である。滞在中にすべての商店が終夜電灯をつけているのに気が付いた。アーサー・ライト氏[44]が発明したデマンドメータをつけることによって小口需要家の料金が安くなる料金表が提供されていたのであった。1897年になってシカゴに帰って、ライト氏のデマンドメータシステムについて調査するためにわが社の技師L.A.ファーガソンを欧州に派遣した。そしてそのシステムをシカゴでも採用を決めた。この料金体系は今世界標準となっている。

ブライトンの商店が、終夜明るく照明されていた理由は、デマンドメータで、季節別で、使用量に応じた多段階料金制度による課金を行っていたからであった。需要喚起型の料金体系とするため、kWhあたりの単価は使用量に従って逓減する方式となっていた。

---

43) 同上：pp.88-90
44) Arthur Wright

持株会社

　インサルは、電気事業経営には「規模の利益」が大原則であると看破していた。規模の経済は電力系統の広域化についても適用される。市内、郊外、農村部と拡大しても、電気事業は州境をまたいで拡大できないのが米国の統治の大原則である。その制限を打破する仕組みとしてインサルも活用するのが持株会社（Holding Company）の仕組である。

　ここでエジソンやインサルに活躍の場を与えた19世紀末から20世紀初頭の米国における資本主義の発達を概観しておきたい。

　南北戦争（1861～65年）後、共和党政権は経済に関して自由放任政策をとる。その結果、アンドリュー・カーネギー[45]、ジョン・ロックフェラー[46]、J.P.モルガン[47]などの現在までその名前が轟いている人たちが独占による利潤の最大化を図った。カルテルやトラストと呼ばれる仕組みを作り巨大な資本蓄積を行う。こうした企業人に対しては、厳しい批判が集まる。アラン・グリーンスパン前連邦準備理事会議長は、『アメリカの資本主義』"Capitalism In America"[48]中の「巨人の時代」の項で、

　「鉄道王ジェイ・グールド[49]は強盗男爵（robber barons）とまで言われることもあり、また、闇に紛れて巨大な巣で獲物を捕らえるクモと評されることもあった。また、セオドアー・ルーズベルト大統領[50]は彼らを悪徳富豪（malefactors of great wealth）と非難した。ブロードウェーのショーの中で、J.P.モルガンは、巨大な金融界の化け物（the great financial Gorgon）とまで比喩される始末であった」と書いている。エジソンというインベンターに資本を提供したインベストメントバンカーとしてのJ.P.モルガンは、そういう人たちの一人であった。

　一方、自由放任政策への反動も激しく巻き起こり、米国政府は19世紀終盤には規制を求める民衆の声に耳を貸さざるを得なくなる。1887年に鉄道の運賃を

---

45) Andrew Carnegie（1835-1919）：鉄鋼王と称される。
46) John D. Rockefeller（1839-1937）：石油王と称される。
47) John Piermont Morgan（1837-1913）：ウォール街の金融王と称される。
48) Alan Greenspan et al. "CAPITALISM IN AMERICA" An Economic History of The United States"：pp.123-125
49) Jason Gould（1836-1892）：鉄道王と称される。
50) Theodore Roosevelt: 26代、27代大統領（1901-1908）

規制することを主目的とした州間通商法(Inter-State Commerce Act[51])を法制化する。鉄道業のように州をまたいで行われる経済活動を規制する初めての法律であった。続いて1890年には巨大株式会社が単一産業を支配することを規制する独占禁止法(シャーマン反トラスト法[52])を制定する。しかし、実際にこれらの法律が独占禁止の実効を上げることはまれであったとグリーンスパンも述べている。これらの経済界の大物が巨大化した背景には近代的な株主の有限責任を基底にした株式会社の仕組みがある。コロンビア大学学長であったニコラス・マーレー・バトラー[53]は、

> 社会的・倫理的・産業的・政治的な影響を精査した結果、有限責任会社は近代の最も偉大な発明品であるとの結論を得た。蒸気機関や電力が重要なものになったのも有限責任株式会社の仕組みが存在したからである[54]。

と述べている。

さらに、株式会社が重層構造を取って拡大する持株会社という仕組みによって米国における独占資本による支配は強化される。インサルの電気事業拡大の背景にも株式会社と持株会社の構造があった。インサルの成功の原動力になり没落の原因となるのが持株会社構造である。彼は持株会社という構造を発明した人ではないがそれを活用して各州を横断する形で巨大な電気事業体を築き上げた最初の人であった。同一州内でのみ地域独占事業として認可される公益電気事業が州外に事業を拡大するために必要としたのが持株会社という形態であった。

持株会社について、サミュエル・モリソンは、彼の著書『アメリカの歴史4』[55]の中で、「株主に子会社群の経営状況が開示されず、株を買った外部の者には何が行われているのか全然わからないような仕組み」と評している。モリソンが指摘するように、持株会社の下部には重層構造が形成され不透明な内部取引が存在

---

51) Inter-State Commerce Act of 1887
52) The Sherman Antitrust Act of 1890
53) Nicholas Murray Butler (1862-1947)
54) Alan Greenspan et al. "CAPITALISM IN AMERICA" An Economic History of The United States":p.133
55) 西川正身翻訳監修「アメリカの歴史〔4〕南部再建1865－大恐慌1933」(集英社文庫)p.523

した。現在先進国では共通して導入されている連結決算による、持株会社や親子関係会社間の経理の透明性はまだ確立していなかった時代の産物であった。

　インサルが、最初の持株会社を設立するのは1912年である。動機は事業拡大に必要な莫大な資金需要を満たすためであった。この年にインサルの弟マーチン・インサルに任せていたインディアナ州ニュー・オールバニーでの農村電化事業（the New Albany Properties）の拡大のために多額の資金需要が発生する。その前年に39社を統合して作った新会社ノーザン・イリノイ・パブリック・サービス・カンパニー（Public Service Company of North Illinois）の資金需要も旺盛であった。彼自身の個人資金を梃にした資金手当ても限界に達していた。親しい銀行家グループから持株会社を活用した資金の調達を示唆され直ちに実行する。1912年5月設立の持株会社ミドル・ウェスト・ユーティリティーズ（Middle West Utilities Company）がそれである。

　インサルの支配する会社の総資産は1912年1月時点で9000万ドルであったが、持株会社構造を取り入れた5年後には4億ドルに増加する。持株会社は極めて小さい自己資本金にもかかわらず大きい借入金で資本を構成する。そしてその持株会社は、小さい資本金の多数の子会社を設立していく。現代で言うレバレッジを利かせたピラミッド構造が出来上がる。持株会社設立によって、連邦法により州内に活動を限定されていた公益電気事業を州外に拡大できるようになる。支配下の会社は13州に広がる。さらに1930年時点では、30州の4,741の郡や市町村に電気・ガスを供給する一大企業群に拡大する。第1層の中核持株会社の下に、第2層に6つの部門持株会社を持ち、第3層に数百社が従属する構造へと巨大化する。彼が後年、持株事業会社ミドル・ウェスト・ユーティリティーズに加えて、敵対的買収からグループ全体を防衛する目的から設立した政策的持株会社は次の3社である。

1．Utility Securities Company（1921）、
2．Corporation Securities Company of Chicago（1929）、
3．Insull Utility Investment, Inc.（1928）

　こうしたインサルの自力での資金調達能力は、ウォールストリートの金融界か

ら疎まれることになり特にモルガン財閥を敵に回す原因となる。1929年に始まる恐慌の混乱の中1932年に四面楚歌状態に陥り、好調の時にはとるに足りない額の負債の返済が不能になって、インサルの支配する企業集団は破産に追い込まれる。

さらに1933年第32代大統領に就任したフランクリン・D・ルーズベルト大統領（民主党）は、反独占資本政策と電力国営化を推進する。この結果の一つが1935年に公益事業持株会社法（Public Utility Holding Company Act[56]：PUHCA）の制定であり、公益事業における持株会社には厳重な制限が課される。この新法により電気事業の持株会社は、① 一つの州内に営業地域を限定され、② 3層以上の支配子会社を持つことを禁止され、③ 非規制部門の事業の併営を禁止されることとなった。

1990年代になって電気事業の自由化が実行される過程でPUHCAは1992年に廃止される。自由化のプロセスで持株会社を許容することが必要となったためであることは歴史の皮肉である。

大衆投資家

新分野の事業開発には、インベンター（発明家）・アントレプレナー（企業家）・フィナンシア（投資家）の3種のタレントが必要であることを述べてきた。

電気事業はその創成期から極めて資本集約的な産業であったのでエジソンがJ.P.モルガンの金融支援に頼ったように投資銀行家の支援は不可欠であった。ここでフィナンシア（投資家）と呼ばれるのは、資本市場が形成される前は銀行業を営む富裕な個人、例えばJ.P.モルガンのような人々であった。現在の言葉で言えばベンチャーキャピタリストである。そして金融界の成長に従い企業の株式や社債の発行業務を支援しその株式や社債を市場に売り出すサービスを提供する投資銀行がその役割を担う。当時その役割はウォールストリートで自らをザ・クラブと称した大銀行集団に独占されていた。その中心に位置し他を睥睨していたのは、通常の預金や貸し出しを行う商業銀行と、投資銀行の機能を傘下に合わせ持つモルガン家である。ザ・クラブ外では鉄道業界を牛耳るユダヤ系のクーン・ローブ家、石油業界を支配下に置くロックフェラー家が、電力業界支配を目論む

56）https://www.eia.gov/electricity/pdfpages/puhca/index.php（最終参照日：2025年1月11日）

第1章　インサルが築いた公益電気事業

モルガン家とは対等に話ができるフィナンシアであった。

　第一次世界大戦中の1917年頃から急速に電力需要が伸長し発電所建設の為の資金需要も伸びる。しかし戦後不況に襲われると電力需要も減退し電気事業者の資金供給が逼迫する事態となる。インサルの傘下にある各社も資金繰りに苦しんだ。1921年ごろから戦後不況から脱するにつれ図1.4[57]に示すように電力需要も回復し電力供給力の増強が必要となる。

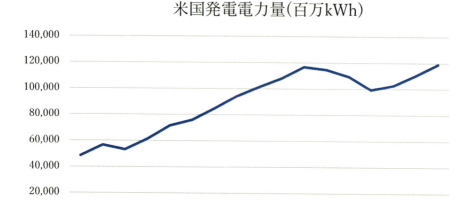

図1.4　全米発電量の推移

　インサルは、インサルグループの旺盛な資金需要をウォールストリートの投資銀行に依存しない方法でまかなうことを考案する。一つは、電力会社から電気を受けている顧客の個人に株主となってもらうことである。この誰もが思いつかなかった株券の販売手法は顧客株主（customer ownership）と呼ばれた。インサル

---

57)　米国政府（Census Bureau）の統計より筆者が作成：https://www2.census.gov/library/publications/1960/compendia/hist_stats_colonial-1957/hist_stats_colonial-1957-chS.pdf（最終参照日：2025年1月11日）

は1930年には顧客株主を、100万人をこえる規模にまで拡大する。

　今一つは、電力会社の担保付社債の小口販売であった。当時はウォールストリートの投資銀行が社債を発行する際は小人数の富裕投資家に限定的に販売するのが慣習となっていた。1907年頃からインサルは盟友ハロルド・スチュアート[58]と組んで地方電力会社の担保付社債の個人販売を小規模に始めていた。この試験的な試みが第一次世界大戦後の不況とともに襲ってきた企業ファイナンス危機対策として有効な手段となる。1922年にインサルはハロルド・スチュアートに大規模な起債を依頼し2,700万ドルの資金調達を通常のクーポンの半額のコストで成功する。以降恒常的にハルゼー・スチュアート銀行はインサルの資金供給チャンネルとなり単年で2億ドル規模(現在価値で5兆円)の調達を可能とさせる。

　この資金調達方法は株式会社の所有形態に革命的変化をもたらし資本主義経済のあり方を大きく変えることになる。ザ・クラブの閉鎖的な環境下で少数の投資銀行家と富裕層による秘儀的な株式会社の資本形成の形から大衆を顧客として証券を小売して資金を調達する形に変えたのである。このようにして株式会社は、みんなに所有されているが、だれにも所有されていないという存在になった。それを始めたのはインサルである。

　ウォールストリートのザ・クラブには二つの掟があった。一つは「秩序を守れ」であり、今一つは「無視するな」であった。インサルは、この掟を二つとも破った。

　図1.4に示す如く順調に伸長していた電力需要も1929年に始まる大恐慌の影響を受けて大きく後退する。株価も大きく下げインサルを英雄視して来た大衆投資家も手ひどい打撃を受ける。1932年に起るインサルグループの破産はザ・クラブの容赦ない復讐であった。そして大衆の英雄であったインサルは一夜にして大衆の敵となる。

---

58)　Harold L. Stewart(1881-1966)：シカゴの投資銀行家。Halsey, Stewart&Companyの創設者。

1.3　戦い続けた人インサル

ロンドン下町の庶民

図1.5　サミュエル・インサル
(University Archives, Loyola University of Chicago掲載許諾)

インサルの自伝によると、彼は1859年11月11日に国会議事堂脇のテムズ川にかかるウェストミンスター・ブリッジを渡ってすぐのウォータールー駅の近隣で生まれ幼少期をそこで過ごした。

彼の両親は、聖書を唯一の信仰のよりどころとする会衆派（コングレゲーショナリスト）の信者であった。この宗派は教会の自治を重視する非国教会系のプロテスタントの一派である。戒律に厳しくインサルは21歳で米国移住のためロンドンを発つ際、母親から禁酒の誓いを立てさせられそれを一生涯守ったと回想している。会衆派は社会における責任を果たすことを重視し、社会正義・慈善活動・公共善に貢献することを信仰者の義務としている。インサルが後年公益電気事業を立ち上げて経営していくにあたりこの信仰が大きな影響を与えた。

当時は、現在よりも階級制度が強く社会を支配していたので、彼が受けた教育は初等の限られたものでしかなかったのはイギリスの厳しい階級社会に於いてはごく当然のことであった。彼が8歳から14歳の幼少時代に家族はオックスフォードに移り住む。大学まで行くことは望むべくもなかったがオックスフォードの町のもつ教育的な雰囲気はサミュエルの読書意欲をかきたてる。系統だった読書習慣が身につきオックスフォードを去ってからもその習慣のおかげで学習が継続できたと述懐している。

インサル家には、兄ジョゼフ、サミュエル、弟マーチンの三人兄弟がいた。両親は彼らの就職機会が少しでも増えるようにとサミュエルが14歳になった時に、一家はロンドンに戻る。ロンドンに到着したその日から職探しを始め、1874年7月1日新聞の求職欄を見て応募した市内の競売人事務所にオフィスボーイとして採用される。そこで、「丁稚奉公」をするうちに読み書きの才能に磨きをかけ

習字と速記も身に付ける。

エジソンとの機縁

　インサルは、この事務所では4年半働いたが1879年の年明けに至って、納得のいかない理由で解雇を申し渡される。新聞の求人欄で「こちら米国人、秘書を求む。勤務時間は午前11時から午後3時迄」という広告を見て即座に応募して採用される。雇い主はエジソンが欧州で立ち上げようとしていた電話事業の為の代理人ジョージ・グーロー大佐[59]であった。事務所はロンドンのシティの中心部ロンバード街6番地にあった。採用面接の時大佐から「簿記はできるか」と聞かれ、経験はなかったのに「できます」と答えて採用される。大佐の事務所はエジソンの欧州のすべての業務を統括していたので経理処理は複数の通貨換算を伴う複雑なものであり、簿記もこなせることが採用条件であった。幸い親切な前任者に助けられて簿記もこなせるようになる。

　雇われた時のインサルは、グーロー大佐があの有名なエジソンの部下であるとは知らなかった。エジソンの名は、電信・蓄音機・電話送話器（カーボンマイク）等数多くの発明によって、すでに世界中にとどろいていた。インサルは自伝の中で次のように懐古している。

　　キングズ・クロス地下鉄駅のニューススタンドで、エジソンの人生について書かれた記事が掲載されている米国の雑誌を買った。エジソンの人となりと業績のみならず、彼が列車のボーイから始めて電信技手となり、そして世界に知られる発明家となった人生について書かれていた。読み進めるに従いふつふつと情熱がたぎってきた。私にとってエジソンのロンドンにおける代理人の事務所で働き、その代理人と高名な米国人発明家の間の高度に機密性の高いやり取りに接することができることは大変な喜びであった。この時若い私を捕らえた情熱は、エジソンをより理解するにつれ、また二人がより親密になるにつれますます燃え上っていった。

---

59) Colonel George Gouraud（1842-1912）南北戦争の功労者。エジソンの発明品の英国での紹介を任されていた。

1879年夏にエジソンは、彼の欧州の電話事業の拡大のために技術責任者としてエドワード・ジョンソン[60]をロンドンに送る。インサルは彼から請われて日曜日に重要文書の口述筆記も引き受ける。この仕事をする中でインサルは、ジョンソンがエジソンに書き送る極秘書簡の内容を細大漏らさず知ることになる。インサルは、エジソンの新発明や欧州事業の情報に接することができたばかりではなく、まだ相まみえぬ「発明王トーマス・エジソン」を身近な存在として感じることになる。

　その年の秋に、ジョンソンは身の回りで諸事を引き受けてくれる人を捜していたエジソンに、インサルを個人秘書候補として推薦する。そして彼はロンドンでの任務を終えて翌年の半ばに帰国する。インサルは、エジソンの個人秘書として採用されることを信じて辛抱強く待ち続ける。その間グーロー大佐の事務所にあるエジソンの膨大な量の電信・電話に関する技術文書や、欧州の事業に関する書類を隅から隅まで読破する。

　そして、その日が来た。1881年1月、ジョンソンから、「大佐のところを辞めて、ニューヨークにすぐ来るように」との電信を受け取る。インサルはこの電信を頼りに、2月17日にリバプールを出航、2月28日の夜にニューヨークに着く。

　エドワード・ジョンソンが、船着場でインサルを迎える。早速仕事の話になり、エジソンが「エジソン電灯会社」を、ニューヨーク5番街65番地に設立し白熱電灯事業に備えていることに話が及ぶ。船着場から、直ちに5番街のエジソンの事務所に向かう。その時のことを、インサルは次のように回想する。

　　21歳の自分は、まだこどものように見えてエジソンをがっかりさせるではないかと心配していた。しかし、会った時エジソンは心から歓迎してくれた。私は、その時のエジソンの服装、帽子の色、柄、スタイルまで事細かにいつでも再現できる。それほど私はエジソンに心酔した。

　エジソンとインサルは、挨拶もそこそこに早速仕事に取り掛かる。それは夜明

---

[60] Edward Hibberd Johnson (1846-1917)：のちにエジソン・ゼネラル・エレクトリック社の初代社長となる。

けまで続く。伝記「エジソン」[61]に、著者エドマンド・モーリスがこの出会いを活写する。

　初対面のインサルに対してエジソンは、『欧州の電話会社の株を売りその収入を3つの新規事業の資金に充てたいが、どれをいつ売れば良いか』と聞く。インサルは即座に答えを出す。インサルは、ロンドンのグーロー大佐の事務所でエジソンのすべての欧州の事業会社の契約を精読し、すべてを頭に入れていたからである。インサルはそのあと朝4時まで働いて、エジソンの帳簿すべてに目を通し、新規銀行借り入れの担保にできる海外の特許一覧表を完成させる。

そしてエドマンド・モーリスは続ける。

　エジソンは、低賃金でこれだけの仕事をしてくれる人に来てもらえたことの実感を、まだ得られなかったかもしれない。しかし、船旅で上陸してすぐに大した疲れも見せず徹夜をいとわないインサルの異能には感服したはずである。終生二人は時間を気にしないで働くという気質を共有することになる。

　この夜以降、インサルはエジソンのために全力で仕事に励む。そのことを自伝[62]の中で、「私は指示されたことはすべてこなした。彼の服を買うことから、会社の財政の切り盛りまで任された。すべての手紙を開封することが許されており、エジソンの名前で返事を書き、時には自分の名前で返事を書いた。のちには委任状を与えられたので、小切手も自分の名前で振り出した。速記の能力があったがエジソンから手紙の口述の指示はなかった。彼のメモ書きの指示は、『Yes』か『No』のみであり、そのあとの判断と処理はすべて私に任されていたからだ」と語っている。

　エドマンド・モーリスは、エジソンに対するインサルの立場を私設秘書(private secretary)ないしは、便利屋(factotum)としている。しかし、近代的企業内の職

---

61) Edmund Morris "Edison" (2019) RANDOM HOUSE：pp.404-405
62) Samuel Insull "The Memoirs Of Samuel Insull" An Autobiography (1992)：p.35

能分化が進む前の19世紀末のいわば「エジソン個人商会」の中での彼の役割は、日本でいうところの番頭、しかも雇われたその日からの、実力を兼ね備えた21歳の大番頭であった。

インサルが、米国へ移住してエジソンの下で働くようになってまだ2ヶ月しかたっていない1881年5月に、ロンドン事務所で同僚であった友人に宛てて書いた手紙が残されている[63]。そこには、インサルがエジソンと出会って2ヶ月にして深く心服したことが生き生きと描かれている。1882年9月に運開するマンハッタンのパール街中央発電所のための地中線埋設許可を市当局から受理したのが1881年4月なので、この手紙はその直後に書かれたものである。発電所建設準備に忙殺されていたエジソンとインサルの二人の毎日を彷彿とさせる内容となっている。

　　電灯について話します。700個もの電球が、1台の発電機から総延長8マイルに及ぶ地中線を介して、電気の供給を受けて点灯するのをこの目で見ました。エジソンのシステムでは、1馬力（約735ワット）あたり8個の電球（大体16本のろうそくの明かりに相当）を点灯できますので、ガス灯には対抗できます。
　　コストの詳細については言えませんが、ニューヨークで建設する発電所では、ガス会社が追随できない料金で課金します。それでもエジソンには利益が出る計算です。エジソンの競争力にはガス会社は追随できません。加えて、モーターへの電力供給もできるので、発電プラントが遊休することはないのです。ガス灯は夜しか需要がありませんが、昼間は動力を供給することによって、投下した資本は日夜ともに収益を生み出します。
　　エジソンの電気は、ガス会社のガス供給と同じく中央から末端へと供給されます。現在、1マイル四方に15,000個の電球を点灯できる発電能力のある中央発電所を建設しています。この電気は、エジソンが工夫した絶縁を施された2インチ径の鉄製地中管の中に敷設する銅線を介して街路に沿って送電されます。そこから支線が各戸に引き込まれ、電灯用と動力用に供されます。

---

[63] "Central-Station Electric Service" edited by William Eugene Keily"（1915）所載の1881年5月1日付けの書簡。

使用電力量は、電灯用であれ、動力用であれ、非常に独創的で、且つ簡単なメーターで計量されて、登録された顧客に販売されます。このニューヨーク市内の供給区域では、各種の建物に設置される15,650個の電球が点灯され、大量の電力、しかも変動する電力が供給されます。

営業員が今鋭意契約を取り付けています。多数の作業部隊が、点灯の日を期待して、地中線敷設、発電所建設や屋内配線作業を行っています。3、4ヶ月後には点灯されることになります。そうなれば、ジョンソン氏が米国から英国の私にいつも書いてきたように、英国の科学者たちは、先を越されたことを残念がることでしょう。

メンロパーク研究所の役割は事実上終わりました。すべての実験は終了し、心配したようなことはなく、エジソンはじめすべての関係者は成功を確信するに至ったのです。私には判断はできませんが、家々・農地・街路・倉庫で見事に点灯されるのを実際見ましたので彼の確信を疑う余地はないと思っています。

エジソンの電球は、400時間の寿命と推定されています。この値は通常の4倍の燭光まで上げた試験で炭素線が破断するまでの時間から推定されたものです。毎日試験を繰り返して記録は更新されていますが、経験的にはエジソンの電球の寿命はこれより長くなると言えます。エジソンは全くのところ競争相手を気にしていません。マキシム[64]の電球についての進展は知っていますが成功に必要な「システム」思考が彼には欠如しています。スワン[65]についても同様だと思いますが、私の同国人ですからこれ以上の言葉は慎みます。

ガス会社との戦いは容易ではありませんから対抗するためにすべきことはたくさんあります。最も大きな問題は機器を製造することです。エジソン自身がこの問題にかかりきりです。このために大工場を立ち上げようとしていて、そこでは6ヶ月以内に1,500人の職工を雇うことを予定しています。発電所に据え付ける機械の製造部品も部品の種類毎に大量発注されていきます。これらの部品は「エジソン機械工場」で組み立てられます。エジソンが大半の所有権を有している「電球工場」の日産能力は1,000個です。エジソンが社

---

[64] Hiram Stevens Maxim (1840-1916)
[65] Sir Joseph Wilson Swan (1828-1914)

長、私が秘書を務める「電気導管会社」では地中導管の製造を行います。
　これでお分かりのようにエジソンにはするべきことが山とあります。彼は事業のかなめであり、すべてを自分で取り仕切ることを旨とする人ですから、秘書の私も毎日深夜・早朝までいっしょに働いています。

このインサルの手紙は、この後1世紀にわたる電気事業と電機産業のあり姿の概念設計図となっている。内包されている重要な要素を列挙しておこう。
1．エジソンの中央発電所事業は地域一般供給を行う公益事業である
2．電力使用量を計測する電力計を設置して課金することが必須である
3．電気供給は多元要素からなるシステムの構築によってはじめて事業化ができる
4．発電・配電用機器・部品を供給するサプライチェーンが必須である
5．電灯・動力需要の組み合わせによる負荷平準化が事業の要諦である
6．電球の長寿命化が電気事業の重要成功要因である

エジソンが、電気事業が存在しなかった時代に陣頭指揮でその事業化を最初に開始したという歴史的な現場に、インサルはいくつかの重要な偶然が重なって居合わせることができたのである。インサルは事務所・研究所・工場・建設現場で、いわば同じ釜の飯をエジソンと食べて、彼が放つ事業家魂に触れ続け、そのあと自らの道を歩んで公益電気事業モデルによる電化社会を実現する。発明王エジソンは、科学・技術面での数多くのイノベーションを起こしたが、中央発電所

> **column**
>
> ### 発電能力と電灯の数
>
> 　電力産業の初期は、需要の大部分が電灯であったため各種統計は、発電機の出力ではなく、点灯可能であった電灯の数で表示されていることが多い。電球の効率にもよるが、「1kWで16燭光の電球15個、10燭光の電球であれば24個を点灯可能」という目安を換算に用いることができる。なお、燭光の方は、1燭光＝1.0067カンデラ（cd）と定義されており、1カンデラは1本のロウソクの灯りの明るさに該当する。

というビジネスモデルを創成した人でもある。そして、インサルは、エジソンのモデルの上に、「広域」「垂直統合型」「地域独占」公益電気事業ビジネスモデルを創生し世の中に変革をもたらした人である。電力という新分野において、トーマス・アルバ・エジソンとサミュエル・インサルという稀代の二人のイノベーターが、明確な形で、現代経済学の先駆ヨーゼフ・シュンペーターのいうところの新結合を現実化させたのである。

エジソンと共に

インサルが、エジソンの下で働き始めた1881年は、エジソン電灯会社のニューヨーク市内パール街の中央発電所（Central Station）の建設が始まった年である。ここでいう中央発電所という言葉には重い歴史的意味があるので、その説明を改めてトーマス・ヒューズの"Networks of Power"から引用してみよう[66]。

> エジソンの究極目的は、中央発電所（central station）からの電力供給であった。それは中央発電所から、一般公衆に電気の光を届けること（deliver electric light）を意味していて、それ以前の孤立した発電所が、その持ち主の専用であったこととは好対照をなすものである。中央発電所構内には蒸気ボイラー・蒸気機関・発電機・補機類が収められ、ニューヨークの場合、この中央発電所から1マイル平方の地域に放射状に延びる配電線を通して配電が行われた。

彼は、エジソンがパール街中央発電所を企画・設計・建設するに至る時代を、エジソンの足跡とともに振り返っている[67]。

> エジソンと彼の助手たちが、求めていた高抵抗と耐久性を満たすフィラメントを入手したほぼ同時期である1877年秋に至って、白熱電球用の発電機

---

66) Thomas P. Hughes "NETWORKS OF POWER" Electrification in Western Society, 1880-1930（1983）：pp.41-42
67) Thomas P. Hughes "NETWORKS OF POWER" Electrification in Western Society, 1880-1930（1983）pp.32-33

図1.6　ジョン・ピアモント・モルガン

設計に画期的進歩があったとエジソンのメンロパーク研究所が発表した。

エジソンの発電機は先行するものに比べて内部抵抗が小さい設計で、大きな内部抵抗をもつ多くの白熱電球を並列に接続できるという利点をもっていた。エジソンはその利点を宣伝し、大衆と投資家の双方に有効なPRとなった。「利益を生まない発明はしない」との信念を持つエジソンは、矢継早に自分の発明の事業化に邁進する。事業化には資金の手当てが必要となるが、エジソンは、この時期に運命的な出会いを経験している。それはニューヨークの弁護士グロブナー・ローリー[68]と、電話の特許係争問題を通して知り合ったことである。ローリーは、エジソンに白熱電球の事業化を勧め、技術開発の完成を急がせた。彼は、ニューヨークの金融界の大物であるドレクセル＝モルガン社や、バンダービルド財閥[69]に、エジソンの開発した電灯や発電機を紹介し、投資を勧誘する。この時ドレクセル＝モルガン社、特にそのトップに立つJ.P.モルガンとの関係が始まったことは、エジソン自身のみならず、のちのサミュエル・インサルの運命に大きな影響を与えることになる。

　J.P.モルガンの支援を受けてエジソンが、1878年10月に設立したのが、エジソン電灯会社（Edison Electric Light Company）である。この会社はエジソンの事業のための資金を調達し、各地に設立されるフランチャイジーとなった電灯照明事業会社からのライセンス料の徴収にあたるのを目的としていた。

　1880年には、白熱電球を量産するためにエジソン電灯工場（Edison Light Works）を立ち上げる。

　電気事業を運営するために、エジソン電灯会社の子会社としてニューヨークにエジソン電気照明会社（Edison Electric Illuminating Company）を作る。現在の

68）Grosvenor Lawrey（1831-1893）米国の著名な弁護士。
69）The House of Vanderbilt

コンエド社[70]はその後裔にあたる。

　1881年には、発電機を製作するエジソン機械工場（Edison Machine Works）と、地中線用の導線を製造するエジソン電気導管会社（Edison Electric Tube Company）を立ち上げる。このように、インサルがエジソンの下で働き始める1881年までに、エジソンはすでに電球照明の普及のために必要なシステムの構成部品である電球・電線の製造から、発電所の設計・建設・運用・経営体制までを含むサプライ・チェーン全体を完成させていたのである。インサルは、自伝の中でパール街中央発電所の建設時エジソンの下で働いた日々のエピソード[71]を回顧している。

　　建設から運転までの流れはまさに興味深いものであった。エジソン氏は常に陣頭指揮にあたった。そのプラントは、今はニューヨーク・エジソン・カンパニーの所有になっているが、当時はニューヨーク・エジソン電気照明会社（Edison Electric Illuminating Company of New York）という名前の会社の所有であった。その配電システムは、フルトン街・ウォール街・ナッソー街からイーストリバーに達する地域に広がっていた。建設は1881年から1882年にかけて行われ、完成は1882年9月であった。発電所は二つの建物を連結して使っていた。ボイラーは下部に設置され、鉄骨構造の上に設置された蒸気機関に直結されていた。
　　1882年の夏の夜、私はいつものようにエジソン氏に従い、彼が試運転中の計器を見ながら出す指示通りあれこれ仕事をしていた。この夜は、側溝に敷設した電線に取り付けた電流計を見ているようにとの指示を受けた。毎夜エジソン氏に付き添っていたので、睡眠不足となっていた私は、顔見知りの警官にエジソン氏の姿が見えたら起こすように頼んで寝たのだが、エジソン氏にゆり起こされる羽目になってしまった。その時エジソン氏に、「電流計は誰も見ていなくてもよいという環境に適応できるようになったと君は思い込んだということだね」と言われてしまった。
　　また別の夜には、現場の道路で作業をしていて側溝のあたりで二人とも寝

---

70) 現在のニューヨーク市を中心にサービス地域をもつConEd（Consolidated Edison Company）社
71) Samuel Insull "The Memoirs Of Samuel Insull" An Autobiography（1992）pp.41-42

込んでしまい、次の朝エジソン氏の服にはタールがあちこちについていた。私もほとんど側溝に座っていたので人には見せたくない様子になっていた。そのあと3番街の高架道路を車で通過中に、パリからのニュースを報じる新聞を見て大笑いをした。一面トップには、折からパリで開催中の国際電気博覧会[72]でエジソン氏が栄誉賞に輝き仏政府から勲章を授与されるという記事が出ていた。それを読んで今のひどい姿の自分たちと、晴れがましい栄誉の報道のあまりの違いに笑ってしまったのだった。

インサルは、初期の電気事業と電力機器製造事業の苦労話[73]をさらに続ける。

　中央発電所建設の仕事は、ニューヨーク、チリのサンチャゴ、ロンドン、ミラノの後はほとんどなくなった。代わって個別の建物の照明システム一式を売る仕事が売り上げのかなりの部分を占めるようになった。エジソン氏の期待に反して1884年には米国内でのパール街発電所型の中央発電所建設案件は途絶える。1885年に至ってエジソン氏は小規模の発電所を地方都市に建設する案件の受注に注力を始める。ジョンソンが責任者に任命され、私は地方に出向き地元の有力者を募って事業開発にあたるように命ぜられる。その当時、発電所建設の設計・工事を請け負える会社がなかったので、エジソン氏はトーマス・A・エジソン建設（Thomas A. Edison Construction Department）という会社を設立し私をその責任者に任じた。この会社の活動は、発電所建設に乗り出す企業家には強い刺激にはなった。しかし、プラント完成後の電気事業の黒字化には時間を要し、発電所オーナーからトーマス・A・エジソン建設への支払いは滞りがちであった。

1883年から1884年にかけて米国は大不況に見舞われていた。この時期に重なったこともあって、その間の苦しかった思い出を、インサルは、こう振り返る。

---

72) 1881年パリで開催された第1回International Electrical Exhibition
73) Samuel Insull "The Memoirs Of Samuel Insull" An Autobiography (1992) pp.42-43

ある夜、12時過ぎまでエジソン氏と二人きりで、事業の行く末について相談していた時だった。エジソンの資産はすべて関係する4社の担保に入っているし、二人ともどこからも報酬や給料が入って来なかった。後にも先にもあのように落ち込んで暗いエジソン氏を見たことはなかった。エジソン氏は、『自分は電信技士に戻り、君は速記者に戻り、おたがい生計を立てなおそうか』とまで言ったのである。

　この会話があってからほどなく契約した顧客からの入金が始まり、何とか大きな損失は回避する。最終的にはエジソンの私財をもってトーマス・A・エジソン建設企業を清算することで幕引きとなった。
　1885年から1886年にかけて、前年までの不景気が突然反転し好況期に突入する。エジソンの電力ビジネスも大きく好転する。各地のエジソンの名前を冠するフランチャイジー電力会社は急増し、ニューヨークの工場群は注文をこなすのに精いっぱいの状態となる。1886年時点での中核会社エジソン電灯会社（Edison Electric Light Company）の出荷先は、全米大都市に加えて欧州・中南米・日本に拡大する。出荷実績は、発電機500台と電球33万個を記録し、中でも大型のジャンボと呼ばれた大型発電機数は58台であった。
　このころエジソンの事業に投資するJ.P.モルガンは、これらの黒字転換した製造会社群の支配権をエジソンから乗っ取ることを画策した。これに対抗するためにインサルが他の株主への説得工作を行い、それが功を奏して乗っ取りは阻止される。このいきさつが原因となって、インサルにJ.P.モルガンに対する強い敵意が生まれる。J.P.モルガン側にもインサルに対する警戒感が生じる。
　エジソンは、このころ手狭となったニューヨークの諸工場の移転を決意し、インサルにその指揮を取るよう命じる。インサルは、ニューヨーク州北部のスケネクタディにあった古い機関車工場の跡を転出先の用地と定める。彼の寝食を忘れた獅子奮迅の働きにより、1886年末までに地中線用電線を製造するエジソン電気導管会社、続いて発電機を製作するエジソン機械工場の移転が無事完了する。これが現在でもGEの主力重電機工場となっているスケネクタディ工場の出発点である。（当時の工場建屋の多くは1980年代に、ジャック・ウェルチCEOのリストラクチャリング政策によって取り壊される）。

さて、二つの主力工場の移転が無事完了した時、インサルが、次は何をすべきかとエジソンに問いかけた時、エジソンは細かいことを一切言わず、
　「スケネクタディに行ってくれ。万事任せる。サミー、大きいことをやってくれ。大きい成功か、大きい失敗か、どっちかで頼む」
と指示を受ける。インサルはスケネクタディに居を移し、エジソンの期待通りの「大きい成功」を収める。2年で売り上げを4倍に、投資利回りを30％にまで伸長させる。移転前のエジソン機械工場の帳簿には多額の実質価値のない資産が計上されていたが、これらをすべて償却する。それに加えて一株当たりの資産を＄25から＄150にまで高めることに成功する。インサルがニューヨークからスケネクタディに連れて行った従業員数は約200名であったが、彼が6年後シカゴに新天地を求めてGEを去る時には、6,000名に増加していた。
　このようにインサルは、スケネクタディにおいて、現在のGEの前身である製造会社群のトップとして経営手腕を存分に発揮した。
　しかし、常に過小資本に悩んだ彼は、「短期の運転資金の貸し付けを頼むために、銀行へ日参する日を過ごさねばならなかった。資本金に充当できる大きい額の融資には応じてもらえず、少額の短期貸し付けしかしてもらえなかった。そのせいでいつも火の車状態を強いられた」と語っている。
　先に述べたように、J.P.モルガンは、エジソンの発明と事業の立ち上げを投資という形で助けたが、その事業経営能力に見切りをつける。存分の経営能力を発揮したインサルには敵意さえいだくほど冷淡であった。J.P.モルガンは、電気事業の将来の発展の可能性を見抜き、エジソンから経営権を奪う戦略に転じた。インサルは、スケネクタディ時代に味わったこのつらい経験がもとで終生モルガン系の銀行に対して根深い恨みを抱くようになる。
　エジソンとインサルが苦労を重ねながら育て上げている電力供給と、電機製造という二つの事業に大きな転機が訪れる。それは資本主義経済のもとで、事業が拡大・成長する過程で必ず通過すべき洗礼でもあった。財政基盤の脆弱なエジソンの事業は、業界再編を目論む人々の格好の買収対象となる。その急先鋒として登場するのは、ドイツ人で1880年代初頭の米国の鉄道界で名を馳せながら、1883年から1884年にかけての経済危機の時に破産し、一時ドイツへ帰っていた

ヘンリー・ヴィラード[74]である。彼は、ドイツの重電機メーカーAEGやシーメンスから国際的な電機メーカーのカルテルつくりを託されていた。エジソンの企業群は彼の買収ターゲットであった。彼の米国再訪は、J.P.モルガンのエジソンGEの経営権奪取の野心を強く刺激する。

ヴィラードの提案は、エジソンの支配下にあるすべての会社の統合とスプレーグ鉄道モーター製造会社の吸収にあった。エジソンの会社群は運転資金の調達に常に難渋しており整理統合の必要な時期に来ていると判断したエジソンは買収提案を受け入れる。エジソンは次のように書き残している[75]。

> スケネクタディの各工場は、受注残をこなすための運転資金に不足をきたしていたので早晩行き詰ると、インサル君と懸念していた。あとで後悔するより、今将来に確信を得られる道を選ぶべきと決断して、ヴィラードの買収提案を受け入れた。

こうして1889年1月にエジソン・ゼネラル・エレクトリック・カンパニー（以下エジソンGE社）の基本的な枠組みが合意に達する。取締役にはエジソン側から、エジソン、インサル、バチェラー[76]、アプトン[77]の4名、ヴィラードとモルガン側から5名が選ばれる。社長にはヘンリー・ヴィラードが就任する。しかし、彼は更なる他社との合併を推進することに専任するとして、経営実務は第一副社長のJ.H.ヘリックに委ねられた。インサルは第2副社長となり、新会社に注入された潤沢な資金をもとに大改革に着手する。

インサルの経営方針は、科学的な統計と合理性を重視するものであり、いわゆる近代的経営の先駆者でもあった。成長のための投資を重視し、資本増強・借入枠拡大・収益の再投資といった財務基盤の強化に全力を挙げた。同時代を生きたフレデリック・テイラー（1856-1915）の唱道した「科学的管理手法」と同根の経営手法である。

---

74) Henry Villard（1835-1900）
75) Forest McDonald "Insull" published by Beard Books（1962）pp.40-41
76) Charles Batchelor（1845-1910）英国出身。発明家エジソンの右腕として貢献した。
77) Francis Upton（1852-1921）エジソンの研究を助けた数学者、物理学者。

事業多角化によって新たな収益源を確保すると同時に、部門間の収入の不均等や変動を均すことに努めた。そして何よりも大量生産による価格低減を図って、需要喚起による規模の利益実現を目標とした。その効果は急速に電球価格の低減と利益率の改善という形で現れる。エジソンGEの電球単価は、1886年と1891年を比較すると、5年間で半値以下になり、同時に利益率は大幅に改善される。

社内組織の合理化の一環として効果を挙げたのは、営業部門の地域制の導入である。今では常識となっている地域担当制度であるが当時は画期的であった。そして、労働者を会社経営のステークホルダーの一画を占めるものとして位置付けたことを忘れてはならない。彼が、労働者の福利厚生に特段の意を用いたのは、彼の両親が信仰した会衆派（コングレゲーショナリスト）の信仰と、愛読したサミュエル・スマイルズの"SELF HELP"[78]の影響が色濃く表れたものといえる。この経営哲学は、後年コモンウェルス電力の総帥となってからもいよいよ研ぎ澄まされる。そしてその精神は松永安左エ門に受け継がれることになる。

電流戦争

時には不眠不休もいとわず働き続けたインサルがエジソンGE社の経営者として獅子奮迅の働きを見せても、この会社には本質的な経営上の問題があった。それがJ.P.モルガンの経営への介入を招き、1892年のゼネラル・エレクトリック（GE）誕生の原因となる。

エジソンGE社は、電気機器製造部門と中央発電所会社運営部門の二つからなり立っていた。問題は、ヘンリー・ヴィラード社長が発電所ビジネスを偏重して、製造部門の収益を不安定化させてしまったことにある。各地に次々と設立した中央発電会社にフランチャイズ権を与え支配的株主となって将来の収益を期待するあまり、発電所用機器を工場原価で販売するという極端な営業政策をとる。その結果、製造事業部門は営業利益が出ず、発電所事業部門は期待した配当を実現できないという状態に陥ったのである。

さらにエジソンGE社にとって決定的な問題となったのは、エジソン自身が電力ビジネス以外の分野に執着するようになって重電機器の技術開発の意欲を失っ

---

[78]『自助論』(1859年) は、中村正直によって『西国立志編』(1871年) として翻訳されて、教科書としても広く使われた。

てしまったことであった。1886年に至って、エジソンは蓄音機技術への興味を蘇らせ注力するが失敗に終わる。また、1889年頃から低品位鉄鉱石を磁気によって選鉱するプロジェクトに没頭するが失敗に終わる。これは「エジソンの愚行」(Edison's folly)と呼ばれるほどの失敗であった。

インサルは、「エジソン氏は、最近当初予算をはるかに上回る資金を要求してこられます。これは今に始まったことではありませんが、問題は出費を抑制することを進言できる人がいなくなったことです」と嘆いている。

図1.7　ニコラ・テスラ

この時期電力業界では、電力需要の急速な伸びと中央発電所建設の需要の高まりを背景に競争が激化する。直流側のエジソンGE社、交流側のウェスティングハウス社と、交流と直流双方の技術を保持するトムソン・ヒューストン社が三つ巴で競り合っていた。直流技術に固執するエジソンと、交流技術で挑戦するウェスティングハウスの間には激しい個人的な確執も絡んでいた。

こうした背景の中で起こったのが「電流戦争」(The Current War)である。エジソンは、「交流は感電死に直結する技術だ」として、交流は法律で禁止するか低電圧領域に限るべきと主張した。エジソンは、いかがわしい人物たちと組んでまでも反交流の政治キャンペーンを張る。小動物から牛馬までを故意に感電させて殺傷する公開実験を行わせ、さらには電気椅子による死刑をニューヨーク州で導入させる。そのあまりに非人道的な死刑執行の様子が公開されて世論も離れ、エジソンの主張は無に帰す。

一方、エジソンGE社内ではジョンソンやスプレーグが交流機器の採用を強く進言するが、エジソンはまったく無視する。インサルが、中央発電所ビジネスにとって交流機器開発は競争に勝つためには不可欠であることを強く進言してやっと聞き入れられる。しかし、エジソンGE社の技術陣は結局交流機器の開発に失敗する。

交流の優位性は実証されていく。変圧器が実用化されて都市内・郊外・農村地帯との連系が容易になって広域電力系統の構築が可能になった。直流システムで

図1.8 ジョージ・ウェスティングハウス

は、新規需要家の位置が発電所から半径1マイルを超えると新たな発電所建設が必要になるが、交流は数マイル以上の範囲を容易にカバーできる。さらに使用電線量がはるかに少なくて済む交流システムは経済的に優れていた。ニューヨークでは中央発電所から出る煙による公害と頻繁な石炭や石炭灰の運搬による交通渋滞が深刻な問題となる。マンハッタン全域に給電するには直流中央発電所では30カ所以上の建設が必要となるので立地上からも直流は限界に達した。

エジソンに対抗するウェスティングハウス社で、交流中央発電所技術を完成させたのはウィリアム・スタンリー・ジュニア[79]である。彼は、欧州で発明された変圧器を改良し交流発電所システムを完成させる。1886年3月6日、彼のマサチューセッツ州バーリントンの研究所でそのシステムが問題なく稼働することが確認される。

交流側の最大の弱点であった実用に適した交流モーターが無かったことは、エジソンの下を去ってウェスティングハウスと契約関係にあったニコラ・テスラによって克服される。彼は、交流モーターに関する特許を1887年10月に出願し、1888年5月に公布を受ける。そして同じ年の7月にウェスティングハウスに売却する。

1890年にはウェスティングハウスの交流中央発電所は300カ所に達し、この時点でエジソンの直流中央発電所を数の上で凌駕した。こうして1890年代の初期には交流の直流に対する技術的優越性と経済性は確立する。

1893年にシカゴで開催された「シカゴ万国博覧会」会場の照明をウェスティングハウスが独占受注し成功させたことが、交流の勝利を世間に印象付け、いわゆる「電流戦争」を事実上終結させる。

エジソンGE社は、資金難・電流戦争の敗北・エジソンの意欲喪失という危機に瀕し、業界再編の動きに巻き込まれる。それはヴィラード社長自らが当初か

---

79) William Stanly Jr.(1858-1916)

ら意図していたものでもあった。彼は、エジソンGE社が発足する前からウェスティングハウス社やトムソン・ヒューストン社と業界再編を策して秘密裏に接触を持っていた。機が熟したと見た彼は、最初ウェスティングハウス社と交渉に入るが不調に終わり、1891年になって同社との交渉を打ちきる。直ちに、辣腕で知られたトムソン・ヒューストン社のチャールズ・コッフィン[80]社長と秘密交渉に入る。その年の6月になってエジソンの白熱電球の独占的特許が成立すると合併交渉における立場が有利になったとみて、コッフィン社長との買収交渉を加速する。彼は交渉が自分の思う通りまとまったと確信する。しかし彼の計算もエジソンGE社の実質的経営権を握るJ.P.モルガンの深謀と、コッフィン社長の智謀の前には無力であった。この二人は、ヴィラード社長の頭越しで直接交渉を行い、エジソンGE社とトムソン・ヒューストン社の合併契約をまとめ上げる。1892年4月15日、社名からエジソンの名前が外された新生ゼネラル・エレクトリック・カンパニー（以下GE社）が発足し、コッフィンがGEの初代社長に就任する。ヴィラードの名前はGE社経営陣の中にはなかった。

シカゴへ

GE発足にあたって新会社経営陣はインサルの経営手腕が不可欠と判断し、インサルには新会社の第2副社長の地位を提示する。このため合併に終始反対していたエジソンや旧エジソンGE社の人々からこの合併の陰謀に加担していたと疑われる。彼は自伝の中でこう述懐する[81]。

　この合併交渉が進む中、私は後にも先にもこの時一度きりエジソン氏から誤解を受けた。エジソン氏周囲の幾人は、エジソン氏が合併に反対していることを知っていたし、合併後の新会社にエジソンの名前を使うことを拒否したことも知っていた。彼らは、合併するとエジソン氏の中央発電所事業における支配的な立場もなくなるとエジソン氏に忠告していた。しかし私はまだ32歳の若造であった。仕事の上で不本意にも敵意を持たせてしまうこともあり、その結果たくさんの敵ができていた。私が、エジソン氏に合併は黙認

---

80) Charles A. Coffin (1844-1926) のちに新生GEの社長に就任。
81) Samuel Insull "The Memoirs Of Samuel Insull" An Autobiography (1992) p.56

するよりないと強く進言していたのが災いして、こうした敵になった人々がエジソン氏と私の中を割いた。幸いこの誤解は、数週間で解け友情は戻りそれは終生変わることはなかった。しかしこのことをきっかけに、私にかかっていたエジソンの呪縛は解けた（However, the spell was broken.）。

　インサルの心の中を支配していたエジソンの呪縛は解けたのである。エジソンの為に全身全霊を尽くして献身的に働いてきたが、年を追って頑固で執着心の強くなるエジソンに辟易としていた。交流技術をめぐってのエジソンの行動は、インサルの心の中に大きな変化を引き起こした。インサルは、1892年のこの時にエジソンの下を去る決心を固めた。彼は提示された新生GE社の第2副社長を引継ぎ完了までとの条件を付けて引き受ける。また、一時険悪な仲となったヘンリー・ヴィラードからもミルウォーキーの電気事業と鉄道事業を経営する会社の副社長の地位を提示される。インサルは、「ご配慮大変ありがたいのですが、私はCEOとして腕を振るえる場を求めていますので」と断わる。

　インサルは、シカゴの小規模な中央発電所電力会社であるシカゴ・エジソン・カンパニーから、社長候補の推薦依頼を受けていた。彼は、「電気事業で身を立てたいと思っている。シカゴでこのような話があるのだが、どうしたものか」とたまたま米国を訪問していた母親に相談する。彼女に背中を押される形で、社長職の候補として自分自身を推薦する。面接試験を経て1892年3月にシカゴ・エジソン・カンパニー社長に採用され、その年の7月1日に就任する。

　フォレスト・マクドナルド著『インサル』の第3章の冒頭[82]はこう始まる。

　　もしサミュエル・インサルが存在しなかったならば、シカゴは彼と肩を並べる人物を必要としたはずだ。彼は、シカゴとその周囲の平原一帯を支配した巨人たちの列の最後に登場した。そのシカゴは五大湖畔の成功者として鬨の声を上げ、セントルイスやシンシナチーを凌駕して米国の中心部を支配し始めた。1892年には北米大陸の支配者の地位をニューヨークから奪いつつあった。しかしシカゴが本当にそうなる前にシカゴ自体の支配者が必要だっ

---

82) Forest McDonald "INSULL" The Rise and Fall of A Billionaire Utility Tycoon (1962) p.55

た。インサルが1892年7月1日シカゴに到着する。

シカゴとともに

インサルが、シカゴ・エジソン・カンパニーの社長となった時の同社は、需要家数5,000口、ピーク需要4,000 kWの規模であった。彼は、就任した時の思い出を自伝[83]で語る。

> シカゴ・エジソン・カンパニーは、本社ビルの裏手にシカゴの中心街に電気供給するアダムズ街発電所と、シカゴの南部地域に電気供給するウォバッシュ発電所を所有していた。シカゴ・エジソン・カンパニーより大きかったのは、シカゴ・アーク電灯電力会社であった。同社は屋外照明用のアーク灯への電気供給を行う一方、白熱電灯照明用の交流電気供給を行っていた。シカゴ中心部で展開するこの2社に加えて、シカゴ市内と郊外には多数の群小電力会社が存在していた。

インサルが、この小さな電力会社から出発して、次の大きな転換点となる1907年にシカゴ・エジソンとコモンウェルス・エジソン社を合併させる時までの足跡をたどってみる。彼の事業の躍進は、企業買収・設備大型化・需要喚起型料金・負荷平準化の4点に負うところが大きい。彼はエジソンの下で働いていた時代に辛酸をなめて体得した金融や資本政策についての知識を駆使する。

彼がシカゴに到着するころには、交流電気のための産業基盤が整備されたことは重要である。変圧器、多相交流電動機などの要素技術が実用化されていた。既存の直流機器への電気供給のため交直変換を行う必要があるが、そのための回転式変流機も実用化されていた。インサルが去った後の新生GE社も交流機器の製造に本格的に乗り出す。1896年にはGEとウェスティングハウス社との間で多相電力機器に関する特許交換協定も成立する。このように電気事業を支える技術が一通り揃い、電機メーカー体制が形成されていたことは、シカゴ・エジソン社社長となったインサルの事業展開にとって非常に重要な意味を持った。

---

83) Samuel Insull "The Memoirs Of Samuel Insull" An Autobiography (1992) pp.73-74

彼はシカゴ・エジソン社社長に着任早々に、シカゴ地区の同業競合社の買収を開始する。まずフォート・ウェイン電力を買収する。次に自社より大きいシカゴ・アーク電力電灯会社に標的を定める。同社社長ノーマン・フェイとの直談判を通して買収交渉をまとめ切る。交渉にあたってインサル側は、フェイ側に6％のクーポン付のシカゴ・エジソンの社債にさらに12.5％のプレミアムを付けて支払うという好条件を提示した。インサルの計算では、両社の合併によって同じエリアに配電線を二重に敷設する無駄を節約できるというのが巨額のプレミアムの根拠であった。

何事にも深謀遠慮で用意周到なインサルは、シカゴへの出発前に新生GE社のコッフィン社長と、シカゴ地区では、シカゴ・エジソン社以外にはGE製重電機器を販売しないという独占供給契約を締結していたのである。インサルは、この契約を武器にして1898年までにシカゴ市内の電力会社14社を吸収合併する。彼は常に好条件を提示して相手を懐柔していった。このためシカゴ・エジソン社の貸借対照表には、買収会社の簿価と買収金額の差額に相当するのれん代が大きく計上されることになるが、将来の成長のための先行投資であるとして戦略的な見地から取締役会は承認する。こうして同社の貸借対照表はいわば水ぶくれの状態になるが、後年度に高収益をあげてこののれん代は加速的に償却される。同社は、8％の配当を欠かさず株主を満足させていく。

電気料金は、1892年にkWh当たり20セントであったものが、1897年には10セント、さらに1907年には5セントと四分の一になって、大量販売による低価格化を実現させる。

インサルの快進撃は止まらない。19世紀の終わりころには、インサルはすでに電力業界でザ・チーフ（The Chief）と呼ばれる存在となる。その時期に彼自身の刻苦勉励の報酬でもあり将来の栄光の先駆けともなる3つの出来事[84]が起こる。

一つ目は、1896年に彼が米国の国籍を取得したこと。

二つ目は、1897年に彼が37歳の若さでエジソン照明会社連盟（AEIC[85]）会長と、

---

84) Robert L. Bradley Jr." Edison to Enron" Energy Markets and Political Strategies WILEY pp.80-83

85) Association of Edison Illuminating Companies https://aeic.org/

全米電灯協会（NELA）会長へ就任したこと。AEICは、エジソンから特許を得て発電会社を営業する全米の電力会社、すなわちフランチャイジーの組織である。NELAは現在ワシントンに本部を置くエジソン電気協会（EEI）の前身である。EEI[86]は電気事業連合会に相当する。AEICとNELAという業界団体トップへの選任はインサルの電力業界における実績と声望の高さの象徴である。

彼は1898年に会長として、「電気事業の地域独占、総括原価主義、州政府による料金規制」という政策提言を行って米国の公益電気事業の基礎を築き上げ

図1.9　18歳当時のグラディス・ウォリス

たことは電力史上の重要な出来事となる。また、デマンドメータの発明者である英国人アーサー・ライトを、全米電灯協会の年次大会で講演者として招き、デマンドメータに基づいた料金体系の導入を電力業界の経営者に受け入れさせたことも彼の功績である。

三つ目は1899年5月41歳のインサルと24歳の人気舞台俳優グラディス・ウォリス[87]（本名マーガレット・アナ・バード）と結婚したこと。彼らの結婚式へは、エジソン、ヴィラード、コッフィンなどのGEにゆかりの人たちのみならず、広く各界の多彩な人物から、心のこもった祝辞が寄せられる。

彼女は、1932年に彼が破産した後二人で人目を避けて欧州各地・ギリシャ・トルコと旅行した不幸な時期も、そしてそのあとすべての財産と後ろ盾を失い尾羽打ち枯らして過ごしたパリでの晩年も、常にそばにいて彼の慰めとなった賢婦人である。

1907年、インサルはシカゴ・エジソン社をその100％子会社コモンウェルス・エレクトリック・カンパニーと合体させ、新会社をコモンウェルス・エジソン社[88]とする。その15年前にインサルが社長となった時のシカゴ・エジソン社の規模は顧客数4,000口であったものが今や100,000口をこえた。供給電力は60倍

---

86) https://www.eei.org/ma/Pages/default.aspx
87) Gladys Wallis（1875-1953）
88) https://www.comed.com/AboutUs/Pages/CompanyInformation.aspx

> **column**
>
> ## エジソンがフォードの背中を押した
>
> 　エジソンが、当時デトロイト・エジソン電力会社の技師長であったヘンリー・フォードと、1896年にニューヨークで初めて会った時のことをインサルが記録している。
>
> 　ガソリンエンジンの試作車を完成したばかりのフォードが、エジソンに進むべき道を相談する。エジソン49歳、フォード33歳。エジソンがテーブルをこぶしでバンと叩いてフォードに言う、
>
> 　「まさに問題は解決した。ガソリン車は素晴らしい宝だ。それに賭けるべきだ。電気自動車は発電所から遠くには行けない、電池は重すぎてだめ、蒸気機関はボイラーと火が無ければならない、君の発明したガソリン車は自己完結している。自分で動力源を持っていて火もボイラーもいらない、煙も蒸気も出ない、問題は解けた。ガソリン車に集中するよう奨める」
>
> 　フォードは、エジソンのこのテーブルへのこぶしの一撃に励まされてガソリン車の開発に専心して成功を収めることになる。

となっていた。

　その需要の急増に見合う供給力の確保はインサルにとって重要な経営課題であった。インサルが社長に就任した年1892年、シカゴ・エジソン社は供給力強化のためハリソン街発電所の建設を検討していた。

　彼は大容量発電機の導入を推進する。その意向に沿って設計にあたった同社技師長フレデリック・サージャント[89]は、発電容量を当時の最高の6,400 kWの出力とする。1894年に運開するが、これは当時シカゴ・エジソン社が保有していたアダムズ発電所の2倍の発電能力を持っていた。この発電所は拡張を続け、1903年には16,400 kWの世界最大容量で最高効率の発電所となった。

　インサルは発電出力の拡大による経済性を飽くことなく追求し、次のフィスク街発電所の建設に際してもその情熱はいかんなく発揮される[90]。彼は、1901年に

---

89) Frederick Sargent（1859-1919）英国生まれの電気技術者。インサルの技術顧問でのちにサージャント＆ランディーという今に続くエンジニアリング会社を立ち上げる。
90) Samuel Insull "The Memoirs Of Samuel Insull" An Autobiography（1992）pp.78-80

欧州を視察旅行した際に、欧州における蒸気タービン技術の発展に驚き、直ちに蒸気機関からタービン発電機技術への転換を図ることを決心する。1902年に、技術責任者のルイ・ファーガソン[91]とフレデリック・サージャントを欧州に派遣する。彼ら二人の結論は、「技術的には可能ではあるが導入は時期尚早」というものであった。

GEのコッフィン社長は、タービン発電機の受注は1,000 kW迄しか受けないと慎重であった。コッフィン社長と交渉した結果、製造リスクはGEが持ち、機器据付費用はシカゴ・エジソンが持つという条件で合意する。インサルが発注したのは5,000 kW蒸気タービン発電機であった。GEに既存技術の上限を遥かに超える5,000 kWタービンの製造を託し、その可能性に賭けた。

インサルは1903年10月の試運転初日のことを自伝で次のように語っている。

> フレデリック・サージャント君がユニットの立ち上げを監督していたが、蒸気が流入すると可動部分が静止部分にこすれてけたたましい音を発した。サージャント君がタービンの破裂事故を心配して私に事務所に戻れと言ったが、結局二人とも現場で試運転を見守り続けた。タービンが壊れたら私の人生もどのみち一貫の終わりだと腹をくくったからだった。幸いにして結果は成功であった。私は直ちに2台の追加注文を出したのは言うまでもない。

このエピソードは、パール街中央発電所建設の際に、エジソンと二人で、現場で寝食を共にして苦労した話を思い出させる。インサルの先進技術への飽くなき情熱、率先垂範の姿勢を鮮やかに蘇らせる話である。

パワープールの形成

インサルの公益電気事業は、20世紀に入って米国経済の急速な成長と歩調を合わせて急拡大する。インサルの電気事業の最も大きな転換点は、1907年にシカゴ・エジソン電力にコモンウェルス電力を合併して、コモンウェルス・エジソン社を発足させた時である。その後1913年には、競合他社合併戦略の成果が上

---

91) Louis Ferguson（1867-1940）シカゴ・エジソン時代からインサルに仕えた交流技術の専門家。AIEE会長も務めた。

第1章　インサルが築いた公益電気事業

図1.10　1926年絶頂期のインサル（11月29日号タイム誌）

がりシカゴ市内で唯一の電力会社となる。

シカゴ郊外への拡大は、1902年にシカゴ周辺の農村電化促進のため設立したノースショア・エレクトリック社をコアにして進める。1907年に、シカゴ郊外へ転居したことをきっかけにイリノイ州の北部にあるレイク郡の農村地帯の電化を精力的に進める。貧しい農村地帯への投資には強い反対を受けた。彼は信念を変えず、「需要の増大によって収益性は向上する。負荷の多様化効果もある。農村部への送電線の延伸のための投資は必ず回収できる」と説いて回り結果は大成功となる。

彼は、1913年の講演[92]で、レイク郡電化プロジェクトについて「燃料費は70％削減でき、負荷率は２倍に改善されて小都市並みの29％になりました。顧客口数は倍増し、一戸当たりの電力使用量は150％増加して、その結果電力の消費量は2.5倍となったのです」と成長ぶりを高らかに報告している。

シカゴ郊外への拡大の努力は続く。1911年に、シカゴ周辺の5社を買収し、それらを北イリノイ・パブリック・サービス・カンパニー（Public Service Company of Northern Illinois）に統合する。この会社の創業時の営業規模は6,700口、売上25百万ドルであった。4年後の1915年には、65,000口の需要家、50町村（面積約11,000平方キロ））に39の個別送電系統を保有する規模となった。開業当初は停電が頻発していたのが、ほぼ無停電となる良質なサービスを提供できるまでに改善する。

インサルの事業拡大の意欲はますます高まる。シカゴ市内を固め郊外に拡大を成功させたインサルは全米を目指す。州間の取引を制限する連邦法を乗り越えて他州に展開するために必要としたのが持株会社の仕組みである。この目的の為に1912年にミドル・ウェスト・ユーティリティーズ社を設立する。彼は自伝に次のように記す。

---

[92] Robert L. Bradley Jr. "Edison to Enron" Energy Markets and Political Strategies p.106
この講演はフランクリン・インスティチュートにおけるもの。

北イリノイ・パブリック・サービス・カンパニーの電力系統はシカゴ市内と接続される。そして他社系統とも高電圧送電線で接続される。北部はミルウォーキーやウィスコンシン、西部はミシシッピー、東部と東南部はミシガン・シティー、サウスベンド、インディアナ、南部はイリノイ炭田地区と繋がった。スタインメッツ教授の言葉を借りれば世界最大の電力プールが現出した。電力プール内においては、発送電コストが最も安い大容量発電所の電力が、発電コストと立地点のみを考慮して利用される。パワープールの運用により広域に分布する多種の顧客が電気料金の低減の恩恵を受ける。また電力設備への投資家も正当な投資収益を保証される。この構想は当初批判を受けるが、時間の経過とともにその優れた経済効果は電気料金が下がったことによって効果が証明された。

　ここでインサルの事業と人生にとって大変重要な意味を持つ持株会社が、いかにして彼の事業戦略の中に組み込まれるようになったかを振り返ってみる。
　インディアナ州のニューオールバニーやジェファーソンビルを中心に電力・ガス事業会社の買収を続けていたところ、1911年になって資金繰りが苦しくなる。インサル個人の信用に基づいた資金調達は限界に達する。そのためインサルは、友人の株式ブローカー、エドワード・ラッセルの協力を仰ぎ持株会社の構想を相談する。1912年にミドル・ウェスト・ユーティリティーズ (Middle West Utilities) を設立する。この持株会社をコアにして次々とその子会社を設立する。各々の子会社は小さい資本金で立ち上げ資本に比して極めて大きな借入金と社債による資金調達を可能とする。そして重要なことは、子会社を親会社とは違う州に設立することによって、連邦法により州内に活動を限定されていた公益電気事業を州外に拡大できるようになったことである。
　ミドル・ウェスト・ユーティリティーズの資本金450万ドルはインサルの個人的なネットワークを通してロンドンとシカゴの金融界で今度は容易に集まる。しかし、この時、モルガン財閥が君臨するウォールストリートに声を掛けなかったことが20年後のインサルを襲う災厄の遠因となるのであるがこの時は知るべくもない。インサルは、この時ザ・クラブの掟を破ったのである。
　ミドル・ウェスト・ユーティリティーズ社の社長にはインサルが就任し、弟

マーチン・インサルが副社長に就任する。インサルは、まずこの新会社の分散した発電・送配電資産を整理・統合して規模の利益の実現を図りながら飽くなき拡大願望を満たしていく。電気事業を拡大していたこの時期のインサルの事業拡大の成果について技術史家トーマス・ヒューズは次のように描写している。

> 電灯と動力を包摂するシステムを創出することがこの20年間インサルの第一目的であった。シカゴ市内のシステムを郊外の電力会社と相互連系させ、そして近隣自治体にまで拡大していった。コモンウェルス・エジソン社が今やシカゴの全市を覆うようになったのみならず、郊外に展開する北イリノイ・パブリック・サービス・カンパニー、州間にまたがって展開する持株会社ミドル・ウェスト・ユーティリティーズを接続したことは、インサルの人生にとっても電力業界の歴史にも重要な意味を持っている。この広域接続の結果1910年時点で世界最大の電力システムとなったのである。

トーマス・ヒューズがいみじくも評価するように、インサルの事業展開に関してこのミドル・ウェスト・ユーティリティーズの持つ意味は大きい。彼は発電所の大型化のための設備投資を行い、大量生産による製品単価（電気料金）の値下げを図って規模の利益を実現することができた。さらには農村電化による電力系統の拡大で遠隔地の水力発電所の電力の移入ができるようになりコスト削減につながった。

インサルの電気事業家としての手腕が一般に認知されるにつれ、彼の下には新規事業投資案件・既存企業の立て直しなどの案件が殺到するようになり、シカゴ市内の市街電車事業やガス供給事業も引き受ける。シカゴ市内の路面鉄道の創業は1892年で、高架を意味するエル（EL）と呼ばれている[93]。運賃への政治介入を激しく受けて常に経営難になやまされ、1911年に至ってインサルに救援を求める。コモンウェルス・エジソン社が大半の株式を握る支配株主となる。経営を委ねられたインサルは、持ち前の改革を実行に移す。この効果は著しく、不評を買っていたELのサービスはマスコミがその改善ぶりを賞賛するほど改善し経営

---

93) その歴史については次のウェブサイトに詳しい：https://interactive.wttw.com/chicago-by-l/sidetracks/history-l（最終参照日：2025年1月11日）。

状態も好転した。

さらに、1913年に至って混乱の極みにあったガス会社のピープルズ・ガス・ライト・アンド・コーク会社の会長を引き受ける。この会社には中間管理職に人材はそろっていたが財務状況を含めた経営状態は根腐れ状態にあった。インサルの経営改革はこの会社でも遺憾なく発揮される。

この頃のインサルの風貌と物腰について、ミーガン・マッキンニーは、オンライン雑誌の記事「インサルの上昇」の中で次のように描写している[94]。

> インサルは、小柄でがっしりした体格で、口ひげをたくわえ、黒い目、銀色がかった髪、英国人らしい赤ら顔だった。何にでもエネルギッシュで取り組むが、貴族的な自信に満ちた話しぶりは、いつも穏やかで、半ば微笑みをたたえていた。しかし命令を下すときは、保ち続けていた英国アクセントの低い声で威圧した。

福祉資本主義

インサルは第1次世界大戦を境に近代的経営者として大きく成長する。戦時中の国防協議会運動で得た、大衆への草の根運動と、不特定多数からの献金による資金造りの経験は、戦後に広報宣伝活動と顧客株主制度という経営手法として結実する。また彼の目指した株式会社のあるべき姿は、のちに福祉資本主義(welfare capitalism)と称されるものであった。

1914年に欧州で勃発した第一次世界大戦が進行するにつれ、米国でも軍需産業の伸長により電力需要が急増する。紆余曲折を経て米国も参戦し1919年に連合国側の勝利で終結を見るが米国は戦後不況に見舞われる。電力需要は低迷しインサルグループの電力・ガス・鉄道会社の経営を圧迫する。

インサルは米国の参戦を説得するために公私にわたって外交活動を行う。欧州での開戦時トーマス・ウィルソン大統領(民主党)[95]が中立政策をとるなか、1915年に渡英して外相エドワード・グレー卿や兵器相ロイド・ジョージに会う。そし

---

94) Classic Chicago Magazine 2017年6月11日号 https://classicchicagomagazine.com/samuel-insulls-upward-leap/ (最終参照日：2025年1月11日)
95) Thomas Woodrow Willson(1856-1924)第28代大統領

て米国民が参戦を支持するように米国世論を形成するため、彼らに米国人新聞記者とのインタビューに応じるよう強く勧める。彼らがこれに応じた結果米国の世論は動き、ウィルソン大統領は遂に1917年4月に対独宣戦布告を行う。

ウィルソン大統領は、戦争遂行体制の一環として国防協議会（Council of National Defense）を設置し、各州にはその下部組織を設置する。インサルはイリノイ州知事からの要請によりイリノイ州国防協議会議長に就任する。彼はこの機関の組織作りから運営を一人で一から取りしきる。愛国精神高揚・不当利得追放をスローガンに募金活動を精力的に進め、その実績は全米の鑑みと称賛される。

戦時中の1917年は、インサルのシカゴ・エジソン社長就任25周年にあたった。この時点でインサルグループの販売電力量は全米の15％を占めるまでに成長していた。25周年記念の記念式典が、本社大ホールで開催される。参列者の「ザ・チーフ、バンザイ」という歓声に迎えられる。インサルは従業員からも業界からも『ザ・チーフ』と呼ばれて畏怖される指導者になっていた。インサルは35分にわたる演説を行う。

> 私が社長に就任した1892年7月1日に比べわが社の電気料金は70％下がり1kWhあたり6セントとなった。白熱電球の効率が向上したこともあり、消費者が料金1ドルあたり受け取る照明量は14倍となった。発電所の効率も劇的に向上した。25年前1kWhの発電に必要とした蒸気量は70ポンドであったのが今日10.5ポンドに下がった。この結果1kWhに必要とする石炭消費が12ポンドから2ポンドに削減された。1892年の発電機単機出力が最高で600kWであったのがいまや35,000kWになっている。

この後、彼はこの技術革新をもたらした機器メーカーの技術者や研究者を称える。そして70歳になったエジソンからの祝電が読まれる。

> インサルは、米国で最も偉大な実業家の一人である。彼の疲れを知らぬことは、あたかも潮の干満のごとくである。

第一次世界大戦が1918年に連合国側の勝利で終了する。インサルの民間人と

しての支援活動に対し米国大統領・各州知事・外国政府から多数の感謝状が贈られた。一方のインサルは、国防協議会という草の根運動を通して広報宣伝（PR）の手法を学んだ。この経験は大戦後巻き起こった電気事業公営化論に対抗する際に大いに役立つことになる。イリノイ州でもインサルの努力の結果、1914年に州公益事業委員会が立ち上がるが、同時に公益電気事業の認可・監督権を市政府に戻せと主張するホーム・ルール運動が起る。1920年にイリノイ州議会はこの運動に屈して公益事業委員会を廃止し、公益事業を規制するイリノイ州商業委員会を設立する。インサルはこれに対抗するため、電力会社を説得しイリノイ公益事業情報委員会を結成させる。この公益事業情報委員会は、まず愛国精神を強調したうえで、料金設定の経緯について丁寧に説明し、その正当性を一般大衆に訴える。電力会社の株主の理解を得ることにも注力する。こうした草の根レベルでの活動の効果が上がり1920年代中半には電力公営論は終息する。

　第一次世界戦争が終結に向かう1917年頃より世界経済は不況に入る。戦後の政治的混乱に加えて1920年からの恐慌によってインサルの指揮下にある電気・鉄道・ガス事業は厳しい経営状態に陥る。公益事業委員会の料金審査に時間がかかり改訂料金の許可がなかなか得られず経営悪化に拍車がかかる。労働争議が頻発したこの時代にあって、インサルは従業員への思いやりの施策をとる。それは米国労働史上において時代を超越した進歩的なものであった。労使協調の考え方に立ち労働者の人権と福利を重視する。労働組合との団体交渉を慣行化する。女性・黒人・帰還兵の雇用を優先する。年金・障害保険・医療保険・教育費補助という社会福祉制度を創設する。従業員には「良き社員たれ、良き社会人たれ」と常に説き、チームスピリッツに従って行動し社会奉仕活動への参加を求める。

　インサルは、不特定多数の一般庶民の寄付によって資金を集める手法を国防協議会運動で体得した。彼はこの手法を、会社の資本金を集めるときに応用する。当時資本金を必要とするときは、少数の投資銀行家に引き受けてもらうのが主流であった。インサルは多数の電力需要家に株主になってもらういわゆる顧客株主制度の先鞭をつけた。こうしたコモンウェルス・エジソン社の労働政策や資本政策の成功を見て、他の電力会社はその経営方針を模倣する。

　インサルは戦後の経済危機の中でグループ各社の管理を強化し合理化を容赦無く進める。「銀行家というものは雨が降りそうにない時だけ傘を貸す人達のこと

だ」とインサルが言うようにいつも金策に苦労し、時には個人資産を提供して会社の危機を救済することもあった。幸い1921年秋ごろから米国経済の危機は緩和され始め1923年中半には息する。すべてのインサルグループ会社はこの危機を生き残る。こうした中でインサルは企業の資金調達でイノベーションを実現する。それは、既に述べたように顧客株主という大衆投資家からの出資を仰ぐことと、事業用資産を担保とした債券発行に関してオープン・エンド・モーゲージ方式を銀行側に認めさせたことである。この方式は担保付社債を発行する際、最高発行限度額を定めこれに対する物的担保を設定し、その額に達するまで同一順位の担保権をもつ社債を何度でも同一条件で発行できる仕組みである。松永安左ェ門ものちに日本で初めてこの方式を導入する。

戦後不況を乗り越えた米国は未曽有の好景気を享受する。いわゆる狂騒の20年代（Roaring Twenties）と言われる景気の好転である。電力需要はほぼ10年で倍増のペースで伸びる。

終わりの始まり

ニューヨーク株式市場における株式暴落が起った1929年10月24日は、歴史的に「暗黒の木曜日」と呼ばれる。この株式暴落が引き金となって世界規模の経済恐慌が起り1933年迄続く。それは世界の政治、経済の様相を一変させ、第2次世界大戦の遠因となる。この株価暴落は、インサルグループ会社の株価の暴落は、インサルの電気事業全体に重大な影響を及ぼす。

ここではインサルの運命を変えてしまうウォールストリートの株価の動きを図1.11に示す。第1次世界大戦後の不況から脱して株価は1921年夏

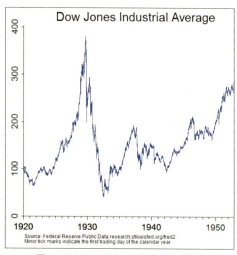

図1.11　1920〜50年代株価推移
（Federal Reserve Board Public Data）

に上昇し始める。同時に電力生産も1921年の落ち込みから反転上昇する。景気は1923－24年と1927年に一時的に後退時期を除き、株価と電力生産はこの間同一歩調で上昇を続ける。1928年１月に投機ブームが始まるが1929年９月に突然終わる。ダウ平均のピークは９月３日に付けた381.17ドル。10月24日に「暗黒の木曜日」(Black Thursday)の大暴落が起る。株価はつるべ落としに1932年７月８日の41.32ドルまで下げ続ける。GEの株価は、1929年９月３日のピークが396ドル、11月13日の底値が168ドルであり、1932年大底では34ドルであった。

インサルの運命はまさにこの株価の大暴落の流れと軌を一にするものとなる。1932年の大底を凌ぐことができなかったことが運命の分かれ目となった。インサルは、その自伝で「1926年に引退を考え始めた」と述べている。時に67歳。もしこの時彼が引退していればこの後起こる悲劇に遭遇することはなかったであろうにというのは無益な歴史上のifである。

フォレスト・マクドナルドは、著書『インサル』の中で、インサルグループの最盛期の総資産価値を約30億ドルと推定している。当時のドル表示資産を約20倍すれば現在価値を推定できるので、インサルが支配する総資産は現在価値で約９兆円と算定できる。インサルが支配した会社は、電力・ガス・鉄道の３種類の業種に分類できるが、その中核会社の1930年時点の資産を推計した結果は次の通りである[96]。

- シカゴ市内に電気を供給するコモンウェルス・エジソン社：総資産４億ドル（現在価値約80億ドル）。
- シカゴ市内にガスを供給するピープルズ・ガス・ライト・アンド・コーク・カンパニー：総資産1.75億ドル（現在価値約35億ドル）。
- シカゴ郊外の300市町村に電気とガスを供給する北イリノイ・パブリック・サービス・カンパニー：総資産２億ドル（現在価値40億ドル）。
- 持株会社ミドル・ウェスト・ユーティリティーズ・カンパニー：総資産12億ドル（現在価値240億ドル）。第２層に６つの部門を持ち、第３層に数百社がぶら下がる構造を持つ。サービス地域は32州にまたがる。

---

[96] Forest McDonald "INSULL" The Rise and Fall of A Billionaire Utility Tycoon (1962) p. 274-277

第1章　インサルが築いた公益電気事業

　インサルの目論見通り株式会社保有の大衆化が実現し、これらの会社群に投資する個人顧客株主は60万人、債券保有者は50万人を数えた。電気・ガスの顧客は400万口を越え、供給のシェアは約12.5％であった。
　一方、この時点でのインサルの個人資産は、郊外の邸宅（約4百万ドル）と流動資産（約5百万ドル）で合計は高々1,000万ドルと推定された。これは、グループ総資産30億ドルに比して0.3％程度に過ぎず、彼が個人的報酬と蓄財に貪欲ではなかったということを裏付けている。インサルが破産した後、郵便法違反・横領・破産法違反などで訴追された際、検事が彼の個人生活の清廉さに驚いたという。そのことは無罪を勝ち取る重要な根拠となる。
　彼はロンドンの庶民階級の出身の継承すべき家系や財産もないたたき上げである。エジソンに憧れて米国に来た移民であった。彼が成功を収めれば収めるほど敵が増えていく。伝記作家フォレスト・マクドナルドは、その成功がゆえにできた敵を三つ挙げている。シカゴ上流階級とシカゴ政界に加えて「ザ・クラブ」と呼ばれるモルガン財閥が支配するウォールストリート金融界の三つである。
　この三つの敵の中で最も手ごわいのがザ・クラブであった。第一次大戦後、電力会社の新株発行引き受けと社債発行引き受けは件数も金額も飛躍的に伸びたので、ニューヨークの投資銀行にとって利幅の大きい収益源となる。モルガン財閥は、電力事業資金市場における独占的地位を確保するため1929年に巨大な資本金の投資信託会社ユナイテッド・コーポレーション（United Corporation）を設立する。各電力会社は続々とその麾下に入った。同社から独立を保ったのはインサルグループのみとなる。ザ・クラブがこの反抗を許すはずはないことをインサルは知っていてあえて挑む。彼が頼ったのはロンドンのシティと大衆投資家であった。
　ザ・クラブとの正面切っての戦いは、1928年にインサルグループへの株式の買占め攻撃に始まる。クリーブランドの投資銀行オーティス・アンド・カンパニーのサイラス・イートン[97]がインサルグループ各社の株式を秘密裏に買い進める。彼は1928年半ばにはインサル自身の持株数を数倍上回る株式を手中にする。この敵対的買収に対抗するためにインサルは、1928年12月に持株会社イン

---

97) Cyrus S. Eatonは、カナダ系米国人。石油・鉄道・電力・ガス関連の投資会社Otis&Companyの経営者。

サル公益事業投資株式会社（Insull Utility Investments Company、以下I.U.Iと略す）を設立する。インサル一族が所有するインサルグループ各社の株式をすべてI.U.I.の新株と交換することにより、インサル一族の持株を敵対的買収から守ることを目的としていた。

　株式暴落の1年前のバブル状態にあった株式市場で事態は思わぬ展開を見せる。1929年1月17日にI.U.I.の新株を募集価格12ドルで市場取引にかけると25ドルで引ける。その後急騰し春には80ドルを突破する。その子会社となったコモンウェルス・エジソン社株も202ドルから、8月には450ドルへ暴騰する。ミドル・ウェスト・ユーティリティーズも169ドルから529ドルに高騰する。インサルは、I.U.I.の脆弱性を補強するためにもう一社のシカゴ企業証券株式会社Corporation Securities Company of Chicago（以下Corpと略す）を設立する。I.U.I.とCorpは株式交換しCorpの少数株主からは議決権の委任状を集めておくという防衛方法である。

帝国の終焉

　サミュエル・インサルは、バブルが崩壊した時に大衆投資家が被る巨大な損失に懸念を強めていた。その予感が1929年10月24日の「暗黒の木曜日」に現実のものとなる。彼は直ちに、株式を購入していた従業員の救済策を講じる。

　一方彼自身はこの株式市場の崩壊に対してあたかも何も起こらなかったごとく日常をふるまった。自ら推進していたオペラハウスの完工式典にも予定通り出席する。テキサスからシカゴに天然ガスを運ぶためのパイプライン建設事業に邁進する。破綻したシカゴ市財政の救済資金の提供に応じる。翌年4月にはシカゴ市街鉄道網の再建と近代化推進事業の責任者に住民投票で選出される。

　敵対的買収の仕掛人サイラス・イートンから株の引き取りを持ちかけられる。結局1930年の半ばに至って傘下主要3社の株式を5,600万ドルで買い戻すことに合意する。しかしこの時の金融情勢から買収資金は借入金で賄わざるを得なくなる。ロンドンのシティと交渉するには時間が無く、シカゴの銀行は弱体化して頼れなかったので切羽詰まった金策となる。4,800万ドルを公募債により調達するがそのうち2,000万ドルは関係が冷却していたニューヨークの銀行団からであった。同時に別途500万ドルをGEから借り入れる。これが

インサルにとって悔やみきれない禍根を残すこととなる。

　ニューヨークの銀行団の実質支配者はモルガン家であり、モルガンはインサルの息の根を止める好機到来とインサルグループ各社の株価暴落を画策する。戦いの第1幕は各事業会社の業績改善とインサル側の株式市場での株価維持策が功を奏して、1930年半ばまでは持ちこたえる。しかし9月になって市場は下げ一方となる。I.U.I社、Corp社、コモンウェルス・エジソン社とミドル・ウェスト・ユーティリティーズ社の4社での時価総額で合計1.5億ドルを失う。この間銀行団は、株価下落に伴う抵当の減価を補う追加差し入れを要求する。この結果12月初頭には、I.U.IとCorp両社が所有していたインサルグループ各社の株券は1枚も無くなる。モルガン家とニューヨーク銀行団の「インサル帝国」を合法的に破壊しつくすという意思は明確であった。

　この地獄絵図の状況にあってインサルにとって一条の光が黒い雲の中から一瞬差し込む。年明けの1931年2月28日、インサルの米国渡航50周年記念祝賀会が挙行される[98]。インサルがニューヨークに着いたのは1881年2月28日の午後であった。そのままマンハッタンのエジソンの自宅に直行し、その夜から働き始めてから50年が経ったのだ。

　祝賀会に配られた挨拶状には、彼の直接支配下にある17社についての数字の記録がある。これらの会社の資本金総額22億ドルは、1930年時点で公益事業への全米投資額の12%を占める。それは1892年に彼がシカゴに来て初めてシカゴ・エジソン社社長となった時の資本金110万ドルと対比すれば2,000倍である。17社の顧客数は450万口となっており1892年の数千口と対比される。従業員数は、1892年の400から72,800人に増加していた。

　この祝賀会には各界の名士が祝辞を述べたが、最後を飾ったのはトーマス・エジソンからの電話による賛辞であった。エジソンはその人生の最後の年をフロリダで静養していた。エジソンは、インサルと付き合いが始まってちょうど50年目の日を次の言葉で祝った。その言葉は会場に並み居る人たちにスピーカーを通して響き渡った。

---

98) Robert L. Bradley "Edison to Enron" Scrivener Publishing LLC., 2011) pp.190-192

この若者を最初に見た時、正直驚いた。そして彼を選んだのは正しかったのか心が迷った。しかし、間違いは犯していなかった。彼は大人であったし思慮深くもあった。細かいところまで気が付き仕事の能力は途方もなく素晴らしかった。インサルは中央発電所ビジネスについてすぐに会得できた数少ない人間のひとりである。その知識を実際の仕事の中でさらに磨きをかけてきた人である。

この時期には株式市場が値を戻していて、インサルグループ会社もかろうじて水面から首を出していた。しかしそれもはかない一時の夢で、16ヶ月後に奈落が訪れる。その奈落までの経緯を続けよう。

シカゴの銀行界は周到にウォールストリートの銀行団に取り込まれていた。1931年の暮れには、インサルが頼りにできそうなニューヨークの銀行はすべてモルガンの意のままになっていた。モルガンは「乗っ取り」との世間の評判を避けるため債権団としての権利行使を直ちにはしない。代わりにインサルグループの経営上の不正を見つけるべく監査法人を送り込む。モルガンは、経理処理上の「不適正事案」を摘出しそれを意図的にマスコミにリークし、インサルを落ちた偶像化しようと躍起になる。しかし、「不適正事案」は見つからない。

その間もインサルのカリスマ性は揺らがない。1932年2月のグループ各社の株主総会で、議案はインサルへの万雷の拍手で承認される。一方ニューヨーク銀行団側は3月から4月にかけて調査を続け、「インサルグループ各社や関係者の取引を調査したところインサル一族による公金横領が発覚した」とのうわさを、インサルを敵視するシカゴの上流階級にまき散らす。これがインサルにとって痛い打撃となる。

局面打開のための舞台はニューヨークに移る。1932年4月7日[99]、インサルと長年の盟友ハロルド・スチュワート[100]は、GE会長オーエン・ヤング[101]の事務所

---

99) Forest McDonald "INSULL" The Rise and Fall of A Billionaire Utility Tycoon (1962) pp. 299-304
100) Harold L. Stuart (1881-1966)：投資銀行Halsey, Stuart & Co.の創設者。インサルグループの大半の資金調達の引き受けを行った。
101) Owen D. Young (1874-1962)：1922年から1939年の間GEの会長・社長を兼任。

に集まる。オーエン・ヤングはニューヨーク連邦準備銀行議長でもあった。喫緊の議題はミドル・ウェスト・ユーティリティーズ社が振り出している6月1日に支払期限がくる1,000万ドルの手形の処理である。会議は、ヤングGE会長が「ミドル・ウェスト・ユーティリティーズ社は潰すわけにはいかない」と発言したものの、さしたる成果もなく散会となる。インサルは、「解決の見込みは難しい」と悟る。

次の日の午後、同じくヤングGE会長の事務所で、ミドル・ウェスト・ユーティリティーズ社、I.U.I社、Corp社に債権を持つニューヨークとシカゴの銀行家たちの協議が行われる。その場にインサルとスチュアートは参加を許されず別室で待機させられる。約1時間後ヤングGE会長が会議から出て来て別室でインサルとスチュアートと会う。その時交わした会話をインサルは次のように回顧する。

> 「銀行団は、ミドル・ウェスト・ユーティリティーズ社の現状ではこれ以上のお金は出せないと結論を出しました」とヤングが口を切る。
> 「破産させるということですか」と私が問いただす。
> 「そういうことのようです」とヤングが答える。

インサルは、債務支払い猶予の協議を始めてから対象3社の破産方針の決定に至る間のヤングGE会長の動きに落胆したことを自伝の中で述懐している。ニューヨークの銀行団にミドル・ウェスト・ユーティリティーズ社救済の意思があったならばシカゴ側も追随してくれたはずであるし、ロンドンやモントリオールの銀行団も救済に動いてくれたはずと書き残している。

インサル父子は4月9日土曜日シカゴに帰着し関係先と協議し、そこで債権者会議を翌10日の日曜日に開催することを決める。債権者会議の決定を受けてミドル・ウェスト・ユーティリティーズ社の破産申請は14日、I.U.I社とCorp社の破産申請は16日に連邦裁判所に提出される。インサルは、自伝の中で再びその気持ちを書き綴っている。

> この3社の破産手続を自分が先頭になって差配したということはない。自分はただただことの流れに身を委ねたのみである。ミドル・ウェスト・ユー

ティリティーズ社破産の原因はニューヨークとシカゴの銀行団が同社救済に必要な資金の供給を拒んだこと以外にはない。支払猶予してもらっていれば6月1日に返済期日が来る1,000万ドルの手形には処置がとれたはずである。世間一般では多くの手形の繰延は認められているのにという思いである。2百万ドルないし3百万ドルのつなぎ融資をしてくれていれば、投資家や融資者の莫大な損失は回避できたはずである。

インサルグループ各社を破産に追い込んだニューヨーク銀行団の次の目標は、インサルをすべての会社の役員から追放することであった。もし彼に役員を続ける意思があれば、追放を実現するのは容易なことではなかった。辞任を求める銀行団の使者として彼の親友スタンレー・フィールド[102]を使う。6月4日土曜日にフィールドは、インサルの事務所でその場での辞任を迫る。インサルはしばらくフィールドを凝視して、「わかった。すべての会社を辞める。しかし休みの土曜日の午後に裏口から出ていくような形で辞めはしない。すべての会社の臨時取締役会を月曜日に召集してくれればそこで辞表を出す」と言い返す。週明けの6月6日、辞任手続きが執行される。インサルは60数社の辞表を1社ずつ口述し署名していく。各社取締役会は、永年の貢献を顕彰する決議を議事録に残す。議事録は表装され装飾が施されてインサルに贈呈される。すべての署名を終えて部屋から出てきたインサルは待ち受けていた記者団に、「諸君、ここにいるのは、40年働いたあと無職になった一人の男だよ」とコメントを残す。

インサルグループは経営破綻していたのかという疑問に関しては、「インサル崩壊による一般株主の損失試算」[103]という研究論文が答えを出している。その研究ではインサルグループの清算業務が完了した関係会社150社の財務分析が行われている。1932年時点で一般株主が保有していた26.7億ドル相当の株式は、時価で6.4億ドルの価値が棄損されているとの評価がなされている。特に重要な結

---

102) Stanley Field（-1964）シカゴの銀行家。インサルが起訴されたときに同じく起訴されたが無罪となった。

103) Arthur R. Taylor "Losses to the Public in The Insull Collapse 1932-1946" (Brown University) (The Business History Review Vol. 36, No. 2 (Summer, 1962), pp.188-204 (17 pages) Published By : The President and Fellows of Harvard College)

論は、コモンウェルス・エジソン社などの中核の事業会社の一般株主所有分は全く棄損されていないことである。インサルグループは、ニューヨークの銀行団からの借り入れ2,000万ドルとGEからの借り入れ500万ドルの債務不履行によって破産宣告を受けている。この研究結果が正しいとすれば、J.P.モルガンなどの銀行団がつなぎ資金の提供という形で救済していればインサル自身が回顧するようにインサルグループの破綻は回避できたといえる。

パリにて

傷心のインサルは、欧州で過ごすと決め辞任直後の1932年6月14日にシカゴを出発し、カナダのモントリオール経由でパリに着く。そこで1週間後妻のグラディスと合流する。9月にはロンドンで、インサルグループの中核3社の会長職を継承したジェームズ・シンプソン[104]と会い忌憚のない意見交換をする。彼から、「10月にイリノイ州クック郡の大陪審が地方検事所ジョン・スワンソンの請求で私を訴追しそうだとのうわさでもちきりになっているとの話や、私への攻撃が政治キャンペーンの中心になっている」と聞かされる。

インサルは、その後トリノ・ミラノ経由でギリシャに着く。ギリシャでは、サロニカ・アテネと滞在場所を変えて18ヶ月間滞在することになる。米国政府の送還要請を受けたギリシャ政府の命令で1934年4月に至ってギリシャを離れざるを得なくなり、船でイスタンブールに到着する。ここで米国政府の送還要請に応じたトルコ政府によって強制送還される。1934年5月7日にニューヨーク港に到着時ただちに収監される。

彼が欧州旅行に出た1932年は米国大統領選挙の年でもあった。選挙期間中民主党候補フランクリン・D・ルーズベルトは、インサル攻撃を選挙のプロパガンダとして利用する。ルーズベルトは地方遊説中に繰り返し、「電力は、一部の資本家の利益のためのものではない。インサルらによって吊り上げられている電気料金を安くして労働者や主婦を苦役から解放するために役立てるべきである。インサルグループの崩壊は私が長年主張してきたことを証明してくれた。インサルは15億ドル以上のお金を何十万人もの大衆投資家から奪い去ったのである」と

---

[104] James Simpson (1874-1939) スコットランドの生まれ。シカゴで財界の指導的地位まで上り詰めた。

演説し、これを受ける形でインサルがロンドンで聞いた通りインサルを含めた関係者に対して3件の刑事訴追が行われる。

その第一は、大統領選挙の前月1932年10月に、イリノイ州クック郡大陪審によるサミュエルとマーチンのインサル兄弟に対する業務上横領での訴追。

その第二は、フランクリン・D・ルーズベルトの大統領就任直後の1933年2月にシカゴ連邦大陪審によるインサル以下合計16名を連邦郵便制度不法使用での訴追。

その第三は、1933年6月にシカゴ連邦大陪審によるインサルとマーチン兄弟など3人に対する破産法違反での訴追。

これら3件はすべて総資産30億ドルのインサルグループの不正を告発するには軽微な容疑であり巨悪を暴く正義の名のもとに断罪するには不十分であった。しかもインサルがその自伝の中でも嘆息交じりに言うように彼が帰国時に収監された時の保釈金はほぼ同時期に逮捕されていたマフィアのボス、アル・カポネに課された保釈金の数倍に達しフランクリン・D・ルーズベルトや世論を忖度した司法当局の並々ならぬ政治的意図を感じさせるものであった。

第一の公訴について1934年11月24日に判決が下される。判決は「被告全員、すべての訴因に関して無罪」でインサルにとって完全な勝利となる。この裁判で示された証言の数々は無罪判決以上に大きな意味を持っていた。図らずもインサルとその一家が、清廉な人生を送り、事業に専心し、公益に資する活動に熱心であったことを世に知らしめることになったからである。インサルの告発者となったサルター特別補佐検事の結審直前の最終弁論の驚くべき称賛の言葉[105]を引用する。

> 私は公平を期するため、インサル氏のために一言申し上げる。彼はここに座って沈黙を守っている。彼はその気になれば、ほかの被告と同様あるいはそれ以上に有力な証人を呼ぶことができただろう。彼の立派な名声を証言する人はいくらもいたにちがいない。しかし彼はそれをあえてしようとしなかった。それだけの自信があってのことだと思うが、私は彼のこの心意気に応分の敬意を払うことを惜しまない。

---

105) 庄司淺水「サムエル・インサル事件」三修社 (1999) pp.141-142

第1章　インサルが築いた公益電気事業

　これが検事の最終弁論である。インサルが、裁判の中で判決について発言した言葉をフォレスト・マクドナルド[106]は、「私の判断に狂いがあったといわれるかもしれないが、私の正直の証明にはなるはずだ」と引用している。
　インサル一家は、その後も公判を闘い続ける。
　1935年3月にサミュエルとマーチン兄弟は、連邦郵便制度不法使用容疑について無罪判決を勝ち取る。
　その3ヶ月後にはインサル親子など3人は、破産法違反容疑で無罪判決を勝ち取る。
　フォレスト・マクドナルドはこう締めくくっている。

　　　刑務所の中では死なせないというのが、電力をあまねく・安価で・豊富に供給することに粉骨砕身したインサルの53年間の労働に対して人々が感謝をこめて捧げた報酬である。

　インサルは、その後実業界から完全に身を引き、人生の最後を妻グラディスの願いを入れてパリで送ることになる。彼が築いた富も名誉も交友も二度と戻ってくることはなかった。
　インサルは1938年の初めころ伝記映画を作りたいとの申し出を受ける。その際全く興味を示さず、息子に宛てた手紙の中で、「どんな映画も出版もだめだ。一流と言われているところからの提案でも駄目だ。私が半世紀に渉ってやってきた仕事をどのように描いてもらっても、私の成し遂げたすべてのための記念碑にはならない。サミュエル・インサルとその仕事などは忘れられる方が良いのだ」と語ったことが伝記[107]の中で紹介されている。
　インサルは、その後数度シカゴに住む息子に会うため大西洋を横断する。そして最後のシカゴ訪問をした2ヶ月後の1938年7月16日、パリ地下鉄のコンコルド広場駅構内で心臓発作を起こしその場で亡くなる。享年78歳。いま生誕地ロンドンの墓地で両親の側に眠る。

106）Forest McDonald "INSULL": p.332
107）Robert L. Bradley "Edison to Enron" Scrivener Publishing LLC., 2011) p.215

ポスト・インサル

　1920年代になると、産業全体の伸びと発電量の間には強い相関が出るようになっていた。1957年を100とする生産指数は、1921年4月の19.1から、1929年7月の39.9へと8年間でほぼ倍増する。一方発電量は[108]、1921年の530億kWhが、1929年の1,170億kWへと直線的に倍増している。まさに、第1次世界大戦後、不景気を克服した1920年代の経済成長が、電力需要を増大させインサルの電気事業を急成長させたのである。

　そして1929年の株式暴落に始まる「大恐慌」が米国経済へ与えたダメージは、発電量の大幅な減少となって現れる。電力生産は、1929年をピークに下落し、1929年のレベルまで回復するのに1935年迄かかる。

　既に述べたように、インサルは、1932年に第32代米国大統領フランクリン・ルーズベルトの徹底的な攻撃とモルガン財閥を先頭にしたウォールストリートのエスタブリッシュメントの集中砲火を受けて、表舞台から強制的に退去させられた。しかし、彼が築いた電気事業と、彼が創出した公益電気事業ビジネスモデルまでが消失したわけではない。

　インサルの退出とともに消失したのは、まさにサミュエル・インサルその人と、持株会社構造である。彼の退場後にも拘わらず米国の公益電気事業を形成する「インサルモデル」の中核構造はさらに強固となり維持された。消失した「持株会社構造」とは、1920年代に成立した少数の電気事業グループによる寡占体制を意味する。1932年時点では、持株会社グループ8社が、全米民営電力会社の総資産の4分の3を支配していた。

　市場支配力の行使に対する批判の高まりを背景に、1928年に至って米国議会はFTC（連邦商業委員会）に対して持株会社に関する調査を命ずる。インサルグループ、モルガン財閥のユナイテッド・コーポレーション[109]、GEとJ.P.モルガンの共同持株会社であるEBASCO社[110]がFTCの査察対象となる。その結果1935

---

108) 本書第1章図1.4参照。
109) The United Corporation：1929年設立。
110) Electric Bond and Share Company（Ebasco）：1905年設立したGEとJ.P. Morgan系の電力持株会社。

年に公益事業持株会社規制法（PUHCA、プーカと略称される）[111]が制定され、電気事業の持株会社には厳しい制限が加えられる。PUHCAによって持株会社の子会社群の多層化は、経営の透明性を損なうとして親と子の2層迄しか許されなくなり、孫会社より下の構造を持つ事は禁止された。

一方、1932年の大統領選挙戦中から電気事業公営化を政策目標としていたルーズベルト大統領は、ニューディール政策の一環としてTVA（1933年設立）[112]やBPA（1935年設立）[113]という国営電気事業を立ち上げる。また1936年の農村電化法（REA）に基づき農業協同組合が立ち上がる。これらの農業協同組合は農村地域の配電業務を行う。さらに地方自治体による公営電気事業も多数立ち上がる。

時間の経過とともにルーズベルト大統領のニューディール政策は各所で行き詰る。国営・公営電力による電力供給も部分的にとどまり拡大しなかった。1940年代に入って「インサルモデル」による電気事業は着実に戦時経済を支え続ける。第2次世界大戦後は好況に支えられて電力産業は成長拡大する。戦後20年経過した1965年時点の発電統計では、「インサルモデル」に基づく地域独占・垂直統合型の私営電力会社（IOU）[114]が76％を占めていた事実がそれを雄弁に語っている。その時、連邦政府所有電力会社による供給が13％、公営電力が10％、協同組合が1％となっている[115]。その時代（1945－1965）をジャック・カサッザは「黄金時代」と呼び、次のように描写する[116]。

　　電力産業の黄金時代は1945年から65年の間である。この間に需要は幾何級数的に増大しコストは一貫して低減した。新しい産業用と家庭用の需要が開拓された。新規大容量発電所がより安い建設単価で建設された。より高温・高圧の蒸気条件の火力発電が導入されて発電効率が改善された。坑口に

---

111) The Public Utility Holding Company Act of 1935 (PUHCA)
112) TVA: Tennessee Valley Authority（テネシー川流域開発会社）
113) BPA: Bonneville Power Administration
114) IOU：Investor-owned utility（株主により所有・支配された電気事業会社）
115) Sharon Beder "POWER PLAY" (2003) published by Scribe Publications Pty Ltd pp.69-71
116) 「私の履歴書　経済人7」日本経済新聞社（1980）pp.400-402

建設された新規石炭火力発電所からの電気は需要地まで送電された。このため新たに高圧送電線が必要となったが、石炭の鉄道輸送よりも電力に変換してから輸送する方が経済的であることが判明する。

　電力会社間の協調も最高潮に達した。電気事業界の電力系統計画に関与する指導層は、系統連系によって投資額と燃料コストを大幅削減できることを認識する。地域内や地域間の系統計画調整機関が設立される。電力会社は発電所を共同所有することによって財政的なリスクを分散させることの利点を認識するに至る。……電力需要は10年毎に倍増した。

　電力会社は、電力会社間の協調と費用分担の利点を認識している技術系の人々によって経営されていた。電力会社は、地域全体の開発計画・発電所建設・送電線共同所有プロジェクトに参画し、電力会社間の費用分担や協業に関する契約のひな型が開発された。電力会社と規制当局の間には共生的な関係が生まれる。こうして電力会社は、投資家の資本を電力供給サービスに効率的かつ効果的に変換する装置であることを証明する。これらすべてが資本コストと燃料コストの削減につながる。

　全員が受益者となった。需要家は電力料金が下がって幸せであった。投資家は投資収益率と株価が上昇して幸せであった。電力系統技術者は、その寄与が認めてもらえる興味深いやりがいのある課題に取り組めて、会社の中での存在価値が増していくので幸せであった。そして経営陣は、組織を円滑に運営でき需要家が満足する製品を売ることができて幸せであった。

　日本が第2次世界大戦後、「インサルモデル」を、「松永モデル」すなわち「9電力体制」として受け入れた1951年は、米国の「電力黄金時代」の真只中であった。日本を占領統治していたGHQ指導層も電気事業再編を担当した占領軍テクノクラートにとって、このように米国で成功している「インサルモデル」は日本に移植すべき教科書的手本となる。この経緯は第2章で詳しく述べる。

　ここまで、インサルが心血を注いで1910年代に全米に完成させた「公益電気事業モデル」を構成する数々のイノベーションを個別に見て来た。インサルの創始した電気事業モデルは、州政府による「地域独占」の免許を前提に「供給責任」を引き受けることを基盤とする。「電気料金」は、「総括原価主義」と呼ばれ

る費用の総計に適正利潤を加えて計算し、各州の「公益電気事業委員会」の認可を受ける方式を定着させた。

　そして、経営面でのイノベーションも次々と導入する。電気事業の収益性向上には「負荷率・不等率」を極大化すべきことを経験的に見出し実践する。「規模の利益」を実現するために、負荷の多様化と電力系統の広域化を図る。

　電気事業の拡大が必要とする巨額の資本を調達する仕組みとして「持株会社」の仕組を導入する。またウォールストリートの金融支配から脱するために、「大衆」の小口資金を多数集める新しい資本市場の時代を切り開く。

　このインサルモデルを基盤に発展した結果が、ジャック・カサッザのいう「電力産業の黄金時代」であった。

第2章 松永安左エ門が築いた「9電力体制」

2.1 日本の電気の時代

　日本の電気事業の歴史の起点を1883年(明治16年)東京電燈會社の設立許可が下りた年に置くならば、電気事業はすでに140年を超える歴史の重みを持つ。1882年にエジソンはロンドンとニューヨークで世界初の中央発電所を運開させる。東京電燈は、それらに遅れること5年の1887年(明治20年)にエジソンモデルに従って中央発電所「第二電燈局」を南茅場町に立ち上げる[117]。

　日本の電気事業は資本主義の発展と軌を一にして急速な発展を見る。東京電燈に続いて東京のみならず地方に多数の民営電気事業が立ち上がる。電気機器の製造産業も後を追うように立ち上がる。米国の先例と同じく直流の時代から「電流戦争」を経験して交流の時代に入る。

　日本の電気事業の歴史の中で時代を先導したアントレプレナー(企業家)を挙げるとすれば、ともに福澤諭吉の薫陶を受けた「電力王」福澤桃介(1868-1938)と、「電力の鬼」松永安左エ門(1875-1971)のふたりの天才的事業家の名を忘れることはできない。彼ら二人が電気事業にかかわりを持つのは、佐賀県の廣瀧水力電氣の経営への参画が最初である。1906年に「四十不惑の年、虚業家家業を清算し、実業家として立つ」と決心した福澤桃介が、廣瀧水力電氣の大株主となる。その彼が、慶應義塾以来長年の付き合いでありともに商売で辛酸をなめた松永安左エ門に助力を求める。松永安左エ門はそれに応じて1908年に同社の監査役に就任する。

　二人が廣瀧水力電氣の経営に参画したころには、日本の電気事業とそれを支える電機産業の基礎はすでに形成されていたことは極めて重要である。日本の電気事業は米国からの技術移転の上に成立していた。日本に電気事業を立ち上げた起

---

117) 東京電燈は、当初から第五電燈局までの建設を計画していた。第二電燈局周辺の申し込みが先行したため、麹町区麹町に計画していた第一電燈局より先に、第二電燈局の運転が開始されることとなったもの。

業家として、藤岡市助と岩垂邦彦の足跡をたどることにする。二人は、その経緯に違いはあるものの、エジソンの影響を強く受け、「中央発電所モデル」を手本としてそれぞれの道を歩む。

エジソンと藤岡市助

図2.1　藤岡市助

　藤岡市助が、日本の電気事業揺籃期に日本に技術移転させた技術は、エジソンの中央発電所モデルと白熱電球製造技術である。この技術移転を1880年代にやり遂げた藤岡市助を語るにはその受けた教育から語らねばならない。
　日本の電気技術者養成の歴史は明治政府の工部省が、1873年に工部寮（のちに工部大学校に改組）に電信科を設置したことに始まる。建学の目的はあくまで同省の業務の実用に供する知識・技能教育であった。

　この時代は工業全般にわたり、殖産興業・富国強兵の為に欧米からの技術輸入を盛んに行った。電信・電話・電力の分野の技術移転のため日本人技師の育成を担ったのは、ヘンリー・ダイアー[118]やウィリアム・エアトン[119]などのスコットランド出身の工部大学校英人教授陣であった。その卒業生からは、第1期生志田林三郎（工部大学校1879年卒）をはじめ、多数の電信・電力技術者が輩出した。中でも電気事業創成期に出色の貢献をしたのはのちに東京電燈技師長となる藤岡市助（工部大学校1881年卒）と、のちに大阪電燈技師長となる岩垂邦彦（同1882年卒）の二人である。

　工部大学校電信科の学生であった藤岡市助はエアトン博士の指導の下、中野初子（ね）・浅野応輔とともに、1878年3月25日[120]「工部大学校における晩餐会の席上、電池を以て弧光灯を点じ、会衆を驚倒せしめたる」[121]ことが歴史的事跡として記録されている。

---

118) Henry Dyer (1848-1918)
119) William Edward Ayrton (1947-1908)
120) このアーク灯初点灯の日は、1927年に電気協会によって「電気記念日」と定められる。
121) 藤岡博士壽像建設委員会編「工学博士藤岡市助君傳」p.9 (1926)

藤岡市助は、1881年工部大学校を最優秀で卒業し同校教授補に就任する。ただちに電灯会社の設立を政財界人に働きかける。彼を助けたのは元長州藩士で工部卿の山尾庸三である。長州藩の支藩岩国藩の藩士であった藤岡に、山尾は長州藩支藩徳山藩士であった大阪紡績の矢嶋作郎を紹介する。このように日本の電気事業創成期を形成する山尾・矢嶋・藤岡の三人は、長州閥という系譜で繋がっていた。

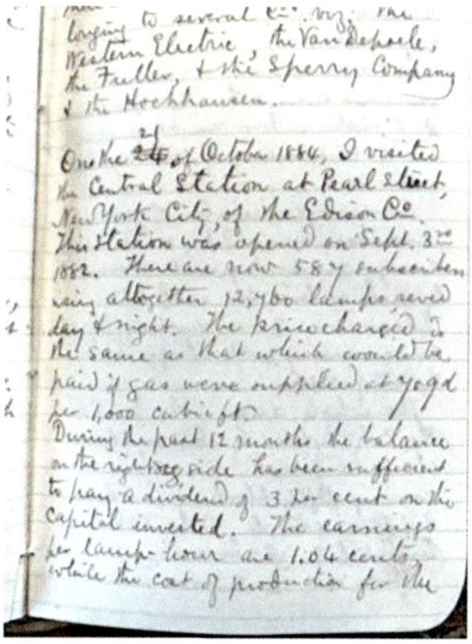

1882年3月に至って矢嶋は、大倉喜八郎・原六郎・三野村利助・柏村信・蜂須賀茂韶の5名とともに発起人となって東京電燈會社の創立を申請する。しかし窓口の東京府は計画

図2.2　藤岡市助のパール街発電所訪問時のメモ（岩国学校教育資料館所蔵、筆者が許可を得て撮影）

の不備を理由に設立申請を却下する。その後の再申請により1883年に同社の設立は許可される。矢嶋が同社社長に、藤岡は工部大学校教授のまま同社技術顧問に就任する。

藤岡は、生涯で4回外遊している。その第1回目は1884年の工部大学校電気工学科教授としての公務出張であった。主目的はフィラデルフィアで開催された万国電気博覧会に参加することである。出張中エジソンから親しく諸技術の詳細を伝授される。またジョンズ・ホプキンス大学で、エアトン博士の師であり志田林三郎のグラスゴー大学留学時代の指導教官でもあったウィリアム・トムソン博士[122)]の講義を受講する。さらにエジソンの計らいでニューヨークのパール街発電所の視察を行い、発電所の運転状況のデータを入手する。エジソンから電気事業の振興のために諸機械の国産化努力をするよう督励される。

第2回目の外遊は、藤岡が東京電燈技師長に就任した直後の1886年12月矢嶋東京電燈社長とともに行った欧米視察である。目的は同社の事業に必要な発送

---

122)　ケルヴィン男爵ウィリアム・トムソン（1824-1907）は熱力学と電磁気学に多大な貢献をした物理学者。熱力学第二法則の基礎を築き絶対温度（ケルビン温度）を提唱。電磁気学ではマクスウェル方程式の理論的基盤を築く。大西洋横断電信ケーブルの設計や実用化にも関与し、電信技術の発展にも貢献。電気事業でもエジソンを支援した。

配電機器に関する情報の収集と、欧米の電気事業の現況視察である。その途次1887年2月にスケネクタディを訪問しエジソン機械工場[123]も視察する。エジソンの工場群は彼の命を受けたインサルによって1886年末にニューヨーク州北部のスケネクタディの地に移設されたばかりであった。

　藤岡は岩国の同郷人三吉正一の三吉電機工場で、1883年にアーク灯用発電機と1885年に白熱電球用発電機を製作している。1887年にエジソン10号直流発電機を使用した日本で最初の中央発電所である第二電燈局を南茅場町に運開させる。エジソンのパール街発電所の運開に遅れること僅か5年のことであった。

　藤岡は、第2回目の欧米出張の際英国で購入した白熱電球製造装置を使用して、1889年に東京電燈社内で白熱電球の試作に成功する。翌1890年には量産のために電球製造事業を東京電燈から分離し社長の矢嶋作郎と三吉正一とともに「白熱舎」を設立する。舎長には三吉正一が就く。白熱舎の電球の品質は向上せず、原価も下がらない。そのため輸入品の後塵を拝し苦しい経営状況が続く。藤岡は1896年2月に至り白熱舎を解散する。日清戦争後の景気好転に期待して増資の上東京白熱電燈球製造株式會社を設立し自らは取締役に就任する。

　藤岡は、東京電燈の経営権が「甲州財閥」と称される一群の投資家の手に移ったことを機に、1898年1月に東京電燈技師長を辞す。同年2月に、第3回目の欧米外遊に出て12月に帰国した藤岡は、三吉が彼にも告げずその年の10月に三吉電機工場を閉鎖していたことを知る。藤岡は、直ちに東京白熱電球製造の専務取締役社長に就任する。

　翌1899年1月にその社名を東京電氣と改称する。同社は、日清戦争後の不況とドイツ製品との激しい競合にさらされる。そうした逆境を克服して日本の電球産業は日露戦争（1904－1905）に至る数年間に市場を米国製品、ドイツ製品と市場を三分するまでに成長する。しかし東京電氣の経営状況は極度に悪化し、「高利の金を借り、補うに夫人の私財を以て漸く職工の賃金は夫人の私財を以て支払いを決済したこともあり」[124]という状態にあった。

　藤岡は、事態を打開するためにGEが開発したタングステンフィラメント電球の技術導入を決心する。日露戦争中の1905年にGEと電球に関する技術提携を行

123）Edison Machine Works
124）「工学博士藤岡市助君傳」藤岡博士壽像建設委員會編(1917)

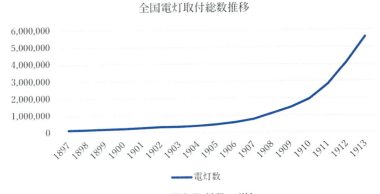

図2.3　電灯取付数の増加

い、増資と同時に50.1%の株式をGEに譲渡して経営権をGEの手に委ねる。

　このGEとの提携による資本増強の結果東京電氣は、三田工場を拡張し、深川にガラス工場を新設し、川崎に新工場の建設を進め製品の競争力は大幅な改善を見る。1907年以降日本全体の電球需要が急増し1914年には700万灯に達する。図4-3[125]の電球の新規需要推移のグラフが示す1907年の屈曲点は極めて重要な意味を持っている。1907年は電気事業の創成期から急成長期への転換点であった。この年、東京電燈は駒橋発電所を運開させ、大規模水力と長距離送電という画期的な技術革新を実現させている。各地での発電会社の設立・稼働が急増し、福澤桃介と松永安左エ門が佐賀で電気事業に参入するのもこの時期であることは極めて象徴的である。

藤岡対岩垂の電流戦争

　岩垂邦彦は、1882年に工部大学校電信科を卒業後、決まりに従って工部省技師として奉職する。1886年に至って新天地を求めて米国留学を目指す。28歳であった。このあたりの事情を、「工學博士藤岡市助君傳」[126]の中に、彼は口述筆記の形で残している。

---

125)　「電力百年史」（政経社、1980年）前篇p.194（加藤木重教「日本電気事業発達史」を原典とする）より筆者が作図。
126)　藤岡市助君伝記編纂会 編 (1933) pp.35-40

第 2 章　松永安左エ門が築いた「9 電力体制」

図2.4　岩垂邦彦

明治十八、九年のころでした。或る日私は横濱二百番のフレーザー商會に出掛けて行つて……色々むかうのことを聞いて見ると中々面白さうなので、それぢゃ俺もアメリカに行って見ようかといふことになり、ニューヨークのエヂソン會社に宛てて、紹介状を貰った。そして十九年の六月、其の紹介状を持ってアメリカに渡り、ニューヨークのエヂソン工場に入った。工場は同年十月[127]ころからスケネクタディに移轉し始められたのであるが、藤岡さんたちの來られたのは、スケネクタディに工場が移ってからのことでした。

　岩垂は、この工場において現場技術者の見習いとして働き始め、次第に実力を認められ正規の設計技術者に昇格する。1888年2月岩垂は、設立されたばかりの大阪電燈からの二人の使者外山脩造と丹羽正道[128]の訪問を受け、ニューヨークで面談する。

　彼らの用件は二つ。第一に岩垂に大阪電燈の技師長に就任を依頼すること、第二に大阪電燈が採用すべきは交流か直流かとの質問の答えを得ることであった。岩垂は、大阪電燈技師長就任を受諾する。交直の選択については交流を推す。彼は、藤岡への追悼文[129]の中でその顛末について淡々と次のように追憶する。

　……大阪から来たといふのは、外山脩造といふ人であった。……渡米序に大阪電燈の方から機械や技師を捜して来て呉れと頼まれて来たとのことであつた。お目にかかって色々話してみると、機械のいいのを捜してひいが一体ういふ機械がいいかといふことであつた。そこで私はいろいろ考へた上で、交流発電機を勧めることにして、其の書類を作って外山さんに渡し、私は間もなくスケネクタディに帰つた。当時、交流発電機はアメリカに於いてもまだ

---

127)　1886年
128)　丹羽正道(1863-1928)1887年帝国大学工科大学電気工学科卒。初代名古屋電燈技師長に就任。
129)　「工学博士藤岡市助伝」pp.35-40

2.1 日本の電気の時代

出来て間もない時分のことで、新聞は盛んに交流、直流の優劣を書きたて、特にウェスティングハウスとエヂソン会社とは喧嘩のやうな有様であつた。私が大阪電燈に交流を勧めたのは、多少は危険であらうが、電線の方で大いに助かり、便利な金のかからぬ交流の方が良いと信じたからであつた。……大阪電燈の交流採用は、右のやうな事情で実現することになつたもので、別に他に理由があつた訳ではない。然し何分其の時分は直流全盛時代であつたから、交流採用に就いては散々攻撃も受け、新聞などにも盛んに悪口を書きたてられたものであつた。……その後、京都電燈あたりでも直流でうまく行かず、遂に交流に代えられることになり、かつて直流の本家であつた東電あたりでも、交流を使ふやうになつたのであるから、まア時勢の然らしむるところでもいふのであつたでせう。

　岩垂をして交流技術の選択の決心をさせたのは、上記のように「多少は危険であらうが、電線の方で大いに助かり、便利な金のかからぬ交流の方が良いと信じたからであつた」との判断であった。その背景には、当時の先行していた欧州で交流中央発電所の実績ができ始めていたことと、米国におけるウェスティングハウス社のウィリアム・スタンリーが1886年に交流中央発電所技術を完成させていたことがあった。

　岩垂は、1888年に大阪電燈の技師長就任のため帰国する。直ちに発電所用交流機器の買い付けのため、ウェスティングハウスと交渉するが不調に終わる。このため当時交流・直流機器の両方を製造していたトムソン・ヒューストン社に購入候補先を切り替えて、輸入契約を締結する。こうして1889年5月に、出力30 kW・周波数60ヘルツの交流中央発電所が、大阪市内西道頓堀に完成し、難波新地・千日前・日本橋・心斎橋などの周辺地域に設置した150個の電灯に電力供給を開始する。

　その後、東京電燈が大阪電燈に対して行った攻撃は、藤岡が先頭に立った苛烈なものであった。岩垂は、「然し何分其の時分は直流全盛時代であつたから、交流採用に就いては散々攻撃も受け、新聞などにも盛んに悪口を書きたてられたものであつた」と婉曲に述べているが、エジソンがウェスティングハウスに対して行ったものと同様に、交流の危険性を非科学的に悪宣伝するという日本版「電流

戦争」というべきものであった。
　1891年までに、東京電燈の東京市内における直流中央発電所の成功を見た神戸電燈、京都電燈、名古屋電燈、横濱共同電燈、帝国電燈、熊本電燈、北海道電燈の各社は、藤岡市助の技術指導を受けて直流を採用して開業していた。大阪電燈が西道頓堀に交流中央発電所を無事運転開始させたのを見た深川電燈と品川電燈が、東京市内で1890年から1891年にかけての交流中央発電所を稼働させる。交流の優位が明らかになるにつれ、1892年には京都電燈が直流から交流へ切り替える。
　このように商売上の争いによって、技術上の論議が歪められていることを憂慮した日本電力の技師長前田武四郎が、「交互電流式」と題した講演[130]を、電気学会創立後2年目にあたる1889年の電気学会通常会において行う。
　前田が、斯界の最高権威者である藤岡を前に堂々と交流の技術的優位の論陣を張る。これに対して藤岡も含めた討論が行われる。前年に電気学会を立ち上げ、幹事として実質的に学会を運営していた志田林三郎がこの場を取り仕切る。志田のこの会議のまとめは次のようなものであった。

　　　　火事ノ時架線ニ障害少キ様ノ目途ヲ專一トス右研究ノ爲委員ヲ撰フコト賛成ナレハ不日ノ評議會ニ於テ此議アランコトヲ望ム　併是件ニ付テハ實驗モ必要ナレドモ　危嶮々々ヲ以學術ノ進歩ヲ止メルトノコトハ出來サルナリ

　志田の采配は、「危険だ、危険だとばかり騒いで学問の進歩を妨げることは不可」とするもので、直流派の交流派に対する一方的な攻撃に自制を求めるものであった。
　交流への移行が急速に進み、藤岡も交流への転換の必要を認める。その結果1893年、東京電燈は直流中央発電所への新規投資を中止し、交流の浅草発電所の建設を進める。その第1期工事は1896年に竣工、第2期工事は1897年に竣工する。
　第1期の発電設備は、石川島造船所製の100サイクル単相発電機（出力200 kW×4台）とAEG製の50サイクル三相発電機（出力265 kW×2台）から構成されて

130）前田武四郎「交互電流式」1889年「電氣學會雜誌第17号」pp.407-439

いた。第2期は、ドイツのAEG製の50サイクル三相発電機（出力265 kW×4台）から構成されていた。第1期に使用された石川島造船所製の100サイクル単相発電機は中野初子工科大学教授の設計になるものであったが故障が多かったと伝えられている（日本で三相交流発電機が安定的に量産できるようになるのは、1901年以降である）。

浅草発電所の稼働後の1898年6月に、シカゴで開催された全米電灯協会総会に出席した藤岡は、インサル会長が議長を務めるセッションで、交直の優劣を比較する議論が行われた際に、次のような趣旨の発言をしている。

> 自分は、コモンウェルス・エジソン社のファーガソン氏が、中央発電所システムの将来は交直併用となると予測したことを支持したい。人口が稠密な地域の配電には直流が適しているし、人口分布が粗な郊外では交流が適している。水と燃料のコストの安い地域に中央発電所を建設し、高圧交流送電線で需要地の変電所まで送電し、そこで変流機器によって直流に変換して配電するのが良い。

この藤岡の発言には、需要家の動力負荷が、直流モーターが中心であった東京電燈としては、移行期技術として変流機器が必須であったことを背景としている。東京電燈にとって、交流化に当たり、すでに広く普及した直流機器の存在が問題となった。その解決策が、米国の先例に倣った回転式変流器の設置であった。

電気の時代の幕開け

インサルが電気事業に転じた1890年代の米国、松永安左エ門が電力業界に参入した1900年代の日本では、交流・直流の間のいわゆる電流戦争はすでに交流の勝利で決着がついていた。

産業革命の進展に応じ、電力需要に対応するための、白熱電灯・電動機といった重要要素技術を国産する重電メーカー群が勃興する。それは、電気が社会実装されるために不可欠なことであった。言い換えれば、電化というイノベーションは、長距離送電・遠隔地水力発電・三相交流モーター・高寿命低価格電球という最新技術の成果を電力システムの上で「新結合」させるプロセスであった。

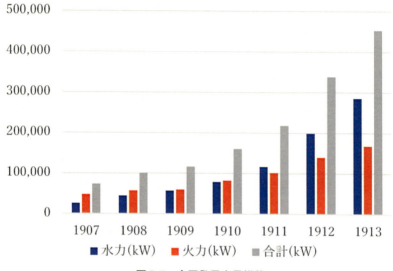

図2.5　全国発電容量推移

　1907年、東京電燈が山梨県内に駒橋水力発電所(15,000 kW)を完成させ、東京に向けて55,000 Vの交流高圧送電線により総延長76 kmの長距離送電を開始する。これによって、山間部に立地した大容量水力発電所の電気を高圧送電線で都市需要地へと送る技術が確立する。この結果、水力発電と火力発電の地位に逆転が起こり、図2.5[131]に示すように1911年に「水主火従」と呼ばれる水力優勢の時代が到来する。
　電気事業の発展と合わせ、国産電機製造業が立ち上がってくる。交流の浸透に従い、工場動力の要となる三相誘導電動機の国産化に拍車がかかる。電動機製造は、東芝(東京電氣と芝浦製作所の合併会社)・明電舎・日立という現代にも続く重電メーカーの祖業の一部を構成している。
　藤岡が立ち上げた電球製造の東京電氣と合併する重電機製造の芝浦製作所は、「からくり儀右衛門」と称された天才技術者田中久重が1875年に創業した田中製

---

131)　「電力百年史」(政経社、1980年)前篇p.275のデータをもとに筆者が作図。

造所の流れを汲む。田中製造所は、初代田中久重が銀座に興した機械製作所を、弟子であり養子である田中大吉（2代目田中久重）が継いだものである。田中製造所の主力製品は、海軍向けの兵器や通信機であった。

当初は海軍の指名注文を受けて順調に発展していったが、競争入札の時代に変わると経営が悪化する。建て直しのため、1893年に三井銀行から藤山雷太[132]を受け入れ、社名を芝浦製作所とする。1939年に東京電氣と合併し、新社名を東京芝浦電氣(株)とする。戦後に社名を東芝と改める。

1895年、芝浦製作所が銅鉱山ポンプ用6極25馬力（18.5 kW）の日本初の二相誘導電動機を製造する。さらに同社は、1897年、日本初の1馬力の三相誘導電動機を製造し、1910年には820馬力という大容量電動機を製造する。1913年に1,500馬力、1914年に1,740馬力、1916年に3,500馬力、1917年に4,000馬力の誘導電動機を製造するまでに成長する。

発電機では、1901年に150 kW三相交流発電機、1903年には200 kW三相交流発電機、1904年には175馬力の電動発電機を製作している。

一方、1897年に三吉電機工場から独立した重宗芳水によって創業された明電舎は、1901年に1馬力（0.75 kW）の三相誘導電動機を製造する。1906年、5馬力（3.8 kW）の三相誘導電動機を汎用電動機として本格生産を開始し、高い市場占有率を占めるに至る。

1910年、久原工業日立鉱山の技師小平(おだいら)浪平は、独自技術で5馬力誘導電動機を3台製作に成功する。それを契機に、電気機械製造会社の設立を目指し、久原(くはら)房之助の許可の下、1911年7月久原鉱業の機械工場として日立製作所を設立する。1920年、久原鉱業から株式会社日立製作所を独立させ、小平は社長に就任する。これが現在まで続く日立製作所の創立経緯である。

---

[132] 藤山雷太(1863-1938)は福沢諭吉門下の実業家、藤山コンツェルンの創始者。

第2章　松永安左エ門が築いた「9電力体制」

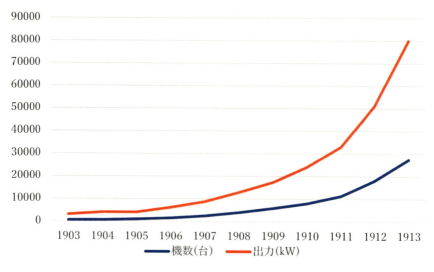

図2.6　全国電動機台数と出力推移[133]

　全国の電動機の出荷台数も、1907年頃に屈曲点があり、その年以降急上昇のカーブとなるのは、発電量や電球の出荷カーブと相似している。松永安左エ門が、電力業界に参入してきた1908年前後は、日本の電気事業や電機産業は、このように米国に数年遅れで追随するレベルに達していた。
　1914年に勃発する第1次世界大戦が、日本の景気を浮揚させ、電気需要が急増する。この量的拡大に加えて、上述のごとく電灯需要から動力需要へのシフトという需要の質変化が起こる。そして第1次世界大戦(1914-1918)中に動力需要が電灯需要を追い越す。

133)　「電力百年史」(政経社、1980年)前篇p.273のデータより筆者が作図。

2.2　戦う明治人、松永安左エ門

　松永安左エ門（1875 - 1971）は、明治時代を先導したアントレプレナー（企業家）の一人としてその名を挙げた福澤桃介（1868 - 1938）に導かれて電力事業に参入する。彼は、明治・大正・昭和の時代を生き抜き、日本の電気事業を民間の力で切り開き発展させることを常に目指した。彼の金字塔は「九電力体制」である。それに至る険しい道を乗り越えた「戦う明治人」松永安左エ門の足跡をたどる。

図2.7　松永安左エ門
出典：国立国会図書館『近代日本人の肖像』（https://www.ndl.go.jp/portrait/）

九州へ

　松永安左エ門は、明治8年（1875年）長崎県壱岐郡石田村印通寺に父二代目松永安左エ門と母ミスの長男幼名亀之助として生まれた。松永安左エ門は、『私の履歴書』[134]で、手広くいろいろな事業に手を染めた祖父初代安左エ門の影響を強く受けたとしており、「ともかく、私は祖父から実業人としての心構えを習った」と述懐している。

　福沢諭吉の「学問のすすめ」に触発され1889年、14歳の時上京し慶應義塾に入学する。その後17歳の時に、父の急死によりいったん家業を継ぐために帰郷する。三代目松永安左エ門を襲名し、家業の整理をつけたうえで20歳の時應義義塾に復学する。福沢諭吉の朝の日課となっていた散歩の御供をしながら薫陶を受ける。この時に福澤桃介との交友も始まる。

　「先生のご養子で、私の人生行路に大きな方向付けをした福澤桃介と仲よくなったのもこの散歩のお供からである。桃介は私より八つ年上で、米国留学を終えて北海道炭砿汽船に就職していたが、お供にまじっていた」と、桃介（以下、適宜福澤桃介ないし桃介と表記する）との交流の始まりを『私の履歴書』に述べ

134）「私の履歴書　経済人7」日本経済新聞社（1980）pp.343-344

第2章　松永安左エ門が築いた「9電力体制」

ている[135]。

　松永がその後、桃介と歩んだ実業の道は破天荒であった。1899年（明治22年）松永は、桃介の勧めで日本銀行に入行するが長く続かず辞職する。翌年には、桃介の興した丸三商會へ誘われ、その神戸支店長に就任する。しかしその丸三商會を、4ヶ月後には資金調達に窮した桃介とともに去らざるを得なくなる。

　その後1901年に、桃介とともに二人の名前から一字ずつ取って命名した「福松商會」を興し、一時は当時花形となっていた石炭卸売りで「福松商会の扱い分が住友・安川をしのぎ、大手最大の三井物産と肩を並べた時期もあった」と回顧するほどの成功を収める。

　しかし、炭鉱への投資も破綻したうえ、日露戦争後の株式の暴落で「スッテンテン」になる。加えて大阪梅田に近い角田町の自宅が全焼し文字通りの丸裸になる。松永安左エ門の生涯における1度目の大きな挫折であった。

　彼のこのころの心境を『私の履歴書』から引用する。

　　……今後の自分の行動は、国家社会にできるだけ奉仕することが必要と思うようになった。火事のあと一時移った曽根崎の裏長屋は、二ヶ月ほどで、今橋の方に移っていたが、ここを整理し、いまは神戸市内になっている灘の呉田の浜に転居して、もう一度自分を見直すことにした。明治四十年[136]のことである。生活態度の転換だが、念願の読書三昧は到底許されなかった。この前年、三十九年には、福岡市会議員の一行が、福松商会に私を訪ねてみえ、市外電車の建設に出馬することを求められていた。福岡―博多に行って調査に当たり、事業計画書、目論見書などを提出しておいたが、その方の議を進めねばならぬ情勢になっていた。四十一年の一月には、九州の廣瀧（ひろたき）水力電氣の監査役を引き受けていたし、大阪ではつぶれかけていた泉尾土地という市街地造成会社の再建を依頼されていた……。

　松永が電気事業にかかわりを持つきっかけは、このように1906年に桃介が廣瀧の大株主として取締役となったことにある。松永は、1908年に同社の監査役

---

135)「私の履歴書　経済人7」日本経済新聞社(1980)pp.354
136)　1907年

に就任する。廣瀧とは、1906年に佐賀県内を流れる筑後川水系に水力発電所を建設し、佐賀県内に電気供給する目的で設立されていた電力会社である。1908年の開業当時には、出力1,000 kWの水力発電所を保有していた。

　松永は、福岡の市会議員から要請されて鉄道事業への参入を決意する。1909年に至って桃介と松永の二人は、福博電氣軌道株式會社（以下福博という）を設立する。その事務所は大阪市内の福松商會内に置き、桃介が取締役社長に、松永は専務に就任する。これが、松永が自ら選んで電気事業と電車事業へと身を投じた記念すべき第一歩である。

　松永は、新設する路面電車路線の建設現場に自ら乗り込み「不眠不休で働いたものだった」と回想するほど現場に打ち込んだ。工事を予定通り完遂させるため本社を福岡市内に移転する。この努力の甲斐あって、建設開始から6ヶ月で第1期の約6 kmの路線を、破格に安い建設コストで開通させることに成功する。これは現場重視・陣頭指揮を重んじる彼の事業に対する一生変わらぬ姿勢をよく示す逸話である。またエジソンとインサルが、パール街の発電所建設を現場で陣頭指揮した姿勢を思い起こさせる。

　こうして福岡に根を下ろした松永は、「のちにこの社が東邦電力となり、名古屋、東京に移るまで十数年間は「福博」が、私の根拠地のような形となった」と述解している[137]。

　福博を立ち上げた松永の快進撃が始まる。その目指すところは、「企業はできるだけ集中した形で、大きく経営する必要がある———こう考えていた私は、少なくとも北九州の電気、交通両業は、さっそくにも一つにまとめてみたいと思って博多に来たのであった」[138]というものであった。その野心を実現するために、自らが関与する福博と廣瀧の2社と、1896年に設立された地元資本の博多電燈の3社との間の合併に向けて行動を開始する。まず廣瀧と博多電燈との合併を目指すが、佐賀と福岡の地元の反対で頓挫する。

　その打開策として、廣瀧を1910年に設立した九州電氣株式会社に吸収させる。次に、福博と博多電燈を1911年に合併させ博多電燈軌道と改称する。新会社博多電燈軌道の経営陣には、博多電燈社長であった山口恒太郎を社長とし、松永自

---

137) 松永安左エ門「私の履歴書」（経済人7所載、日本経済新聞社1980）p.370
138) 松永安左エ門「私の履歴書」（経済人7所載、日本経済新聞社1980）p.374

身は専務に、桃介は相談役に就任する。この電力と鉄道を併営する博多電燈軌道株式会社は、現在の西日本鉄道株式会社の始祖にあたる。さらに1912年に、九州電氣と博多電燈軌道を合併させ社名を九州電燈鐵道とする。伊丹弥太郎が社長に、安左エ門自身は常務取締役に就任する。

　このように松永は、1909年から1912年かけて企業合併により規模拡大を図っていったことは、インサルが、同時期の新興都市シカゴにおいて群小電力会社を順次合併することにより1907年にコモンウェルス・エジソン社へと糾合していく過程と符合する。
　九州電燈鐵道は、1913年に唐津軌道・糸島電燈・七山水力電氣・佐世保電氣・大諫電燈の5社を合併、さらに1915年には、津屋崎電燈・宗像電燈の事業譲渡を受け、1916年に長崎電氣瓦斯・馬関電燈・久留米電燈を合併し、1918年に長府電燈の事業譲渡を受け、1920年に至って彦島電氣を合併する。
　松永は、その勢いを駆って自らの旗艦会社たる九州電燈鐵道（九電鐵）と、博多地区で競合関係にある和田豊治の九州水力電氣（九水）と松方幸次郎の九州電氣軌道（九軌）を合併させようと試みる。

　1916年、松永は交渉の機は熟したと判断し、福澤桃介・和田豊治[139]と地元財界有力者の安川敬一郎[140]を加えた3首脳会談を設定する。博多の安川邸での協議の手筈が整えられる。しかし桃介がこの協議の冒頭で、「あの話はいっさいやめた」との一言のみで会談を打ち切ってしまう。この事件は3社間の怨念として残り、後年電力国営化で3社ともに日本發送電株式會社に吸収されるまで、抗争は続いた。松永は、この交渉の最終局面で桃介がとった行動に関して、「桃介は私とは別の考えからやったことであろうが、そのころから私とは考え方に相当開

---

139) 1884年慶應義塾を卒業。日本郵船、三井銀行、鐘淵紡績を経て、34年経営不振に直面していた富士紡績の専務となり経営を再建。1916年東京瓦斯紡績を合併した富士瓦斯紡績の社長に就任。紡績業界のみならず財界のリーダーとなる。
140) 安川財閥の創始者。慶應義塾を中退。石炭販売に始まり、筑豊炭田に採掘権を得て事業を拡大。1908年に明治鉱業を設立、社長に就任。大阪織物、明治紡績、九州製鋼、黒崎窯業、安川電機を設立し、麻生、貝島と並び筑豊御三家と称された。

きがあることを意識し始めた」と述懐している[141]。この時に生じた桃介と安左エ門の間の亀裂はのちに表面化する。

　松永は、社業に勤しむ傍ら寺内正毅内閣時代の1917年に、福岡市選出の衆議院議員に当選する。彼は、衆議院議員時代憲政会にも政友会でもない無所属議員の会派である新政会に属していた。新政会は、彼が評するに「そのころの新しがり屋、ある意味での野党で、そのころの左派格」[142]の議員集団であった。

　議員時代には、中国には4度も視察に出かけ、この間に張作霖や孫文と会見を果たす。この時中国側の日本への不信の深さを実感して帰国し、日本の中国政策を改めるべきとの所信を公表する。1919年、第一次大戦後のパリ講和会議と合わせて開催されたブリュッセル万国議員商事委員会に出席する。欧州における「平和主義・平等主義・人道主義」の考え方が浸透していることを知り、「得るものが大きかった」と述懐している。

　しかし、1920年に原敬内閣が議会を解散した後の総選挙で落選する。落選後の松永は、下関で引いたかぜをこじらせ、それから約二年間は、「豊公にらみの松で知られる唐津の虹の松原、海浜荘での静養」を余儀なくされた。人生「2度目の挫折」であった。しかしこの落選後の2年を晴耕雨読の休養の日々とできたことは、松永にとっては充電期間となる。また代議士としての外遊経験は彼の視野を大きく広げ、電気事業経営にあたっても重要な意味を持つものとなる。

名古屋へ

　松永に「2度目の挫折」から立ち上がる機会を与えたのはまたしても桃介である。桃介の野心の焦点は、すでに北九州から水力資源の豊富な中部地方に移っていた。1909年に名古屋電燈株式會社（名電）の株式を買い集めはじめ、翌年には筆頭株主になって常務取締役として経営に関与する。そして1914年（大正3年）に至って同社社長に就任する。

　桃介は、並行して念願の木曽川水系の開発に熱心に取り組み、1918年に木曾電気製鐵、1919年にその後継会社である木曾電氣興業の社長に就任する。この木曾電氣興業の水力発電所の電力を大阪へ送電することを目的として、1919年

141）松永安左エ門「私の履歴書」（経済人7所載、日本経済新聞社1980）pp. 379-380
142）同 p.380

図2.8　福澤桃介 61歳
出典：国立国会図書館『近代日本人の肖像』(https://www.ndl.go.jp/portrait/)

には大阪送電株式會社を設立する。1921年に至って、大阪送電と木曽電気興業の2社に加えて、北陸の水力発電所の電力を関西方面への送電を計画していた日本水力の合計3社が合併し、大同電力株式會社が発足する。大阪送電・木曽電気興業両社の社長を兼ねていた福沢桃介が、卸売りを社業の中心に据える大同電力の社長に就任する。

　こうして桃介は、名電と大同電力の社長を兼ねることとなるが、電力需要家との関係が経営の枢要な部分である小売の名電の経営者としては失敗し、卸売の大同電力の経営者としては成功することとなる。

　桃介は、その間の1912年に千葉県の選挙区から立憲政友会の候補として立候補し、衆議院議員に当選する。このことで憲政会が強い名古屋の財界の強い反感を買う。名古屋財界にとって桃介は「よそ者」の「相場師」であったのがいまや「政敵」にまでなった。こうした桃介に対する冷たい視線に追い打ちをかけたのは、第1次世界大戦後の好況による電力需要の急増に対応できず、名電は停電を頻発させたことであった。中京財界人の集まり「九日会」は、経営者としての桃介の経営責任を追及する急先鋒となる。

　また桃介が、木曽川水系の水力開発の資金調達にあたって20％の高配当を行ったことが、不当な配当のことを意味する「タコ配」との非難を呼ぶことなる。その渦中で市長が政友会系から憲政会系に変わり、名古屋市との関係も悪化する。

　桃介は、名電の経営に完全に行き詰り打開策を打つ。1921年10月、名電を奈良に本拠を置く關西水力電氣を吸収合併させ、社名を關西電氣株式會社と変更する。桃介は、新会社の社長に就任するが、すでに経営意欲を失っており、松永を同社副社長として招き経営を委ねる。

　この打開策は、松永が常務として経営実権を握っている九州電燈鐵道株式會社に關西電氣株式會社を合併させる布石であった。この合併は翌年の1922年5月に実現する。合併の直後の6月には、社名を東邦電力株式會社と改め本社を東京に移転させる。東邦電力は、現在の中部電力、九州電力、関西電力の始祖の会社

である。東邦電力社長には九州電燈鐵道社長であった伊丹彌太郎[143)]が就く。松永は、副社長として実質的な経営実権を掌握する。一方桃介は東邦電力では相談役に引き、大同電力の経営に専心する。このいきさつについて、松永自身は『私の履歴書』[144)]のなかで、

　　この合併は単に両社のみならず、実質は知多電気、天龍川水力、山城水力電気なども、相前後して合同、さらに東邦となってからも、北勢電気、愛岐電気興業、時水水力電気、八幡(はちまん)水力、尾州水力などが加わり、九州、近畿、東海地方一府十県に及ぶ供給区域を持つことになった。……いってみれば、私は桃介のピンチヒッターであり、九州電灯鉄道と関西電気の合併は窮状打開の方策であったわけだ。

と述懐している。しかし、「まず驚いたのは会社が体をなしていなかった」と松永が言うほどの経営の怠慢と現場の荒廃であった。

　松永にとって、旧名電の社内体制を一から立て直すことが急務となる。最も意を注いだのはサービスの向上であった。停電が頻発していたので、事故にいち早く対処するために全社を引き締め、率先垂範のため、会社に自らのベッドを持ち込み、陣頭指揮を開始する。九州電燈鐵道の規模の電力会社ですら配電電圧を3,500 Vとしていたことに引き比べても、名電の配電電圧は1,500 Vしかなく、配電の設備容量の不足は明白であった。松永は、まず配電電圧を、一挙に5,000 Vに引き上げる。一方、発電能力の強化のために、当時世界で最大出力のGE製蒸気タービン発電機(35,000 kW)を名古屋発電所[145)]に導入する。こうした思い切った設備投資により1926年には名古屋地区の供給力は倍増し、頻発していた停電は解消に向かい、地元の信用は急速に回復する。

　松永は、「停電が解消し、電圧が正常になり、信用を回復するまでには、相当な努力が必要だったが、禍が転じて福となり、私にとってありがたい試練となっ

---

143) 伊丹彌太郎(1867-1933)佐賀出身の銀行家。九州電燈鐵道社長、東邦電力社長等歴任。
144) 松永安左エ門「私の履歴書」(経済人7所載、日本経済新聞社1980)pp.387-388
145) 日本動力協会『日本の発電所』中部日本篇(1937年) p.434

たと思う」と回顧している[146]。

　この決断は、サミュエル・インサルがシカゴ・エジソン社の社長就任後世界最大出力のタービン発電機の初号機をGE社と協力して導入した勇気に比肩する。規模の経済・負荷平準化・供給責任・顧客サービスといった電気事業経営の基礎概念は、この二人には強く意識され実践されていた。

科学的経営

　松永は、東邦電力副社長に就任した1922年（大正11年）以降、同社内に「調査部」を設置する。社員の中から俊英を集め、自ら部長を兼務して欧米の電気事業の調査・研究を進めさせた。この調査・研究に重点を置く松永の経営方針は、『東邦電力史』が、「科学的経営」の表題の下、1章を充てて詳述している。

　なかんずく経営陣から調査部員に至る非常に多数の関係者を欧米に出張させて電力業界の事情の把握に注力したことは極めて重要である。彼らには、米国の電気事業の形態・各州公益電気事業委員会・料金制度・持株会社・起債・借入金などの資金調達・系統連系・パワープールの実態を出張調査して報告させる。調査・研究結果は、東邦電力社内に限定することなく、一般社会に公開を図る為、「電気事業研究会」を設立して公刊せしめた。

　また松永は、新規案件の推進や技術の導入にあたっては、「現業部門とこの調査部は必ず協業させた」と述べている[147]。調査部が主導して研究開発したものには、

- 名古屋市内配電線路及び電圧変更に関する調査
- 夏季及び深夜における余剰電力の利用、奨励法
- 大送電系統の連絡運転の安定に関する調査
- 電球費用減少関連調査
- 名古屋地方送電系統における平均損失率
- 農業電化調査
- 工業電化調査
- 電気自動車調査
- 電気扇風機等、家庭電化製品の課金方法や、製品の試作研究

---

146) 松永安左エ門「私の履歴書」（経済人7所載、日本経済新聞社1980) p.389-390
147) 「東邦電力史」第2章　調査企画活動と研究 p.122

2.2 戦う明治人、松永安左エ門

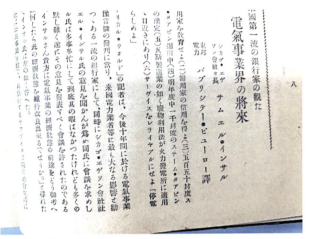

図2.9　東邦電力グループ月刊誌『電華』1929年第36号
(中部電力所蔵、筆者撮影)

などが、『東邦電力史』には列挙されている。

インサルは、1909年に、コモンウェルス・エジソン社の社内誌『エジソン円卓会報』[148]を発刊したが、この月刊誌は社内のみならず、電力業界でも広く愛読された。一方、松永も、桃介が1921年に名古屋電燈の社内報として発足させた『電華』を、東邦電力グループ会社によって構成される「電華会」のグループ会社の合同月報として充実させる。(現在この『電華』は中部電力に全巻所蔵保管されている)。

1924年に発行された東邦電力グループの月刊誌『電華』36号[149]には、インサルが米国で雑誌記者のインタビューに応じた記事「米国第一流の銀行家の観た電気事業界の将来」が翻訳転載されている。この記事で、インサルは、会社経営の成功の要諦は、経費の節減と顧客の信頼の獲得にあると次のように述べる。

　　之を要するに総ての実業における成功の秘訣は、経費の節減と信頼の出来
　　得ると云ふ二事である。故に我々はよりよき経済状態と、信頼し得るサアヴィ
　　ス(リライアブル・サアヴィス)の為に寸時も努力を怠ってはならぬのである。

---

148) 原題は"Edison Round Table"
149) 中部電力株式会社所蔵

105

第2章　松永安左エ門が築いた「9電力体制」

　松永は、インサルの経営姿勢を範とせよとの意を込めて、この記事を翻訳転載してグループ社員に周知せしめた。インサルは、第1次世界大戦中、戦時国債の発行に協力をした。その際に得た経験を生かして、コモンウェルス・エジソン社のみならず全米電灯協会（NELA）による一般公衆への広報宣伝活動に注力した。
　松永もこれに倣って東邦電力社内に「パブリシテー・ビューロー」を設けて広報宣伝活動に意を用いた。自らもあらゆる機会に公益電気事業のあり方について論文や講演の形で盛んに意見を公にした。このように対外宣伝活動の重視の姿勢は両者に共通する。
　松永はこうした研究活動を通して、1920年代の米国の電気事業の実態を学習して、「インサルモデル」を熟知するところとなった。なかんずく、二人が日米でパブリック・インタレスト（公益）を、電気事業経営の中心に置いたことは重要である。松永が1928年に世に問うた「電力統制私見」[150]は、インサルの公益電気事業のビジネスモデルを学習した結果が反映されている。

スーパーパワー

　松永が、米国から学んだ重要な電気事業の経営の技術側面は、系統連系の利点である。インサルは、きわめて早い時期から電力供給設備投資の圧縮と設備使用効率の向上を、実証的に示し、理論化していった。それが、系統内の負荷率と不等率の向上と[151]複数系統の連系による相乗効果であった。トーマス・ヒューズは、次のように説明する[152]。

　　インサルは、容量の大きい高効率機器を発送電に使用し、電力系統の不等率と負荷率を向上させ、負荷率の向上を目的とした時間帯電力計の導入を行う。また彼は、コモンウェルス・エジソン社の20年間で数多くの技術基準と経済運用基準を明快に正確に総合的に体系化する。1914年までにこれらの概念を、複雑で抽象的な変数を導出する数式で表す。例えば、彼は、一人当りの販売電力量、キロワット当たりの収益、年平均負荷率の関係を公式化

---

150)　「電力統制私見」(1928年、松永安左エ門) 東邦電力史 pp.541-542
151)　本書第2章の「需要平準化は電気事業経営の要諦」の項参照。
152)　Thomas Hughes "Networks of Power" pp.225-226

する。……インサルは、整理された統計データを常に即座に出すことができた。彼は、年度別の資本金・顧客数・シカゴの人口・総販売収入・総経費・給与額・負荷量（電灯・定置動力・電車別）・納税額・支払利息額を諳んじていた。インサルには、シカゴで安い電気の大量生産を行うための技術・金融・経営面での知識と企業家精神からくる衝動に尽きることはなかった。

インサルを表現するに、「企業家精神」（アントレプレナーシップ）と「科学的経営」程適切な言葉は他には見当たらない。インサルは、事業拡大という企業家精神の発露の一環として、1910年にシカゴ近郊のレイク郡において、小市街・農村地区での実験的な電化プロジェクトを手掛けた。このプロジェクトの成功は、農村地区においても大都市圏のごとく、電力系統による電気供給が技術的にも経済的にも可能であることの最初の実証例となった。この成功によって系統連系の有効性に確信を得たインサルは、周辺の電力会社の買収・合併を積極的に進め、持株会社の仕組を利用して州外へも系統連系を拡大したことは第1章で述べた通りである。

一方、連邦政府は、第1次世界大戦に参戦後、軍需産業への電力供給不足を懸念して、「負荷率」を高めるために系統の相互連系を奨励した。1919年に内務長官フランクリン・レーン[153]は、ボストンからワシントンの米国東岸地域における「超電力連系」（スーパーパワー・システム）の研究を議会に提出する。この研究報告は、ウィリアム・スペンサー・マーレイ調査委員長によってまとめられ1921年6月30日に公刊されている。東邦電力は、1921年に福田豊技師長を米国に出張させこれを入手し翻訳し、1923年2月に『米國超電力聯系に關する組織』として調査部名で公刊する。ここで唱道されている「系統連系」の概念は、松永を強く引き付けこの後彼の電気事業の基本的概念となった。

この翻訳文書には松永安左エ門副社長が、「刊行にあたりて」と題する小文を寄せ[154]、「電力設備が急増する中、系統整備を遅滞なく開始しなければならぬ」と述べる。

---

153) Franklin Knight Lane（1864-1921）：1913年から1920年迄内務長官を務めた。
154) 「米國超電力聯系に關する組織」（東邦電力調査部、2023年）p.9

本書の論ずるところをわが国に応用したる場合を想像するに先ず第一着手として東京、神戸間を貫く大送電線を建設し、之に東に於いては福島、群馬、長野、新潟諸県下の水力を、又中部に於いては岐阜、愛知、北陸地方の諸川を結び、且つ常磐炭坑を利用する発電所と、北海炭、九州炭及び海外炭の利用に便なる東京湾、伊勢湾、大阪湾の沿岸に優力なる大単位の火力発電所を建設連系し、而して凡てを二十二万ボルト線に統一し、此最高電圧送電線並びに一次変電所までを以て一大会社を組織し、連系各地の電気事業者を関係網羅するを以て一方法と為す。此組織は電気国有の前提としても可なり、国有に至らざるも尚可なり。

　松永は、東京・神戸間を貫く大送電線を建設して電力系統の結合を図ると構想する。松永は、これ以降常に系統連系を水・火併用政策の重要要素としていく。米国における超電力系統構想は、電力国営・公営論者によって進められたが、松永には負荷平準化や経済融通効果の観点から広域運用のためのバイブルとなる。松永は、『私の履歴書』の中で次のように述べる。

　　東邦電力が発足した翌年の十二年には具体的に東京・名古屋・大阪・神戸の間を十五万ボルトないし二十二万ボルト線でつなぎ、これに東北・関東・北越方面の水力を入れ、火力の多い関西と水力の多い関東をつないで各地のピーク差を利用して電力を融通して供給する送電会社の設立を計画した。

　松永は、この構想実現のため1924年に「大日本送電株式会社」創設を提案するが、他電力会社の賛同が得られず挫折する。彼は、この広域運用・広域連系の考えを終生理想として持ち続けた。1927年発表の論文「電氣事業」では「国家的超電力聯系(れんけい)」計画の実現を改めて提起し、1928年の「電力統制私見」では、「過不足の調整、火力予備の共通のため、他地域と連絡をとること」(水平統制)を提起している。そして彼の夢である電力連系は、戦後の1958年から、九電力体制下での「広域運用」として実現することになる。
　一方、遠隔地に立地する大容量水力発電所の電力を大都市圏に移送するために、系統連系の必要性を説く桃介は、「米國超電力聯系にする組織」の「序」文

を、上記の松永の「刊行にあたりて」の後に続けて掲載する。「系統連系が電気事業国営論の前提となると心配する向きがあるが今はその論争をしている時ではない」と前置きして次のように述べる。

> 又或は曰く、この如きは是れ電気事業の統一国有の前提をつくるものに非ずやと。されど、国利民福を増進し、国是を遂行するに於て、その国有たるとた私有たるとの如きは、敢て問うべきに非ざるなり。

図2.10 「米國超電力聯系に關する組織」(筆者撮影)

松永と桃介が、肝胆相照らす仲でありながら相譲らぬ事業思想を持つに至った。松永は、系統連系を水・火併用政策の重要要素とし、負荷平準化や経済融通効果の観点から広域運用を目指した。桃介は、系統連系を遠隔地水力発電開発と水主火従政策の理論武装に利用した。その結果桃介は、電力国営論に与することになる。一方松永は、激越な反国営論者となる。

電力ファイナンス

松永が米国の電力事情を詳らかにするに至ったのは、東邦電力調査部の調査・研究活動に加えて、米国における外債発行を通しての知見と情報網の拡大があったことも見逃せない。

当時の電力の設備投資は、他の投資に比して巨額であることに加えて、急速な電力需要の伸びに合わせて急激に伸びていた。資本の原始蓄積が十分でなかった創成期の電力会社の資金調達は並大抵ではなかった。松永は、『私の履歴書』に1920年代の外債市場での経験を記している[155]。

> 大正の十年代から、昭和五、六年代の数年間は、電力業界が外資を盛んに

---

155)「私の履歴書 経済人 7」日本経済新聞社(1980) pp.400-402

入れた時代である。電力需要が日に月にふえ、電気事業は開発の資金調達に苦しんだ。できても二年程度の短期資金が多く、東電や東邦は証券会社をつくって調達と借入事務に当たらせていた。長期資金は特にむずかしく、政府も関東大震災の復興資金にも五億五千万円の外債を出していた。私どもが電力外債の打診を始めたのは大正十一年の秋ごろからで、東電が十二年に三百万ポンドの英貨債を得た。……長期資金で建設費に充当された外債は、大正十三年八月にできた大同電力の米貨社債千五百万ドルと、翌大正十四年三月にできた東邦電力の千五百万ドルである。東邦は主に先に挙げた名古屋火力三万五千キロ二台の建設資金であった。

　松永は、この外債の発行にあたって、「オープン・エンド・モーゲージ」方式を日本の電力として1920年代に初めて活用したことを「それまでにはない発行条件をつくりあげ、電力外債の先例をつくった」と『私の履歴書』で誇らしげに語っている。この方式では、担保付社債を発行するにあたりあらかじめ社債の最高発行限度額を定める。次にこれに対する物的担保を設定する。社債発行者は、その限度額に達するまで同一順位の担保権をもつ社債を何度でも発行できる。担保には発電用設備が供されるが、同一担保物件を使用して限度額以内であれば何度でも社債を発行できる。しかも第2回目以降の発行に際しても、同一順位の抵当権を設定できるため社債のクーポン金利を初回発行時と同じにできる。これは発行者にとっては非常に大きなメリットとなる。「オープン・エンド・モーゲージ」方式を最初に導入したのはインサルが総帥であったコモンウェルス・エレクトリック社が行った起債が第1号である。「オープン・エンド・モーゲージ」は、インサルから発して松永に結びつく一本の糸である。

　松永自身も、1929年2月から9月にかけて、調査部員の出弟二郎(いでだいじろう)等を伴って、米国における外債発行と欧米電気事業の視察のため、欧米出張に出かける。この出張時に、モルガン財閥系のギャランティー・バンク・オブ・ニューヨークとの間で、第2回目の短期社債1,150万ドルの発行契約に調印する。この時、実際に同銀行の経営を取り仕切っていたのはのちに同社会長となるトーマス・ラモン

ト[156]である。彼は、当時の緊迫した国際情勢下で日独伊各国との融和策を取って、社業を伸ばそうとした異色の銀行家である。太平洋戦争前に、彼は1920年と1927年の2回来日している。松永は、彼に1927年に会っている。彼から「電力は民営でやらないといけない。ファッショ政権のムッソリーニですら、イタリアでは電力の国営は遣らないと確約している」と忠告され、「民営の原則を貫徹せよ」と激励される。

松永は、その著書『電力再編成の思い出』[157]の中で、「その時ラモント氏がいった言葉は、三十余年後の今日でもハッキリ覚えている。それが電力再編成に際して私の考えの基本となったものである」と記している[158]。その言葉とは、次のようなものであった。

> 魚は大きな池で育てないと大きくなれない。小さな池では共食いしたりするし大きくはならない。これは生物学の原則である。国営の下に役人が電気事業をやってもうまく行かないが、さらに肝心なことは民営でなければ大きな人物が育たない。実業人を育てあげる上からも国営に私は反対する。軍部政権ができたら必ずや電力国営を持ち出してくるだろう。君は電気人であり、古くからの友人で、僕の信頼する人だ。形勢はだんだん悪化するだろうが、君はこれらと闘え、政府の手に電力を渡すな。

この発言にあるラモントの予言は、不幸にして的中する。歴史は軍国主義に向かい、松永は、軍国主義・全体主義という大きなうねりの中で、「電力国営論」に敗れる。しかし松永は、戦後GHQの統治下で表舞台に復活する。そして「9電力体制」によって電力は民営へ回帰する。

電力戦

第一世界大戦後の好況に支えられて電力需要が動力用を中心に急成長する。その結果1919年には電力会社数が600社以上を数えるに至る。大戦後の景気後退

---

156) Thomas W. Lamont（1870-1948）
157) 松永安左エ門「電力再編成の憶い出」(初出1976年8月電力新報社刊)
158) 「松永安左エ門著作集」第4巻（五月書房, 1983年）所載

と1923年の関東大震災の影響で、日本全体が深刻な不況期に入る。このあおりを受けて大戦後電力会社は、水力電気の供給力過剰・需要不振・過重債務に苦しむこととなる。

1920年ごろに顕著となったこの供給力過剰は、1915年頃から始まった水力建設ブームの結果で、そのころに続々と水力発電所が完工したことに起因するものであった。

当時電力業界は、一般供給を行う東京電燈・宇治川電氣・東邦電力の3社と、卸売の日本電力・大同電力の2社の合計5社が、五大電力と呼ばれていた。このうち宇治川電氣は、1906年に淀川水系の水力開発と関西地区の需要家への電力供給を目的に設立された小売電力会社である。日本電力は、宇治川電氣が中心となって、1920年に黒部川流域など北陸地方の水力開発を目的に設立された卸売中心の電力会社である。大同電力は、桃介が1921年に発足させた卸売電力会社である。

これら電力5社による「電力戦」と呼ばれる電力会社間の抗争が勃発するのは、日本電力が東邦電力の名古屋地区の需要家を蚕食しようと1923年に攻勢に出たことが契機となる。水力発電への救済・助成措置として大口電力の重複供給が許されていたので、このような他社営業区域での大口需要家争奪が頻発する。『東邦電力史』は次のように記録している[159]。

> 電力卸売会社は、発電電力の過剰分を処理するために、他の事業者の既成の供給区域に重複して特定電力の供給許可を申請して供給権を獲得し、またはその申請の撤回を交換条件として、その他の電気会社に大口電力を買い取らせる受給契約を締結した。また一般供給を主とする会社も、他の電気会社の供給区域に割り込み、供給を図ることもあった。このようにして各社間の競争は激しく展開した。またこれらの争奪戦には供給許可をめぐって政党が関与し、さらに金融機関も加わって5社間の角逐を一層複雑深刻にした。

『東邦電力史』が伝えるように「電力戦」は、余剰水力の販路を求める卸売電

---

159)「東邦電力史」p.183

力の小売電力供給区域への割り込みが典型的である。加えて小売電力会社同士の攻防戦という類型もあった。後者の典型は、1926年に松永安左エ門が東邦電力の子会社である東京電力を使って、東京電燈の供給区域への参入を試みたケースである（この当時東京電力と呼ばれた会社は、松永安左エ門が東京地区に進出する準備の為に買収した早川電力と群馬電力を、1925年に合併させて立ち上げた会社であり、現在の東京電力とは別会社。当時は「東力」と略称された）。東京電燈がこれに対抗して、1927年に東邦電力の名古屋地区の供給区域へ反攻をかけるという激しい争奪戦となる。

「電力戦」はたいていの場合、卸売電力会社が攻勢をかけ、小売電力会社が守勢に立つことが多かった。小売側が顧客を守るため、不利な条件で卸売電力会社からの電力を購入せざるを得なかった。このため卸売会社2社の収益性は1923年以来の強引な販売攻勢が功を奏して顕著な改善を見る。一方小売電力3社の収益性はそのあおりで急速に悪化する[160]。

こうした経営破綻が懸念されるまでの泥沼の戦いに敏感に反応したのは、電力会社に巨額の設備投資資金を貸す金融界であった。おりしも日本では世界に先駆けて景気の後退が始まり、1927年に世に言われる「金融恐慌」が発生する。東京電燈の株価は10分の1以下に暴落する。それを見て危機感を募らせた三井銀行は、1928年に至って総帥池田成彬の指揮下で、「東京電燈（東電）と東京電力（東力）を合併させる」ことにより事態の収拾を図ろうと乗り出す。その経緯について松永は、

　　私の東京進出の計画は、この年の暮れに早くも中絶した。いやさせられた。三井銀行の池田成彬が提案者になって、矢代則彦・各務鎌吉・結城豊太郎ら金融界の主だった人たちを誘い、東電・東力が合併することを申し入れてきた。……池田の発案で東電を改革するために会長に郷誠之助、取締役に小林一三を入れることになり、十二月に停戦した。合併したのは翌年の五月で、大株主として私も取締役になった。郷は若尾に代わって私に社長をやれと言っていたが、池田の希望でのちに郷が社長、小林が副社長になり、つい

---

160) 橘川武郎「松永安左エ門」（ミネルヴァ書房）2004年 pp.89-90

で小林が社長になった。

と回顧している[161]。そして重要なことは、三井財閥を代表して行動した池田成彬の背後には、モルガン財閥のトーマス・W・ラモント社長[162]がいたことである。彼は、この合併を進めるにあたり、友人の「助言」という形を取ったが、実質的には米国金融界の債権保全を図るための恫喝的な「説得」であった[163]。1923年以来、日本の電力会社の設備資金を大量の社債引き受けという形で支えてきた米国金融界、とりわけモルガン財閥にとって日本の電力業界の混乱状態は対岸の火事ではなかったのである。モルガン財閥は、この時期米国で、電気事業界への支配力を強めていたことは第1章で述べた通りであり、この1928年はモルガン財閥がUnited Corporationを結成して多数の電力会社を傘下に置きインサルを孤立させる戦略を展開していた最中であった。

電力統制私見

戦前の日本の制度では、同一地域で複数の電力会社が併存して競合することが可能であったので、電力配電設備の重複投資が行われ、電力会社間の顧客の奪い合いは熾烈なものと化す。松永は、『私の履歴書』[164]で次のように述べる。

> 大正の末ころから昭和の初めにかけては、電気事業を統制しようという論議が各方面に広がった時期であった。政界では政友会、政友本党、民政党、さらに貴族院でも研究会あたりが、いずれも大同小異の国有国営論を掲げ、政府筋もこれに同調して金融界や当の電力界でもそれぞれ統制案を作成していた。いちいち、その内容を取り上げるわけにはいかないが、私も積極的に統制を主張していた。その根本は、民有民営を前提として、事業のむだを排除し、電力の経済性を高めることを主眼に考えたのであった。その立場で大正末期に提案したのが水・火力併用の新しい体制で、電力各社が共同の火力

---

161)「私の履歴書　経済人7」日本経済新聞社(1980) pp.399-400
162) Thomas W. Lamont (1870-1948)
163) "THE HOUSE OF MORGAN" by Ron Chernow (Grove Press, 1990) pp. 336-337
164)「私の履歴書　経済人7」日本経済新聞社(1980) pp.405-406

会社を設立し、協調体制を深めて統制に発展させようとした。同時に、持論である送電連系を確立することを主張した。水・火力の併用とは、当時はまだ資源活用の見地から水力が中心に考えられ、しかもそれが経済的で、場合によっては国家資金を投じても水力を開発することが最も安い電力を得る方法と考えられ、そんな根拠に立つ国営論もあった。私の計算によると、これは誤りの一つであった。すでに火力の技術が相当に進んでいたので、最優秀の火力と水力を併用して、常時電力をつくり出す方が、全体的に経済的であることがわかった。

ここから後敗戦までの期間統制という言葉が、日本では軍政下の常用語と化す暗い時代に入っていくことになるが、この言葉の使われ方には注意を払っておく必要がある。上記のように松永が、「私も積極的に統制を主張していた」という場合や、自主統制という場合、統制は秩序形成という意味で使われている。これに対して統制経済、価格統制といった通常の意味では、英語のcontrolという意味であり、「国家権力による強制的な行政」という意味である。電力史を読み解く際にも統制という言葉の意味のスペクトルの広がりに注意して読み分ける必要がある。

電力戦の最中の1925年頃から松永は、東邦電力の子会社である東京電力を使って、東京電燈の供給区域への参入を試みて激しい営業攻勢をかけていた。大下英治はその著作「松永安左エ門伝　電力こそ国の命」[165]で「そのころ電気利用料金は一律ではなかった。利用する側、供給する側が話し合って決める。このため、契約を取るためのダンピング合戦が、繰り広げられることになった。」と前置きして、すさまじいまでの値引きの泥試合の様子を描写している。その一方で、松永は、秩序ある電気事業の実現のため、著作、講演会を盛んに行う。その手始めとして、1927年7月に彼の論文『電気事業』[166]が公刊される。1927年は東邦電力が、東京電燈の名古屋地区への反攻を受けて防戦していた時期である。彼は、「電気事業に関する諸問題」として国営と民営の比較論を展開する。

---

165)（社）日本電気協会新聞部大下英治著「松永安左エ門伝電力こそ国の命」(2013) pp.243-244
166)「社会経済体系第9巻」所載 pp.369-418

電氣事業の経営は、之(これ)を私企業とし、国民経済の発展、国民生活の拡充に資する所あらしめねばならぬ」と、電力会社は私企業によってなされるべきと強調したうえで、「無条件に自由主義的経営に委ねて、自由放任の政策を採ることは、是亦(これまた)不可。

と断じている。そしてその対策としては、電気事業は「公益事業委員会」のような機関を設置して、暴利を取り締まり、サービス基準の維持を図り、需要供給計画は国家の管理下に置くべきとしている。

更に、松永は1928年5月発行の雑誌『経済往来』に「電力統制私見」と題する記事を投稿し、「電力戦」を次のように総括する。

今日に於(おい)て発電会社は要不要に関係なく契約を盾にし、或いは競争割り込みを振りかざして発生水力の売り込みに努め、小売会社は遂(つい)に之(これ)に応ずる能(あた)はざるに至って新会社は之(これ)が営業を開始し、遂に激甚なる競争を見るに至りたるに外ならず、即ち発電小売の分業の弊は第2期に達したる者といはざるを得ず。今日不統制の害といはるる者は大よそ二つである。即ち一つは過剰電力・二重投資其他の無駄である。一つは競争して原価以下に販売する損失である。

松永は、卸売の2社が小売3社に対して、過剰となった水力発電電力の引き取りを強要し、小売分野への強引な割り込み行っていると指摘し、規制の必要性を述べている。松永は戦後次のように回顧している。

私も積極的に統制を主張していた。その根本は、民有民営を前提として、事業のむだを排除し、電力の経済性を高めることを主眼に考えたのであった。その立場で大正末期に提案したのが水・火力併用の新しい体制で、電力各社が共同の火力会社を設立し、協調体制を深めて統制に発展させようとした。同時に、持論である送電連系を確立することを主張した。……また戦後、現状に再編成したのにほとんど等しい案───全国を九地域に分けて一区域一会社主義をとり、群小会社は合同させ、できない場合はプールし、供

給区域の独占を認め、鉄道省が多く持っていたような官・公営の火力設備も民営に移して全国的に電力の負荷率・不等率を向上させ、料金は認可制とし、監督諮問機関として"公益事業委員会"を設置することなども提唱してみた(昭和三年七月)[167]。

この「電力統制私見」は、前後半の２部構成となっている。前半は、「統制案」と題され松永が目指す公益電気事業体の骨格を次の５項目によって示している。

① 公益事業として電気事業は、原則として供給地域内の自然独占の特許を与えられるべきである。(一区域一会社主義)
② 発電会社が、電力需給を無視した水力開発を行い、その余剰電力を売るために小売部門に割り込みをすることが無秩序な競争の原因であるから、これを解決する手段として、発電会社と小売会社は合体されるべきである。(立体的統制)
③ 地域間で、電力の過不足を調整する融通体制をとり、火力予備の共通化を図る。(水平的統制)
④ 地域を北海道・東北・関東・北陸・東海・関西・中国・四国・九州に９分割し、地域内小売会社は統合させる。
⑤ 官営・市営の電気需要は地域内小売会社から購入して、全電力の負荷率・不等率を向上させ、総合的な効率の向上を図る。

「電力統制私見」の後半は、「監督案」と題されていて、その骨子は次の３項目からなる。
⑥ 地域独占を許される電気事業会社は、技術的監督に加えて財政・営業の内容も監督下に置かれるべきである。
⑦ 料金は許可制度とすべきである。
⑧ 工事行政の統一を図るべきである。
　１）一定の小売区域を持たない事業者に発電所建設の着手を許さない

---

167) 松永安左エ門「私の履歴書」(経済人７所載、日本経済新聞社1980) pp.405-407

2）小売区域内での既得発電・配電設備工事許可の見直し、中止、整理を行う
3）送電線の共同使用：火力予備の共通プールの設定、送配電線共用のための規定の制定
4）公益委員会を常設し、監督諮問機関とする

この8項目から成る「電力統制私見」は、要約すれば、私営の電気事業に特定地域における自然独占権を賦与し、発送配電と小売を垂直統合させたうえで、公益委員会の監督下に置き、電気料金を許可制にするという提案である。これは、インサルが1898年にNELA定期総会で行った演説をそのまま踏襲する公益電気事業モデルである。本書では今後「電力統制私見」に示された松永の公益電気事業体構想を「松永モデル」と呼ぶ。また二つを総称するときは「インサル＝松永モデル」と呼ぶ。「松永モデル」は、戦前においてはこのあと電力国営論の前に敗退するが、戦後「インサルモデル」を推すGHQの統治のもと「9電力体制」として復活する。

国営論との戦い

松永をリーダーとする民間側の「自主統制」の動きに対し、官側の動きも活発化する。1927年（昭和2年）に逓信省[168]は、官民合同の電気事業調査会を発足させて電気事業のあり方について諮問する。松永も出席した審議の結果、1928年8月に「電気事業の企業形態」に関し、特殊会社案、電気専売案と電力プール案の3案をまとめて解散した。

特殊会社案とは、政府保証のもと本州中部の6社の発送電設備を政府が買収して、民間に経営させる方式である。

電気専売案とは、政府が送電設備を保有し、発電会社から電気を買い上げ、配電会社に売る方式である。

電力プール案とは、米国で1927年に成立したPNJ（Pennsylvania-New Jersey Interconnection）が典型的な先行例であり、私営電力間の電力融通に関する協定

168）逓信省は、1891年から電気行政も所掌、1943年に軍需相に移管するまで続く。

で、電力会社間の経済融通を行い、予備電源の共有化を図るものである。

この段階では、まだ全面的な国有化案は提起されていない。政府は、その後1929年1月になって「臨時電気事業調査会」を設置して電力の統制に関する政府案を諮問する。この調査会は、1930年4月に電気事業に関して主務大臣の監督権の強化を骨子とする答申し、政府はそれに基づき、1931年に電気事業法をつぎのように改正する。

1．主務大臣は公益上必要と認めた場合、電気設備の効用増進・需給調節のため、その建設・変更・共用、電気の流用または託送、工事期間変更を命じることができる
2．電気料金を届出制から認可制に変更する
3．供給区域独占制度と供給責任の一体化を図る
4．電気事業会計制度の法制化
5．非電気事業併営を制限する
6．事業の合併・譲渡を認可制とする
7．監督機関としての電気委員会を設立する

この改正電気事業法には、逓信大臣の権限強化が図られているものの、「電力統制私見」に示された「松永モデル」を踏襲するような部分を含んでいる。また、松永が強く求めた増資条件の緩和、社債発行に係わる担保制限の緩和なども含まれていた。

これは平沢要逓信省電気局業務課長に代表される逓信省側に、民間側の「自主的秩序形成」に理解を示す姿勢があったことが反映されている[169]。

しかし、松永は、『私の履歴書』で、この間の情勢変化を、「官僚統制の第一歩が始まり、戦争が拡大するにつれて統制がだんだん強くなり、ついには日本発送電株式会社（民有国営）の設立となって電気事業が国家管理になった」と回顧している[170]。

---

169)「1931年改正電気事業法体制の特徴と変質」嶋理人（「歴史と経済」第217号（2012年10月）所載）
170) 松永安左エ門「私の履歴書」（経済人7所載、日本経済新聞社1980) pp.407

第2章　松永安左エ門が築いた「9電力体制」

　このころ電力会社は、「電力戦」によって消耗したところに、1927年に始まった金融恐慌の直撃を受ける。さらに1931年（昭和6年）の犬養内閣が行った「金輸出再禁止」により、円が暴落し、1920年代に大量発行した外債の元利払いが膨らむ。
　こうした電力界の窮状を債権者の立場から懸念した金融界は、1931年に三井銀行の池田成彬が中心になって「電力戦」の調停に乗り出す。1932年3月に第1回の「五大電力会社協議会」を大橋逓信次官の出席のもとに開催する。この間の事情について、池田成彬は、「……その人たちの虚々実々火花を散らす戦いに一番弱らせられたのが金融業者です。金を貸さねばならず、貸すと金融業者の不利になるようなことを遠慮なくやる。」と前置きして、米国の銀行家から、「喧嘩相手の双方に貸すなんて、馬鹿なことはないよ」と諭され[171]、東京電燈の外債発行は、東京電燈と東京電力の争いを収拾することを条件にされたと回顧している。
　この米国銀行家とはモルガン財閥のトーマス・ラモントを指すと思われる。その言葉は、1932年にインサルに対してウォールストリートの銀行家たちがとった冷酷な態度と酷似する。モルガン財閥と敵対しながら乗っ取りの画策に対抗していたインサルに対して、当時30億ドルと推定される総資産に比してはるかに少額の1,000万ドルの融資を拒絶して彼を破産に追い込んだことを想起させる。
　こうした金融界の「脅迫」に近い「助言」があり、五大電力会社協議会は1932年4月19日の第2回会合で、「現有勢力を基礎とする五大会社連盟案」をまとめる。これに、五大電力会社社長が調印し、池田成彬を中心とする3人の金融界代表と大橋逓信次官が個人の資格で連署する。このように政府と金融界の強引な主導で電気事業界は、業界カルテル「電力聯盟」を結成する。まさにこのカルテルは、逓信省が指導した官製カルテルであった。その電力聯盟規約の前文は、

　　電気事業ハ公益事業ニシテ且産業並ニ文化ノ基本的要素ナルニ鑑ミ事業ノ統制ヲ図リ競争ニヨル二重設備ヲ避ケ原価ヲ逓下シ消費者ノ便益ヲ図リ以テ共存共栄ノ実ヲ挙ゲ併セテ斯業ノ円満ナル発達ヲ期スル目的ヲ以テ吾等ハ茲ニ電力聯盟ヲ組織シ本規約ヲ締結ス。

171）池田成彬「財界回顧」（三笠書房三笠文庫 1952年）

と書かれている。この電力業界カルテルが、金融界のみならず政府高官が連署をした契約によって発足したことに、日本型資本主義の特殊性が顕著に表れている[172]。このような政府が指導する業界カルテルが結成されたことはこれから先の戦時下に待ち受ける全面的な電気事業の国営化へのプレリュードであった。またこの事実は、電力会社が、松永の努力にもかかわらず自律的な業界秩序の構築に失敗したことを意味する。

『東邦電力史』は、電力聯盟の効果について、「五大電力会社間の販路・料金等協定、施設拡充の制限等が自主的に統制されることになって、競争はおおむね終止符が打たれ、五大電力会社はそれぞれその独占的地位を確立した」と総括している[173]。

国営論に敗北

電気事業が国家統制に置かれるようになった経緯を詳しく見てみる。1930年代に入って日本をめぐる国内外の政治情勢は一気に緊迫感を増す。1932年に起った5・15事件で犬養毅首相が青年将校たちに暗殺され政党政治は事実上終焉する。電力聯盟が成立したのは、その直前の4月のことであった。また前年の1931年に起こった満州事変に続き、この年の1月には上海事変が起こり、3月には満洲國の建国を宣言させるなど軍部の暴走が激化する。1933年に至ってわが国は国際連盟を脱退し、国際社会から孤立する。

国内では、諸種の経済統制の法律が公布される中、1934年に成立した岡田啓介内閣の下で電力国営論が盛んに論議される。1936年には2・26事件が勃発、斎藤実内大臣・高橋是清蔵相・渡辺錠太郎陸軍教育総監が殺害され、鈴木貫太郎侍従長が重傷を負う。翌27日に東京市に戒厳令が施行され、29日に青年将校らは反乱軍として鎮圧される。そして1937年に盧溝橋事件がきっかけとなって日中戦争がはじまる。

こうした内外情勢緊迫の中で、1938年に、国家総動員法と電力国家管理法が

---

[172] 日本では、戦後の1947年にGHQの指揮下で「私的独占の禁止及び公正取引の確保に関する法律」が公布され、同月20日から全面施行されるまでは、米国のような独占禁止法は無かった。
[173] 『東邦電力史』p.551

成立し、電力聯盟は解散する。1939年に至り、電気事業は戦時体制の一部として国家統制のもとに置かれ、国家社会主義による電力事業の国営化が行われる。松永が、後日[174]、「私にとっては全面敗北、失敗の最たるものとなった」と回想する激変の時代であった。

電力国営論がさらに前面に出てくるのは、1936年に廣田弘毅内閣が発足した際に、頼母木桂吉逓信大臣が、「電気事業の統制は漸を逐い、国営を最終目標として実現する」との爆弾声明を発し、電力株を一斉暴落に陥れたときである。この年の7月には、いわゆる「頼母木案」と称される電力国家管理案が提出される。これは、「政府は電力を管理し、そのうち発送電事業を国営とし、これに必要な設備は特殊の設備会社をして提供せしむ」という基本構想、いわゆる「民有国営」方式を骨子としていた。国家による私有電力資産を接収するには財資不足であったが故の苦肉の策であった。

松永安左エ門はじめ、経済人の政府案への反対運動は激しく展開され、結局「頼母木案」は、1937年中に廣田弘毅内閣が総辞職の後を受けた林銑十郎内閣が半年の短命に終わったため成立しなかった。しかし電力国営化は必至の情勢となる。

1932年頃から高まった電力国営論で政府側のブレーンとなったのは、東邦電力調査部の論客で30年代前半に東邦電力を辞し、内閣調査局専門委員に転じた出弟二郎であった。彼は、松永の信奉する「インサルモデル」、即ち「民営、水・火併用、発送配電垂直統合、送電連系」に反対し、桃介の考えに近い英国型の「国営、水力中心、発送電一体化、配電分離」を唱道する。出弟二郎は、松永をはじめとする経済人に真っ向から対峙する形で、「電力国営論」を展開する。その典型ともいえるのが1936年9月15日に、全国経済調査機関連合会で行った、「電力統制強化策に就いて」[175]と題する講演である。その中で彼は、電力国営化は戦時体制を構築するための必須条件であるとの前提のもと、電気事業側の意見を「全く自己の立場に囚われたもののみで、大乗的見地から問題を批判したものが唯の一つも表れて居ません」と断じた。

そして、彼はあるべき電気事業の特質を次のように定義する。

---

174)「私の履歴書」pp.407
175) 電界情報社発行「電力国営の目標」所載(1936年11月)

① 電気事業は自然的独占事業
② 電気事業は国有の資源を利用する特許事業
③ 自由競争は却って需要者に損害を蒙らしめる
④ 需要者は供給者を自由に選択しえず
⑤ 料金は絶対的安価なるべきもの
⑥ 自由主義的経済組織には不適当なる事業

であるとし、更に敷衍して、「電気事業は、収益は確実ではあるが其率極めて低いことを必要とするが上に、……利潤追求を第一義とする自由主義的経済組織の下に経営するのは不適当であります。当然統制主義経済によって改組し、国家及び国民全体の便益の為め、即ち公益第一主義に経営せられねばならぬと信じます」と述べている。

　この出弟二郎(いでだいじろう)の主張は、当時の日本を支配していた全体主義、国家社会主義そのものであり、彼が東邦電力調査部員として仕えた松永の電力民営論とは、真逆の真正電力国営論である。彼の論拠は、全体主義的公益第一主義にあった。

　先に述べたいわゆる「頼母木案(たのもぎ)」は、1937年1月18日に第70議会冒頭に提出されるが、廣田内閣が、1月23日に総辞職したため不成立となる。この後政治的混乱収拾を期待されて近衛文麿内閣が1937年6月4日に発足する。同内閣は、電力国営論を引き継ぎ、永井柳太郎[176]逓信大臣が、「国家総動員計画ならびに準戦時体制の産業五カ年計画の目的に対応するに適当なる内容を具備するもの」として「電力政策指標」を発表する。この永井案は、先に流れた頼母木案とは、「既設水力設備を民間所有に残す」という点では異なっていたが、「民間資産を現物出資させて、それを接収して、国家が経営する」という民有国営という基本思想では共通していた。1937年10月、逓信省は「臨時電力調査会」を発足させ、電力国家管理案を提示する。松永を含む多くの電力界や経済界の代表者たちは強い反対論を展開するが、電力側に賛成者が出るなど審議は紛糾する。臨時電力調査会の審議の中で、松永は6項目を挙げて反対論を展開したが、その中で「電力設備を特殊会社へ現物出資させて、その株券と交換させるのは財産権の侵害であ

---

[176] 永井柳太郎(1881-1944)

第2章　松永安左エ門が築いた「9電力体制」

る」と主張する。『東邦電力史』は次のように記している[177]。

> ことに現物出資により特殊会社の株券と引き換えにするということは、従来未だかつてその例を見ざる国家のやり方であって、国民財産権を侵害するおそれが大いにある。しかもその特殊会社は如何なる実質を有するか、その収支損益の見込みは明瞭ではない。この不確実で収支が明らかでない株式を旧会社が所有しなければならぬのは、国民財産権を擁護するため、世論が反対するのは当然である。われわれは、企業が民間のイニシアチブでなければ運営できぬと確信している。もし国有にするなら、政府の国債で買い上げることが本筋であると思う。

この松永の主張は、現代社会においても電気事業の自由化や制度改革の際にも注意しなければならない点を内包している。電気事業者は株式を上場している私企業であるから、その私有財産権や許認可を受けた権利を後からできた法律で変更する場合は、常に法的合理性が求められることは論を待たない。これはインサルも随所で主張している。

11月になって永井逓信大臣は、突然審議を打ち切り「電力国家管理案」を可決させる。戦後松永は、1937年当時永井柳太郎逓信大臣を訪ねた際のやり取りを、

> 電氣はいま我々民間企業で生々溂らつとして發展している。電源の開發も一向支障なく出来ている。これを事變中の今日國営にしたり、國家管理にすることは丁度激流を渡渉するに乗馬を乗り換えるようなもので、企業の勇往性を阻止し、電氣の發展はとまってしまう。……電氣は他の事業とちがい工事が五年六年かかる。今の儘民間企業にしておかなければ駄目だ」と永井君の翻意を極力勧告したが、同君は「それは君が舊體制（きゅうたいせい）で時代認識がないからだ。そういう現状維持論には耳を藉（か）されない」と言ってどうしても聞かぬ。……こぞって政府の電力國営案に反対したが、軍という暴力團體（だんたい）をバックとする新官僚群と、その上に乗っかつている永井君だからかなうわけがない。

177）東邦電力史 p.566

と回顧[178]している。

松永の「官吏は人間の屑」という舌禍事件はこうした時代背景があって起こる。それは、1937年1月23日、東邦電力長崎支店新館落成式典の為に現地訪問中、公開の席で行った次の発言が引き金となった。

> 産業は民間の諸君の自主発奮と努力に待たねばならぬ。官庁に頼るのはもってのほかで、官吏は人間の屑だ。官庁に頼る考えを改めない限り、日本の発展は望めない。

この演説の聴衆の中にいた地元の官吏が、この言葉に憤激し、松永に対してテロに及ぶかの如き脅迫をなす。これに対して松永安左エ門は、全面的な謝罪で応じ、新聞に謝罪広告を出すことなど、相手の要求を全面的に呑む形での落着を図った。作家大谷健は、「軍部や右翼による暗殺、言論封殺が常態化した当時の状況から見て賢明な行動であったといえる」と論評している[179]。

近衛文麿内閣は、1938年の年初の帝国議会に、電力管理法・日本發送電株式会社法・電力管理に伴う社債処理に関する法律・電気事業法改正法の4法案を上程した。議会でも政府は強い反対論に直面し審議は難航する。政府は会期を1日延長して1938年3月26日に法案をぎりぎりに成立させる。新法のもと、逓信省に「電力管理準備局」と「電力審議会」が設置され、長官には大和田悌二が就任し、「電力評価審査委員会」が接収対象の電力施設の接収を進める。

政府は、電力国家管理法の実施日である翌1939年4月1日付けで、逓信省電気局と電力管理準備局を統合し「電気廳（ちょう）」を設置したうえで、同日に民有国営会社である「日本發送電株式會社」を発足させる。初代総裁には「全社ぐるみで日發に入り込む政策をとった」とまで揶揄された大同電力の社長増田次郎が就任する。このことは後日に大同出身者と、非大同出身者の間で大きな人事上の対立を生み出す原因となる。

日本發送電は、電気事業者が所有していた幹線送電設備、火力発電34カ所（197万7,000 kW）、大同電力が所有していた水力発電18カ所（27万4,000 kW）の現物

---

178) ダイヤモンド（1950年9月1日号）「電力再編成の實現を急げ－復興を阻むものはだれか」
179) 大谷健「興亡　電力をめぐる政治と経済」（吉田書店、2021年）pp.3-6

第2章　松永安左エ門が築いた「9電力体制」

出資を受けて発足する。ここに松永が、理想とした日本の電力事業への「松永モデル」導入の夢は断たれ、日本の全てと同じく電気事業も全体主義に収斂する。

日發の失敗

　日本發送電株式會社（日發）は、立ち上がりから大きな問題に直面する。1939年（昭和14年）は異常渇水で水力発電量は計画に達せず、一方火力用の石炭調達も目標に達せず、停電が続き京阪神の工場の操業に大きな支障をきたす。このため政府は、「電力調整令」を1939年10月に公布して、電力消費に制限をかける。「この非常時に、民営配電会社は自らの利益のみを考えて、ネオンサインなどの無駄な電力消費を煽っている」と民営会社として残されていた配電会社への威圧的な非難がそこにはあった。

　1940年に至り当時「電力飢饉」と称された供給力不足問題は、帝国議会でも取り上げられ、株式市場では日發の株価は額面を割り込む。

　1940年7月に第2次近衛内閣が発足し、逓信大臣には大阪商船出身の村田省蔵[180]が任命される。彼は、「電力飢饉」の被害の大きかった関西財界の出身であり、事態が緊急を要することを強く認識して、就任直後の8月6日、伊勢神宮参拝のあと記者団に対して私案を開示する。その骨子は、

1. 日發の収支改善を図るが、電力料金は低物価政策と整合させる
2. 未だ民間電力会社の手にある「配電」の国有化を実施する
3. 電源開発は、日本・中国・満州を一体として進める
4. 電力消費の節約により需給均衡を図る

となっている。さらに、8月31日に逓信大臣官邸で官民懇談会を開催し、民間代表から意見を聴取する。この結果に基づき、村田省蔵逓信大臣は、9月27日に「電力國策要綱」を閣議に諮りその承認を得る。「第2次國管」と略称されるその骨子は次のごとくである。

1. 水力資産の接収：既存の水力発電設備を含む主要電力設備を日發に接収し、新規水力資源を一層徹底的合理的に開発する。
2. 配電機能を国家支配下に置く：全国を9地区に分け、各地区内の全配電事

---

180) 村田省蔵（1878-1957）

業を統合して特殊会社を設立して配電業務を行わせる。発送電事業と配電事業間の緊密な連繋を図る。

村田省蔵逓信大臣の行動は迅速であった。一方増田総裁は、辞職の決意を固める。逓信省官僚で日發の経営責任を取ったものは一人もいないこととは対照的である。『日本發送電社史』は、随所で逓信省に対する日發側の怨嗟の声を記述しているが、増田の辞任に関しては次のように記す。

> 増田は北海道、樺太の炭砿買収問題が糾弾され、逓信省高官にも司直の手が伸びるのを見てその進退を決心し、ただその時期を待っていたのである。……昭和十六年一月七日出社して重役に決意を述べ、すぐ文書にして辞表を逓信大臣の下に届けさせた。……それから色色の手續きで一週間たった一月十五日新舊總裁の更迭が発表された。増田の辞任により……秘書課長出弟二郎がこれに殉じて辞任した。

出弟二郎の辞任を「殉じた」と日本發送電社史は表現している。電力国営論を標榜し推進した彼の心中はいかばかりであっただろうか。増田総裁は、辞任前に監督機関であるに対して抗議する。『日本發送電社史』[181]は、

> 日本發送電が電力制限で四面楚歌に包まれているとき増田總裁から電氣廳に提出した日本發送電強化に關する意見書の中に販賣電気料金の平均単価が一キロワット時當たり一錢七厘三毛と決定したものを、電氣廳では何故か日本發送電開業に際して、一錢六厘三毛と訂正した。このことは日本發送電が現在の苦境に陥った最大の原因である。

と記し、続けて「電氣廳はこの意見書を黙殺した」と記録している。

後任の総裁には、同日の1941年1月15日に池尾芳蔵日本電力社長が就任する。村田省蔵逓信大臣は、1941年7月に成立した第3次近衛内閣の逓信大臣に再任される。

---

181) 1954年1月、日本発送電株式会社解散事業委員会発行

政府は、1941年4月に国会での紛糾を避けるため、国家総動員法に根拠を置く勅令[182]によって「電力管理法施行令」を改正し、水力発電所などを強制出資させることとする。続いて8月に至って同じく勅令によって「配電統制令」を発し配電事業を9社へ統合させ国家管理に置くことを定める。

これによって、水力発電設備（約400万kW）と火力発電設備（約250万kW）が日發の所有となる。1940年（昭和15年）時点で410社存在した全国の私営・公営の小売電力会社は、全国9ブロック（北海道・東北・関東・中部・北陸・近畿・中国・四国・九州）に設立された配電会社に統合される。日本軍が真珠湾奇襲攻撃によって太平洋戦争に突入する4ヶ月前のことであった。

電力国営論者が設立した日發は、「民有国営」という異形の疑似資本主義企業として12年間存立した。解体された後の1954年12月に「日本發送電社史—業務編[183]」を刊行するにあたり、最後の総裁小坂順三は序文の中で、組織・運営の欠陥を失敗の原因として次のように指摘する。

第一に、政府の格別な監督と干渉を受け、その一方で収益を上げることが義務の株式会社であったこと。

第二に、創立当時の所有設備が主要送電線路と火力発電所とごく一部の水力発電所だけであったこと、

第三に、電源開発計画と電気料金は、政府が決定し、まったく自主性を認められなかったこと

更に戦時下で、資金、資材、労務等が意図通りにならなかったと嘆く。小坂順三が「矛盾と無理に満ちた」と嘆く日發の6年間を振り返ってみよう。

発電能力に関しては、電力審議会の1939年策定の5カ年計画で1939年から1943年迄の5年間で、火力・水力合計で278万kWを開発することになっていた。それを1940年策定の5カ年計画で1940年から1944年の5年間に415万kWを開発することに上方修正が行われる。しかし、1941年から1945年の5年間で増設されたのは火力31.6万kW、水力51.2万kWの合計83.8万kWに過ぎないという

---

182) 1938年4月1日公布の国家総動員法では、「政府は国家総動員上必要あるときは勅令の定むる所に依り」との条文が列挙されており、事実上政府は、立法府を超越した権限行使が可能となっていた。

183) 日本發送電社史は、綜合編・業務編・技術編の3分冊として刊行されている。

惨憺たる結果となった[184]。

松永は、その著『電力再編成の憶い出』の中で、「国家管理が決定すると同時に、政府は五カ年計画で電源開発を戦時経済の要請もあって倍加計画を立てた結果がこの始末である」と述べ、三宅晴輝の「日本の電気事業」[185]の一節「それにしても以上の実績に照らして、かつて国家管理の下に大発電計画を豪語し、豊富な電力の供給を国民に約束した官僚、軍部の面目は丸つぶれと言わざるを得ない」と引用する。電力供給が計画通り達成できず、日本の戦争遂行能力を著しく棄損した。官僚と軍人が支配する経済は必然的にこういう結果になるという典型である。

次に、電気料金の「低廉化」についての国家管理下の実績を見てみる。松永は『電力再編成の憶い出』の中で次のごとく論評する。

　また低廉ということを持ち出したついでに、これに関する私の考えを述べておこう。そもそもこれは電力国家管理に際して、時の政府側が強調して世間の印象が深まったスローガンである。しかし結論的にいえば、これは国家管理を実施するための餌に過ぎなかったのだ。電気事業にとって必要なことは、要するに資本の効率を高め、経費を安くしてコスト・ミニマムの電力を得ることであるが、これは低廉ということではない。国家資金は所詮税金であって金利が安いというのは安くしているだけで、国民負担であることに変わりはない。理屈をいえば税金で負担するか、料金で負担するかの違いで、国家資金で安くするというのは、一種のゴマカシである。だから、いわゆる低廉ということは十分吟味すべきことで、豊富、良質ということとは矛盾する点があると思う。

ここで、松永が論難している「ゴマカシの低廉」とは、発電原価が高騰したにもかかわらず、電気料金を低く抑えさせられた結果生じた逆ザヤを、政府は日本發送電法第32条による配当補給金によって補填し、これによって低料金を維持させたのである。

184）日本發送電史（綜合編）pp.192-193
185）1954年電気新聞社発行

大谷健はその著書『興亡』[186]で電力国家管理の実態を次のように語る。

> ……配電統合により、日発と九配電会社のプール計算で料金が決められた。具体的には、日発の配電会社への卸売料金を仮料金として年度末まで決定せず、年度末に各社の実績の数字が出揃うのを待って、各配電会社が政府公約の年七分配当ができるような卸売料金を決めて清算し、一方日発はこの料金収入を元にして年六分配当ができるだけの政府補給金の額を決定する。

この結果、日發の社内には無責任の風が蔓延し、経営の士気が落ち、堕落と退廃が極まった。一方九配電会社の方には経費削減の努力は微塵もなくなり、その惨状は監督官庁である電氣廳の目にも余るほどであり、大谷健の言葉を借りれば、「お役人にお役人仕事を衝かれるようでは世も終わり」という事態になる。

このように国家としての戦時下のエネルギー供給問題に関して、「民有国営」の日發は、効果的な解決策にはならず、官僚主義の弊害のみが目立つ組織となったことは、松永安左エ門たちが予測した通りである。

日本發送電社史―綜合編[187]は、「官廳の手堅さ、民間人の溌溂たる創意を兼備した會社にするといふ理想ではあったが、世の中は官僚の考へるやうに甘いものではない」と断定したうえで、国営電力として果たすべき電気料金の低廉化、出資者に約束した配当金の維持のため、政府補給金による決算操作を行いながら低廉豊富な電力の供給者としての体面を取り繕った実態が生々しく記録されている。

一方、送電分野では一定の統合効果を上げた。その足跡は「日本發送電社史―技術編」に述べられている。

> ……各系統の整備を推し進め、地帯間の電力融通のために送電設備の新増設や昇壓を行って、施設の単純化、送電能力の強化並びに電力需給の地域的不均衡の緩和を図り、また幾多の發変電設備の拡充や、設置方式の統一などを実施して、送電の信頼度向上に寄与した。尚北海道と九州両地区とに於いては、周波数の統一を実施して系統の整備に努めたのである。

---

186) 大谷健「興亡　電力をめぐる政治と経済」(吉田書店、2021年) pp.90-91
187) 日本發送電社史綜合編 pp.240-245

軍部と官僚が結びついた国策の下、無責任・非能率・放漫経営の国営会社の典型となった日發であったが、発送電の現場における「電力人」のまじめな貢献は公正な評価に値する。

武蔵野隠棲

この様にして松永は、軍国主義者の庇護下にあった電力国営論に敗北する。1938年(昭和13年)の年初から帝国議会の審議にかけられた、電力管理法・日本發送電株式会社法・電力管理に伴う社債処理に関する法律・電気事業法改正法の4法案は、3月26日に成立する。その結果存在意義を失った電力聯盟は、11月14日に解散する。

その前日に松永は、東邦電力の社長を辞任し、代表権のない取締役会長に退く。社長の地位を夫人一子の兄竹岡陽一[188]に譲る。松永の人生にとって3度目の大きな挫折であった。

日發は、1939年(昭和14年)4月1日付で発足する。松永が、「ついには日本發送電株式会社(民有国営)の設立となって電気事業が国家管理となったことはみなさんご承知の通り……。私にとっては全面敗北、失敗の最たるものとなった」と嘆く事態となったことは、既に述べた通りである。

1941年(昭和16年)に至って水力資産の接収と配電事業の国家管理が決まる。東邦電力は、日本發送電へ水力関連資産を供出する。加えて中部・関西・四国・九州地区に設立された地区配電会社にそれぞれ現物出資をする。こうした一連の国家権力の行使によって存在意義を失った東邦電力を1942年4月1日付けで解散する。

松永は、これを機に埼玉県所沢市の柳瀬山荘に引退する。60歳から始めた茶の道を嗜み、近傍の平林寺[189]住職峰尾大休老師との交流を楽しみ、柳瀬山荘内の茶室や、平林寺に隣接する別邸「睡足軒」で、耳庵流の茶会を頻繁に催したことは有名な逸話となっている。終戦直後の1946年に小田原市の「老欅荘」に転居するまでこの地で悠々自適で暮らした。

---

188) 竹岡陽一(1876-1966)は福博電氣鐵道時代から、松永の事業に参画してきた。その妹カヅ(結婚後は一子と改名)は松永に嫁いだ。陽一は、電力再編時1951年に初代四国電力会長に就任。
189) 新座市野火止。

第 2 章　松永安左エ門が築いた「9 電力体制」

> **column**
>
> ### 松永安左エ門の武蔵野生活
>
> 　松永安左エ門の別荘である柳瀬荘の建築着手は、1929 年の欧米出張からの帰国後である。茶室を、「耳庵」と名付けたが、のちに茶人としての自らを「耳庵」と号するようになった。この茶人「耳庵」の隠遁生活は戦中・戦後の長期にわたるが、彼の意気と意欲にはいささかの衰えは無く、あたかも「その時」が来るのを待つようであった。
>
> 　柳瀬荘は、所沢市大字坂之下に所在する。17,235 m^2 の雑木林に囲まれた敷地中にある母屋の黄林閣は、古民家を松永安左エ門が 1930 年に移築させたもので、それに渡り廊下で接続された斜月亭は、1939 年に完成した数寄屋風書院造となっている。さらにそれに続く茶室と水屋からなる久木庵は江戸時代の茶室を 1939 年に移築したものである。
>
> 　睡足軒の森は、新座市野火止の平林寺に隣接する雑木林に囲まれた庭園。睡足軒と紅葉亭の 2 棟を擁する。睡足軒は、松永安左エ門が 1938 年に飛騨の民家を移築したもので、その名は、平林寺住職峰尾大休老師が与えたものである。
>
> 　平林寺は、1375 年初め岩槻に創建された臨済宗の名刹で、1663 年に現在地に移転。境内の林は国の天然記念物。平林寺境内に、松永安左エ門、一子夫妻の墓が祀られている。

2.3　「電力の鬼」松永安左エ門

日發解体

　日本は、1945 年 8 月 15 日にポツダム宣言を受諾し、無条件降伏してダグラス・マッカーサー元帥を頂点とする連合国最高司令官総司令部[190]（GHQ）の支配下に入る。この時代の変化が、75 歳の松永を、埼玉の隠棲生活から引き出し電気事業再編の舞台中央に復帰させる。彼は、その舞台で戦前その実現に失敗した「インサル＝松永モデル」に基づく公益電気事業の構築に全身全霊を打ち込むことになる。ここでは、その苦闘の跡と「九電力体制」という偉大な成果の形成過程をたどる。
　GHQ は、日本の軍事力を解体し戦犯を逮捕する。また思想・信仰・集会及び

---

[190] Supreme Commander for the Allied Powers、日本では総司令部 General Headquarters（GHQ）と普通呼ばれる。

言論の自由を制限していたあらゆる法令の廃止、特別高等警察の廃止・政治犯の即時釈放・憲法の改正・財閥解体・農地解放に取り組むことを日本政府に指示する。GHQは、日本の経済民主化に着手する。まず1946年4月1日に、国家総動員法と戦時緊急措置法を廃止する。日本軍国主義を支えた財閥を中心とする独占資本の解体を目的として、1946年4月20日に持株会社整理委員会令を公布する。

電力に関しては、1946年10月1日に配電統制令と電力調整令を廃止する。9配電会社各社はその前日の9月30日から国家管理会社ではなくなる。しかし日本發送電株式會社と9配電会社の独占状態は保持される。一方、日本發送電株式會社は同年10月の東京裁判の法廷において「戦争遂行のための電力生産組織であった」と厳しく断罪される。

続いて1947年4月に私的独占の禁止及び公正取引の確保に関する法律、12月には過度経済力集中排除法が施行される。この法律の目的は、独占的とされた企業を分割して市場支配力を奪うことにあった。GHQ側は、1947年になって電力再編の試案を日本側に提示する。この間の事情について橘川武郎は次のように論評する。

> GHQは、1947年7月30日の商工省との会談において、独立性の強い新たな電力行政機関の創設を重ねて主張した。そして、同年9月4日の商工省との会談において、電力業の企業形態の改変案として、地域別民営会社による発送配電一貫経営案を打ち出した[191]。

このGHQ案は、まさに「インサルモデル」である。「独立性の強い新たな電力行政機関」とは、米国の各州に設置されている「公益事業委員会」が想定されている。「地域別民営会社による発送配電一貫経営案」は、松永の1928年の「電力統制私見」の骨子と一致する。

日本側は、これに頑強に抵抗する。商工省は、日發の継続と全国一社化を目指す。労働組合側(日本電気事業労働組合協議会：電産労協)も日發の存続を求める。

日發は、1948年2月に至り過度経済力集中排除法の第二次指定企業の対象となる。日發は、全国1社統一を主張する。9配電会社側は、民営・9地域制・発

---

191) 橘川武郎「松永安左エ門　生きているうち鬼といわれても」(2004年、ミネルヴァ書房) p.169

送電一貫を主張する。

　1948年2月に総辞職した片山内閣の後を受けた芦田内閣は、同年4月に電気学会会長大山松次郎東大教授を委員長とする「電気事業民主化委員会」を設置する。同委員会は、「電気事業の民主化を目的とする事業再編成の基本方針及びこれが具体策につき調査審議せしめるため」設立され、5ヶ月の審議を経て、「日發の温存」との結論を下す。この電気事業民主化委員会の改編案は、GHQには歯牙にもかけられず却下となる。

　芦田内閣は、1948年10月に総辞職し、第二次吉田茂内閣が成立する。吉田内閣は、電気事業再編問題を先送りする姿勢を見せ、自然消滅を画策する。小島直記は、その著『松永安左エ門の生涯』で、「この問題をアンタッチャブルとする吉田内閣の民主的サボタージュである。GHQとしてはこれを喜ばず、独自に電気事業再編成の検討に着手するのである。」と記している[192]。吉田茂の問題先送りに苛立つGHQ側の動きは加速する。1948年5月には、マッカーサーに直接意見を勧告する権限を持つ集中排除審査委員会(通称5人委員会)にこの問題を担当させ、そのメンバーを来日させる。

　この5人委員会の電気事業への審査の結論は、日發の「7分割民営化」方針であった。日本を7つの地域(北海道、東北、中部と北陸を含む関西、中国、四国、九州)の7ブロックに分割し、各々に発送電配電一貫会社を設立する案である。この結論は、1949年5月10日に非公式に森寿五郎日發理事に伝達される。日本政府は、これに驚きこの案の阻止に動く。吉田内閣は、「再編成指令は、経済が安定化し、電力需給が安定化するまで延期してほしい」と具申し、「権威ある委員会の設置により検討させてほしい」と懇請する。

75歳の中央復帰

　GHQは、T. O.ケネディ経済科学局顧問[193]に電力再編をまとめさせる。彼は、

---

192) 小島直記「松永安左エ門の生涯」中央公論社(1987年) p.214
193) GHQには、民生を担当する幕僚部の下に、民政局(GS)、経済科学局(ESS)、民間情報教育局(CIE)、天然資源局(NRS)、公衆衛生福祉局(PHW)、民間通信局(CCS)、民間運輸局(CTS)、統計資料局(SRS)、民間諜報局(CIS)、物資調達部(GPA)、民間財政管理局(CPC)、一般会計局(GAS)、高級副官部(AG)の13部局が設置されていた。

1948年9月に通産省に対して8項目からなる覚書を発出する。その骨子は、
　① 全国を7ないし9ブロックに分割しブロックごとに発送電一貫の組織とする。
　② 完全民営化の株式会社形態とする。
　③ 料金を認可する監督機関としての公益事業委員会を設置する。
の3点であり、「インサル＝松永モデル」そのものである。

　一方、吉田内閣は、「権威ある委員会の設置により検討させる」というGHQへの約束に従って、11月に「電気事業再編成審議会」の設置を決める。

　この審議会の委員人選、特に会長の人選は、吉田茂首相にとって極めて困難な問題となる。日本が無条件降伏を受諾する根拠となったポツダム宣言（Potsdam Declaration）の第6項、「日本国民を欺き世界征服に乗り出す過ちを犯させた者を永久に除去する[194]」の規定に従い、GHQは、21万人にものぼる日本人を公職から追放する。その結果、吉田茂首相の意中にあったといわれる池田成彬や、小林一三も「公職追放」の身であった。吉田首相は、このような状況下で電気事業再編成審議会の会長と4人の委員の人選を行わねばならなかった。

　吉田茂は、同じ神奈川県大磯に住む池田成彬を訪れ相談する。池田は、74歳の松永を推す。その経緯につき、大谷健は、その著『興亡』[195]の中で、吉田と池田のやり取りを次のように活写する。

　　折り目正しい池田にとって松永の野性は性に合わぬ。それに東邦電力時代、銀行からやたら金を借りて発電所をつくり、三井銀行の融資先東京電燈と出血競争する。銀行家池田にとって松永は、危なくて気が許せぬ相手であった。だが、池田は個人的好き嫌いを度外視して、真に適任者を選ぶ公正な人であった。ただ次の注意を吉田にあたえることは忘れなかった。『再編成がすんだら、すぐ御用済みにすることですな。松永に権力を持たせると、必要以上に権力を振るう心配がある』。

194）第6条："There must be eliminated for all time the authority and influence of those who have deceived and misled the people of Japan into embarking on world conquest, for we insist that a new order of peace, security and justice will be impossible until irresponsible militarism is driven from the world."
195）大谷健「興亡　電力をめぐる政治と経済」（吉田書店、2021年）pp.140-141

> **column**
>
> ## 吉田茂と池田成彬の関係
>
> 　松永は、吉田首相が何故自分を電気事業再編成審議会長に選んだかという理由を「電力再編成の憶い出」（1976年電力新報社刊）の中で「池田成彬さんの推薦」と推測するが、同時に吉田と池田の関係にもつぎのように言及する。
>
> 　池田さんは戦後、吉田さんが終戦連絡事務局という外務省の代理機関のような組織ができて総裁になった時その参与になっている。経済問題では永く吉田さんの顧問役だったことは世間周知の事実である。……吉田さんに対する政治上のアドバイザーが湯河原に住んでいた古一念古島一雄で、経済係りが池田さんだった。……再編成問題で困っていた吉田さんが池田さんに相談したところ、「松永を除いてこれをやり遂げる人はいない」と吉田さんに回答したというのだが、二人はともに大磯の住人、往き来は頻繁だったのだから池田さんが何と言ったかは別として、この辺のところが本当のように思われる。

　松永のほかの4名には、小池隆一慶応大学法学部長、工藤昭四郎復興金融公庫副理事長、三鬼隆日本製鉄社長、水野成夫国策パルプ副社長を選んだ。

　1949年11月16日、吉田首相の意を受けた進藤武左衛門[196]資源庁長官が、就任打診のために、松永の小田原の居宅を訪ねる。進藤武左衛門は、東邦電力社員から身を興し松永とともに現場で働いた経験を持つ仲であった。当日松永は、翌日京都で行われる行事に参加するため名古屋に滞在中であった。進藤は、電話で名古屋滞在中の松永に来意を伝える。進藤に対して、松永は、「そうか。だが役人の言うのはアテにならんが、本当に頼むか」と念を押した上で、のちに承諾したと、大谷健は『興亡』の中でその場面を再現している[197]。

　戦勝国のGHQが、柳瀬山荘での隠棲生活を7年続けた松永にまたとない機会を用意してくれる。公職追放の身にある池田成彬が、電力国営論に敗れた松永に「白羽の矢」を立ててくれる。GHQは、日本の電力民主化と再編をインサルモデ

---

[196] 1923年東邦電力入社。関東配電副社長、資源庁長官、日本発送電副総裁、通商産業省資源局長、中国電力会長、電源開発副総裁などを歴任
[197] 大谷健「興亡　電力をめぐる政治と経済」（吉田書店、2021年）p.145

ルに基づいて進めようとしている。

　松永は、自らの事務所を銀座4丁目の名古屋商工会館内の中部配電東京事務所に開設する。マスコミは、虎ノ門の通産省電力局を「虎ノ門電力局」、松永の事務所を「銀座電力局」と呼び分ける。

　電気事業再編成審議会は、1949年11月24日に、第1回の審議をGHQ代表の参加も得て開催する。ほどなく審議会運営をめぐり松永と、松永会長を独善的と批判するほかの4委員全員との対立が表面化する。再編案をめぐる松永案と三鬼案の対立である。三鬼案は、電力調整機関（電力融通会社）を併設した9分割案。電力調整機関とは、日發の発電設備の42%を保有するいわば規模を縮小した日發であり、日發の温存を意図する組織である。産業界は、戦時体制下での日發の低料金体系の存続を望んだ。松永案は、「松永モデル」に立脚した「民営」で、「発送配電一貫」の「9地域電力会社」とし、日發の完全な解体を目指していた。

　両者の対立が解けぬまま、松永は、「三鬼案を答申してもよろしい。その代わり、松永案をこのまま少数意見として添付して貰えれば結構である[198]」と発言する。1950年1月31日に最終審議となる第17回会合が開催され、「三鬼案」を本案、「松永案」を参考意見として答申することを決する。しかし、報告を聞いたGHQ側は、三鬼案は基本的要件を満たしていないと却下する。松永案も、「区域外に立地する電源開発の権利」について異論が出て却下となる。そして政府による修正案も却下される。

　こうした展開の中、通産大臣を兼務することとなった大蔵大臣池田勇人がGHQ側との折衝を担当することとなる。松永の説明に納得した池田通産相は、「9分割案」と「通産省諮問機関としての公益事業委員会設置」からなる政府案をまとめ上げGHQと折衝する。しかし、あくまで中立機関としての公益事業委員会の設置を主張するGHQの承認を得られない。GHQの考える「公益委員会」とは、インサルが、公益電気事業に自然独占を許すこととのいわば引き換え条件としてその設置を容認すべしと主張した全米50州に設置する「公益事業委員会」を指していた。

　GHQの主張に対する対案として、政府は、日本の法制下で「公益事業委員会

---

[198] 小島直記伝記文学全集 第7巻（中央公論社 1987年）p. 229

を総理府の外局とするが、運用面では閣議決定に従う。委員は民間人を起用する」との妥協案でGHQの承認を得る。しかし、政府に国会の反対を強い意思で乗り切るという熱意が欠けていたため、「審議未了」で廃案となる。

　GHQは、この事態に態度を硬化させ「日發と9配電会社の一切の設備投資を再編法成立まで凍結する」と、マッカーサー総司令官名で吉田首相あてに通告する。政府は、打開策を折衝したが不首尾に終わる。1950年10月22日にマッカーサー司令官は、吉田首相に対し「会期中の国会にて政府案の可決によって再編の速やかな実施」を要請する書簡を発出する。ことここに至って吉田首相は、電氣事業再編成令と公益事業令を、国会の議決が不要なポツダム政令の形で公布する。戦前帝国議会を迂回した勅令で変則的に発足した日發は、マッカーサー施政のもとポツダム政令によって変則的に消滅する。

　松永にとっては、1928年の「電力統制私見」でその公益電気事業思想を明らかにしてから23年後、1942年の引退から8年後のことである。この「9電力体制」は、1951年から1995年に発電の部分自由化が実施される迄の44年間、日本の戦後復興と高度成長を支える。

電力の鬼

　松永は、電気事業再編成審議会の会長として上述のごとく、「9電力体制」をまとめ上げたあと、新設の「公益事業委員会」の委員長代理に就任する。しかしそこまでには困難な紆余曲折を経ねばならなかった。

　公益事業委員会メンバー5名の人事について、まず吉田首相が、松本烝治法学博士を充てることを決める。しかし他の委員4名はなかなか決まらない。特に、松永の任用については、種々意見が分かれ、裏舞台で複雑な事情が交錯したことを、「電力再編成の憶い出」[199]で回想している。先にも触れた吉田茂首相への池田成彬の、「再編成がすんだら、すぐ御用済みにすることですな。松永に権力を持たせると、必要以上に権力を振るう心配がある」という進言のことは、松永の耳にも届いていた。

　公益事業委員会の委員構成が、委員長松本烝治[200]、委員長代理松永安左エ門、

---

199)「電力再編成の憶い出」(松永安左エ門著作集第4巻 (五月書房 1984年) 所載) pp.390-395
200) 1877年生まれ、1954年没。東京帝大教授。法学者。

委員には宮原清[201]、河上弘一[202]、伊藤忠兵衛[203]と決まる。この人選に対して、松永は、「五人の委員中電気のことをわかっているのは率直にいって私一人である」と言いきっている。

10月25日に総理官邸で認証式が行われ、公益事業委員会（公益委）は12月28日に発足する。年明けから、日發の解体と業界再編成に着手する。新体制下での地域新会社の発足は、当初より繰り上げられ1951年5月1日と決まる。

松永は、公益委副委員長として、実質的に日發の9分割と新しく発足させる9社の電力会社の役員人事を取り仕切る。まず日發の小坂順三総裁・森寿五郎副総裁と配電会社9社の社長を公益委に呼んで、2月中に再編成計画書を提出する様通達する。日發の最後の総裁となる小坂は、新体制の各社社長に旧日發出身者を一人でも多く入れ、日發の株式の引き受け比率をできるだけ有利にしようとしてことあるごとに松永と激しく衝突する。小坂も松永も個人的な怒りをあらわにした戦いとなるが、その論争と政争に終止符が打たれるのは、新体制発足予定日の数日前の4月29日であった。松永と小坂の果てしなく続く抗争に対してGHQが「5月1日の電力再編成」の予定通りの実施を強く迫った結果である。

1951年（昭和26年）5月1日に、9社の地域電力会社が発足する。松永が、その日から取り組んだのは料金値上げであった。「定率法による資産の償却に基づくと七割五分の値上げになる」との非公式な情報が世間に流れて反対の世論が巻き起こる。これにGHQが敏感に反応して松永に、定率法償却を定額償却に変更して値上げ幅を圧縮することを迫る。定率法償却によって設備投資の加速的に償却を進め電力会社の財務状態を改善することは松永の信念であった。しかし松永は、ここではGHQの圧力を受け入れ、定額法償却に基づいて平均30.1％の電気料金値上げを8月に実施する。

この値上げをめぐって吉田内閣と公益委の間に亀裂が生じる。その上に松永は、この値上げ幅では納得せず、翌年1952年5月に28％の追加値上げを提案する。これら2回の値上げを合わせると66.5％となる大きいものであった。これに対しては、政府、マスコミそして世論の「天下こぞっての反対」が起る。

---

201) 1882年生まれ、1963年没。慶大卒。神島化学工業創始者社長。日本社会人野球協会初代会長。
202) 1886年生まれ、1957年没。東京帝大卒。日本興業銀行総裁。日本輸出銀行総裁。
203) 1886年生まれ、1973年没。伊藤忠財閥2代目当主。

しかし松永はひるまない。世間の非難を一身に受けることを覚悟してあくまでも譲らず、値上げを貫徹させる。「信念の人、戦う人」松永に、「電力の鬼」という号が世間から奉られたのはこの時である。それは決して単なる「鬼のような所業」という非難からのみではなく、困難に対したときの「鬼のような執念」と「鬼のような闘争心」を評してのことでもあった。

戦後のインフレ経済の中で国民経済はこの大幅値上げを内部消化する。電気料金値上げによって電力経営が安定化し、電源開発がスムーズに進展して松永が唱道した目標が実現していく。「9電力体制」の確立とこの2回の電気料金値上げの敢行が、戦後経済復興の原動力となったことは松永の最大の功績である。

4度目の挫折

日本と連合国の講和条約は、1951年（昭和26年）9月8日にサンフランシスコで調印され、その翌年の1952年4月28日に発効する。これは、松永が実現させた第2回目の電気料金値上げの直前でもあった。講和条約発効によりGHQは廃止される。独立国日本の吉田内閣は、満を持していたごとく独自政策を打ち出し始める。

吉田内閣は、電力行政においても大きな変更を加える。その背後にあったのは、第一に旧日發の電力再編反対勢力、第二に公益委を廃止し、電力事業を通商産業省管轄に戻したい通産省官僚、そして第三に吉田首相を含む松永への強い反感である。小島直記は、その著書「松永安左エ門の生涯」で、その事態の展開を、「四月二十八日、対日平和条約が発効し、それは「松永を葬れ」という声と呼応するかのように、公益委廃止の動きを具体化するのである」と書き、「公益事業委員会の存在を喜ばぬ人間は、政府、国会、官界、政党、財界に少なくなかった。その頂点に首相吉田茂がいた。」[204]と記している。

反「松永」の動きと、反「公益委」の動きは一体化して急速に加速し、1952年3月25日に「電源開発株式会社」を設立するための電源開発促進法案が議員立法として衆議院に提出される。

松永は『電力再編成の憶い出』の中で、「電源開発会社設立の目的は、一口に

---

204) 小島直記「松永安左エ門の生涯」(小島直記伝記文学全集第7巻所載, 中央公論社 1987) pp. 339-340

いうと、技術的に困難な地点が開発に多大の資金を要し、当時の九電力では開発できない地点を手掛ける会社だというのが最初の触れ込みであった。……再編成に反対の意見と公益委行政を止めよう──少なくとも公益委の対象外の組織を設けようとの立場から計画されたものとみて差支えあるまい。正直に言ってこの特殊会社の考え方は、政府からも与党からも私どもは全然相談も受けず連絡もなかった……」と振り返る。

　それはGHQの消滅を見越しながら準備され、突如政治の場に浮上する。松永は、猛烈な反対論を展開するが、1952年7月31日に電源開発促進法が公布される。同法よって公益事業委員会が廃止され、日本全体の電源開発の総合的な計画を行う電源調整審議会が創設され、9電力会社の新規電源開発を補完するために電源開発株式会社（電発）が設立される。同時に通商産業省設置法を改正し、電力事業に対する通商産業省の行政と監督の機能を公益事業部に置くことが定められる。

　こうして、松永は、公益委員会という公的な活動の拠点を奪われ、新聞は松永を「電力の鬼、角を落とす」と評した。そして、通商産業省は電力行政と電力事業への監督機能を取り戻すという勝利を収めた。小島直記は、この「電源開発促進法」について、「電力再編成に対する巻き返しであり、9電力体制を目の敵にするものであったことは間違いない」と断じている。

　電源開発促進法案は審議過程で大幅な修正が加えられ、電発は、電源の開発を行い、設備を保有し、九電力に卸売りを行う国営会社とされる。当初案では、「政府資金で大規模水力発電所の開発を行い、完成時にはそれを電力会社に譲渡するもの」であったのが、「発電所完成後も保有し、電力を卸売りし、また石炭火力も所掌範囲に入れる」ことに変容する。小島直記は、この経緯に関して、松本烝治公益委員長が参議院で、「外債の債権確保の基本姿勢から考えて、恒久的な会社で無ければ、国営会社であっても、貸付対象にはならない」との証言をしたのを逆手にとって、電発に恒久的な性格を与えるようにしたものと解説している。

　また大谷健は、その著書『興亡』[205]の中で、「こうして電発は自由党大野派を推進力とし、その背後に恐らく土木建設業界が、そして日發の残党、公益委から権能を奪還しようとする通産官僚があった。産業界も電気料金を高くし、それで

---

205)『興亡』(吉田書店2021年) p.231

電源開発を賄う松永方式よりも、タダの政府資金で電源開発してくれる方がありがたかった。そして何よりも大衆は日ごとの停電に倦んでいた……」と解説している。

この状況は、松永にとっては政治的な完膚なき敗北であり、彼の人生4度目の挫折であった。

広域運用

　松永は、このように政争に巻き込まれて敗北は喫したが、電力業界から完全に葬りさられることは決してなかった。松永は、公益委員会が廃止されて野に下った直後の1952年8月に、電力中央研究所理事に就任し、翌1953年の4月には理事長に就任する。この時初代理事長大西英一は理事長代理に引き、大山松次郎東大電気工学科教授が専務理事となる。彼は、ここを新たな活動拠点と定め、研究所内外の支援を得て、日本の電力のあり方・社会・産業のあり方について強力な発信を始める。

　電力中央研究所は、1952年7月にその前身電力技術研究所に経済研究部門を追加して（財）電力中央研究所と改称した組織である。理事長となった松永は、経済政策研究会を1954年3月に立ち上げ、総合エネルギー対策・資源開発・産業政策・国土開発計画・行政改革・税制・労働法・社会保険までを含む幅広いテーマでの研究をする組織とする。

　松永は、電気料金が昭和20年基準で77倍に騰貴していた状況を受けて、1955年1月に電力設備実態調査委員会を発足させ自ら委員長となる。その委員会の設立趣旨を、「電源開発と原価高の関連を根本的に打開し、電気料金を安定化して基礎産業としての電気事業の使命を達成せしめることを目的として、立ち遅れている電力供給設備の更新について一応の結論を得るため」[206]とする。同委員会は、設立直後の3月に、①1,000億円の資金を投入して、老朽火力発電所280万kWを、新鋭火力200万kWによって更新する、②送配電設備の改善により総合損失率を3％低減させる、③水主火従（2：1）から火主水従（2：1）に転換するという遠大な構想を発表する。この提言は、電力界に強い影響を与え、その具体化の

---

206)「電力中央研究所二十五年史」p.163

2.3 「電力の鬼」松永安左ヱ門

為に「電力設備近代化調査委員会」[207]が1955年（昭和30年）2月に組織される。

『電力中央研究所二十五年史』[208]が、「この委員会には、経済審議庁、通産省、電源開発調整審議会、9電力会社、電源開発会社、電気事業連合会、建設技術研究会、野口研究所、アジア協会、日本動力協会、日本電力調査会などから多数の委員の参加を得た」と述べるように、広範な構成で審議が行われたこと、特に政府から委員がこの民間機関に参加したことは重要である。

この委員会は、1955年3月から1958年9月にかけて4次にわたる電力設備近代化実施計画試案を発表、これは「松永構想」と呼ばれ、その中心を構成した「火主水従への転換」は、電力行政と九電力の電源投資政策をその方向に転換させることとなる。

『電力中央研究所二十五年史』は、「これらの計画は各電力会社に理解されて着々実施されることになり、その後の電気料金値上げを最小限に止め、電気事業の安定化に役立つこととなった」と自己評価している[209]。

1960年に、「火力の燃料は今のままでよいか―それは石炭、重油に限らない」との提言を公刊する。国際競争力の観点から火力燃料の選択を柔軟にするべしとの主張であり、石炭火力から重油専焼火力に転換を図った電力業界に対して、原油ないし重・原油混合燃料の使用を勧めるものであった。これは、石炭保護政策の故に重油価格を人為的に高いものとしている政策に対抗しようとするものでもあった。

1957年に至って、東北・北陸電力の料金値上げが、電気事業の再再編成の議論を巻き起こすことになる。九分割システムが各社を「自給自足的」経営体にし、「凧揚げ地帯方式」による区域外の電源保有がそれを強めているという批判が背景にあったと「電力百年史」[210]は解説している。松永も、「9電力体制」の再編の必要性は認めていて、上記第3次電力設備近代化計画（1957年3月27日）では、各社間の電力融通の必要性を論じ「本州東部における50サイクル系の東北、東京の2社を東地域、中央部における中部、北陸、関西の3社を中地域、中国、四国、九州の3社を西地域として、各地域内は勿論各地域間を強力な送電幹

---

207) のちに「電気事業近代化計画委員会」と改称した。
208) 「電力中央研究所25年史編纂委員会」編纂、1958年7月10日発行
209) 「電力中央研究所二十五年史」p.165
210) 政経社刊（1980年）

第2章　松永安左エ門が築いた「9電力体制」

線で連絡し、発送電系統を系列化して電力の融通を強化すると同時に送電損失電力の軽減を図る必要がある」と提言している。

政府系委員の「パワープール」案と、電気事業連合会代表からの「広域運営」案が対比議論されたが、審議の結果「9電力体制」のもとでの広域運営が1958年4月1日から実施されることになる。実行機関として、中央電力協議会と4つの地域協議会が設置される。中央電力協議会は、広域運用の一部として電力設備計画の策定も担い、1980年代に国の電力政策の基本政策となる電源の「ベストミックス」概念の形成に大きな役割を果たす。9電力体制の下日本の電源開発は急速に進む。9電力が所有する発電設備容量の年度別推移は図2.11[211]に示す通りであるが、松永の唱道した「火主水従」政策によって実際に火力が水力を上回るのは、1961年である。

図2.11　発電能力の推移

産業計画会議

松永は、「日本の産業経済の進歩拡大を図るため、エネルギー源の総合的見地より、国民経済全般の理想的な形態を把握し、産業の長期的見通しを樹て、これ

---

211) 資源エネルギー庁編「電気事業便覧2022年版」pp.68-69を基に筆者が作成

が理念を擁立する」ことを掲げて、1956年3月に「産業計画会議」を発足させ、その事務局を電力中央研究所内に置く。松永は、1964年に日本経済新聞に掲載された『私の履歴書』で次のようにその動機について語っている。

> この十年ほど、私は、日本国家の新しい環境をつくり出すことに熱中している。"青年に希望を持たせる"には、希望が持てるように、日本の将来を考えることが必要で、設計図がなくてはならない。そう思って"国づくり"という課題を自分に与えて、取り組んでいる。私が、ちょうど八十だったから、もう十年になる。戦後の欧米をみるため八十日ほど旅行した。

次いで各国要人との会談に触れ、米国のフーバー元大統領、マーシャル元帥、ドイツのシャハト蔵相の名前とともに、歴史学者アーノルド・トインビー博士の名前を特に挙げる。その翌年にインドネシアで資源の調査をしたあと、スカルノ大統領との会見を行ったことを次のように言及している。

> この旅行によっても、日本に対する期待を知り、ますますこの感を深くした。そこで、財界の有力者連に話しかけて、成立したのが"産業計画会議"である。民間の各界から、造詣の深い人たちに集まってもらい、自由な創意とくふうにもとづいて、将来の経済計画を立てようと思った。

この産業計画会議には、各界のトップリーダーが集まり、1965年頃には常任委員31名、委員121名を数えた。1956年頃には月に1～2回、場合によっては毎週常任委員会を開くようになり、1960年頃からは1971年末までほとんど毎週会合が続けられたと「電力中央研究所25年史」[212]は伝えている。

産業計画会議の活動成果のなかでも、最も注目を集めたのは下記の一覧に示す16次にわたる「レコメンデーション」(勧告)と、1966年に別途公刊した「15年後の日本の農業－高生産性農業の形成」という農業改革提言であった。産業会議が存続した約15年間に、エネルギー政策、交通インフラ政策、国営企業民営化、

---

212) 電力中央研究所25年史 pp.337-339

国土開発、企業会計改革を含む幅広い、きわめて現実的な提言が行われ、発表した印刷物は615点に上る。

そして「電力中央研究所25年史」は、その多くが実際の政府政策に取り込まれ実現したことについて、「産業計画会議の勧告が国の政策に反映したものも多々あることは、当所の諸組織のうちで特異な存在であったといえる」と述べている。

勧告	発表年	レコメンデーション
第1次	1956	日本経済立て直しのための勧告（①エネルギー源の転換、②脱税無き税制、③道路体系の整備）
第2次	1957	北海道の開発はどうあるべきか
第3次	1958	高速自動車道路についての勧告
第4次	1958	国鉄は根本的整備が必要である
第5次	1958	水問題の危機は迫っている
第6次	1958	誤れるエネルギー政策
第7次	1959	東京湾2億坪埋立についての勧告
第8次	1959	東京の水は利根川から－沼田ダムの建設
第9次	1959	減価償却制度はいかに改善すべきか―経済成長と減価償却制度
第10次	1960	専売制度の廃止を勧告する―専売公社の民営、分割は議論の時代ではない
第11次	1960	海運を全滅から救え―海運政策の提案
第12次	1961	東京湾に横断堤を
第13次	1964	産業計画会議の提案する新東京国際空港
第14次	1965	原子力政策に提言
第15次	1967	『危険な東京湾』―東京湾海上安全に関する勧告
第16次	1968	国鉄は日本輸送公社に脱皮せよ

これら16次にわたるレコメンデーションの題目を一覧するだけで、その内容と発想の豊富さを彷彿とさせるが、ここでは第14次の「原子力政策に提言」[213]を取り上げてみる。

この1965年6月1日に発行された原子力導入に関するレコメンデーションは、本体部分だけで、98頁に達する大部なものとなった。その冒頭で「原子力は単

---

213) 電力中央研究所ホームページ参照（https://criepi.denken.or.jp/intro/founding_recomlist.html）（最終参照日：2025年1月11日）

なる科学技術の問題ではなく、(このように)将来のエネルギー問題としての経済政策の中心であり」と述べ、「原子力委員会としては、一日も早く、具体的な原子力政策の策定と実施が必要」であるとしている。

論述は、松永の「原子力導入に賛成、しかし経済性の確認をまずすべき」との持論に従い、経済性分析から始まっている。1965年は、1963年の動力試験炉JPDRの導入と、1966年の日本原子力発電による東海村へのガス炉(GCR)の導入の時期に挟まれた、いわば実用化時代の入り口的な時期であったといえる。

松永は、「電力設備近代化調査」、「産業計画会議」に続く3つ目の挑戦を行う。1956年11月に設置した「海外部会」を通した海外資源開発輸入の促進であった。その視線は主にインドネシアに向けられ、松永はインドネシアとタイを訪問し両国政府要人との会見を果たす。その際得られた知見と交遊により、その後の資源開発・発電計画の基礎が固まる。インドネシアのアサハン川流域経済開発と電源開発はその大きな成果の一つであった。

彼が、1957年狛江に電力中央研究所本館が竣工した際に、全職員に次のような所感を送っている。

　　電力中央研究所に付き、僭越を顧みず、一筆す。予が二十余年前、東邦産業研究所[214]の所長となりし時、産業研究は、知徳の錬磨であり、もって社会に貢献するべきであることを悟った。但し科学の進歩は累積と推理に由り、無限の発展を遂げる性質のものであり、十八・九世紀に入り、はるかに人類は其面に躍動して蒸気利用の発明、電気の発明、化学の発明、又は是等の応用に革新的進歩を成した。近くは原子力、水素の融合反応等、或いは人工衛星に至るまで、科学的進歩は無限に続くのである。

　　しかし利己的な人間性は、社会的には、なお四千年前の哲人と比し、何らの進境を示していない。

　　是は人間の悲劇である。諸氏能(よ)く之(これ)を知り内面的な人間性の錬磨を科学の研究と共に続けられん事を祈るものである。

　　一九五七年一〇月二二日　喜多見に於いて

---

214) 東邦電力内部に1936年に設置された技術開発研究所。

第 2 章　松永安左エ門が築いた「9 電力体制」

トインビーとの出会い

　松永は、1971 年（昭和 46 年）6 月 16 日未明入院中の慶応病院において逝去する。95 年 6 ヶ月の一生であった。小島直記による伝記「松永安左エ門の生涯」[215]は、「この巨人を倒したのは、アスペルキルス病－身体の内部にカビができるという奇病の一種であった。政府では叙勲の方針であったが、遺族は故人の遺志を尊重し、賀屋興宣を通じ、辞退の意志を伝えた。そして翌十七日、小田原で荼毘に付された後、野火止の平林寺、愛妻の眠る墓地に納骨された。遺志により葬儀一切執り行われず、また法号もなかった」と最後を結んでいる。

図 2.12　松永安左エ門
出典：国立国会図書館「近代日本人の肖像」（https://www.ndl.go.jp/portrait/）

　この年松永は、その逝去の直前の短い期間に二つの重要な会合を行っている。
　一つは、3 月に行われた、APDA 会長を務めるデトロイトエジソン社会長ウォーカー・シスラー[216]とのフェルミ炉計画についての面談である。フェルミ炉とは当時日米両国で共同研究していた高速増殖炉であり、APDA はその開発のためのエンジニアリングを担当していた組織である。電力中央研究所は、9 電力社長会の意向を受けて日本側中核メンバーとして参画し、日本フェルミ炉委員会を主幹していた。
　松永は、1966 年 5 月にもシスラー会長が、高速増殖炉の共同研究呼びかけの為に、エジソン電気協会を代表して来日した際に面談している。この時、松永から電力中央研究所の説明を聞いたシスラー氏は、ニューヨーク大停電（1965 年）の後米国電力界が研究組織の設立を模索していた時期であったので、松永から電気事業界の研究組織の在り方について重要な示唆を得たと「電力中央研究所 25 年史」は記録している。このあと米国では民営電力会社が、国営研究組織推進派を排して当時 UCLA の工学部長を務めていたチョンシー・スター氏[217]を理事長として、1972 年に米国電力研究所（EPRI）を設立する。

---

215)「小島直記伝記文学全集第七巻」（中央公論社、1987 年）所載
216) Walker Lee Cisler (1897-1994)
217) Dr. Chauncy Starr (1912-2007)

2.3 「電力の鬼」松永安左エ門

　今一つの会合は、4月に行われたアーノルド・トインビーの大著"A Story of History"の翻訳書である『歴史の研究』を刊行中の関係者との打ち合わせである。この本の原著は、1934年から刊行が開始され1954年に完結したもので全10巻の構成であった。松永は、この原著を終戦後の1946年鎌倉正伝院で鈴木大拙から紹介される。1952年76歳の時に完訳を決心し、1954年にロンドンでトインビーと会見した際に同氏から直接版権を得たものだという[218]。その翻訳本である『歴史の研究』第1巻は1966年に刊行され、松永安左エ門が逝去した1971年の時点では、全25巻のうち23巻が刊行されていた。遺志を継いだ刊行会会長木川田一隆[219]らによって残り2巻の発刊により完成を見るのは翌年1972年8月である。

　産業計画会議は、松永委員長が死去した後、三井銀行会長の佐藤喜一郎氏が座長として引き継ぐ。1971年12月に廃止が決議された後、佐藤喜一郎氏などの有志が「産業計画懇談会」を結成し松永の遺志を受け継ぐ。平岩外四氏[220]（当時東京電力会長）は小島直記伝記文学全集第7巻発刊にあたり「時代精神の躍動を見る」との小文を贈り松永の偉業を次の数行に凝縮して称えている。

　　その後半生は、明治、大正、昭和の三代にわたり、波乱に満ちた電気事業発展史を舞台に展開された。まさに壮大なドラマである。今日の9電力体制は、翁が自作自演で築き上げた傑作中の傑作なのだ。翁の強烈な個性、凄まじい気迫と闘志、それに、洞察力に富んだ雄大な構想、巧みな根回しが無ければ、完成できなかったといえよう。世の人びとは、戦後、荒廃した電気事業の再建に打ち込む翁の姿を見て"電力の鬼"と、呼ぶようになった[221]。

　そして、松永が、「電力の鬼」とまで呼ばれながら心血を注ぎ、全身全霊で築き上げた「9電力体制」は1951年から日本の高度経済成長を支え続け、そのベースとなった公益電気事業の「松永モデル」は1995年まで維持された。

---

218) 小島直記「松永安左エ門の生涯」pp.408-409（小島直記伝記文学全集第7巻）
219) 1899年生まれ、1977年没。東京電力社長、経済同友会代表幹事を歴任。松永安左エ門の薫陶を受け、産業計画会議の中心的メンバー。
220) 平岩外四(1914-2007)東京電力社長・会長を含め多数の要職を歴任。
221) 小島直記伝記文学全集　月報第7巻(1987年4月)中央公論社

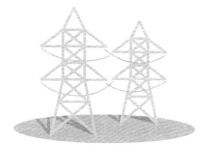

第3章　電力自由化：インサル＝松永モデルの解体

3.1 「インサルモデル」の解体

レーガンとサッチャー

　まず電力規制撤廃の背景にある経済思想の潮流変化について触れておこう。1970年代から80年代にかけて、市場原理、規制緩和、および選択の自由という言葉で代表される新自由主義（ネオリベラリズム）思想が急速に広まる。「新自由主義経済学」の源流は、シカゴ大学を拠点とする経済学者たちに求めることができる。なかでもノーベル経済学賞を受賞したフリードリヒ・A・ハイエクとミルトン・フリードマンの二人は、1970年代を通じて欧米の政治経済に非常に大きな影響を与える。ハイエクは、マーガレット・サッチャー英国首相の国営企業民営化政策の助言者であり、ミルトン・フリードマンはロナルド・レーガン米国大統領の規制緩和政策の助言者となった。

　1980年代には、新自由主義者の先導で航空・通信・金融・証券・鉄道業界の規制撤廃が進められる。1990年代に至り電力業界にその流れが及び始める。

　英国が電気事業の民営化で世界の先鞭をつける。1990年に電力自由化の一環として、国有電気事業者の分割・民営化が実施され、発送電を垂直統合していた送配電の政府企業CEGB（Central Electricity Generating Board）は、発電会社3社（PowerGen・National Power・Nuclear Electric）と、送電会社1社（National Grid Company）に分割されたうえで民営化される。また最終需要家に独占供給を行っていた12の国有地域別配電組織は、それぞれの地域の民営配電会社となる。

　米国電力業界にも大きな変化が起こる。シャロン・ビーダー[222]は、その著書"POWER PLAY"[223]の中でこの間の経緯を、

　　1970年代、原子力発電所の建設費用の高騰・高金利・オイルショックに

---

222) Sharon Beder (1956-)：オーストラリア人著作家、Wollongong大学教授
223) "POWER PLAY: The Fight to Control the World's Electricity (2003) pp.86-87

よって電気料金が高騰する。電力業界では、料金高騰に対する不満に乗じて、新たな儲けの機会や電気料金の切り下げを画策する利害関係者が跳梁する。ワシントンはじめ各地に浸透していた『ネオコン』[224]シンクタンクが彼らの為に宣伝文句を用意する。これらのシンクタンクは、1970年代に環境運動や消費者運動に反発する保守主義者が設立したもので、電力のみならず全産業分野にわたって、政府の介入や規制の廃止を求めて全力を挙げる。1980年代を通して、航空・天然ガス・石油・金融サービス・通信・鉄道・貨物輸送などの分野で行われた一連の規制撤廃措置が、1990年代に行われる電気事業の規制撤廃につながる。この変化により2,000億ドルと算定される米国最大規模の産業である電力業界はその公益保護の仕組みを失い、電気料金は大きく変動し、金儲けの場と化す。電気事業における規制撤廃を強く推進したのは、電力の需要家である産業界の経営者である。特に電力多消費企業経営者は、電力会社同士に競わせて、結果として料金引き下げが実現することを望んだ。電力分野への新規進出を望む企業は、地域電力会社による独占を廃して新たな利益の機会が生まれることを望んだ。

と解説している。

IPPの出現

　米国の電力黄金時代の陰りを象徴するのは、1965年にニューヨークを中心とした北東部数州を襲った大停電である。さらに70年代に入って起こった世界的な石油危機が電気事業のあり方を大きく変えるきっかけとなる。

　電力黄金時代への第一撃となったニューヨーク大停電は、ニューヨークから数百kmも離れたカナダのオンタリオ州ナイアガラ発電所で発生した事故がニューヨーク市を含む北東部全域に停電を引き起こすという大規模なものとなった。

　しかし、真の危機の時代は、1973年の全世界を巻き込んだ石油ショックに始

---

224) Neoconservatism: 新保守主義。新自由主義とそれに立脚して規制撤廃の声を理論付け、議会工作のロビー活動、マスコミ対策に従事した財団・シンクタンクには、ヘリテージ財団、ブルッキングス研究所などが含まれている。

まる。当時のカーター政権は、OPEC[225]などの中東石油生産国へのエネルギー依存を抑制するために、省エネルギーと自然エネルギーの活用を促進するエネルギー政策を取る。まず行政府の再編を行い、その結果エネルギー省（DOE）と連邦エネルギー規制委員会（FERC）が1977年に新設される。1978年には、省エネルギーと自然エネルギーの活用を促進するための公益事業規制政策法（通称PURPA[226]、パーパと呼ばれる）が制定される。

このPURPAが、それまで電力会社に認められてきた「自然独占」に最初の風穴を開けることになる。適格発電事業者として認定を受けた小水力発電・風力発電・工場自家発電施設の所有者が、地域電力会社に売電したいとの意思表示をすれば、電力会社には回避可能費用で買電する義務が生じるという立法である[227]。

発電分野でこうして新規参入の道が開かれた供給者は、独立発電事業者（IPP：Independent Power Producer）と呼ばれる。コンバインドサイクルという新たな発電技術が、IPPの事業拡大を支える技術革新となる。

コンバインドサイクルとは、ガスタービンと蒸気タービンを結合したという意味である。まず、ガスタービンで発電機を回す仕事をした後のガスに残留する熱をボイラーで回収する。次にボイラーで発生する蒸気を、蒸気タービンに送り発電機を回す動力として活用するという原理である。排熱を回収するので、熱効率が飛躍的に高まる発電形式である。（最新のJERA五井火力発電所1号機では発電端低位発熱量基準で約64％）

IPPが、その高効率性と短工期の経済性に着目し、積極的にコンバインドサイクルを採用した。コンバインドサイクルは1980年代以降の電気事業のあり方を変える極めて重要な技術革新となった[228]。こうした、非規制部門での独立発電事業者IPPとして発電市場に参入した企業として、エンロン、ダイナジー、AES、

---

225) OPEC (Organization of the Petroleum Exporting Countries)
226) Public Utility Regulatory Policy Act of 1978
227) 回避可能コストとは、特定の事業活動や生産プロセスを停止することや、特定の決定をしないことによって発生を避けることができる費用のことを指す。電力会社がある時点で、発電コストが最大の発電ユニットの運転を取りやめることによって回避できた費用のこと。
228) 1986年運開の東京電力富津1号系列は、世界初の大容量コンバインドサイクル（出力100万kW）であった。

ミラントエナジーなど多数の名前を挙げることができる。

電力自由化の原点

　電力自由化の理論的裏付けを行ったのはマサチューセッツ工科大学（MIT）のポール・L・ジョスコウ（Paul L. Joskow）教授である。彼は、1983年に刊行したリチャード・シュマレンシー（Richard Schmalensee）との共著"Markets for Power: An Analysis of Electric Utility Deregulation"のなかで、自由化によって市場の効率性が向上し電力価格が低下する可能性があると主張する。この主張は、航空・天然ガス・石油・金融サービス・通信・鉄道・貨物輸送の分野で先行した規制緩和を電力の分野に拡大するための強力な理論的裏付けを提供した。さらに彼らは、この共著の中で規制緩和がもたらす利点とともに、規制緩和のもたらすリスクも指摘し、自由化には適切な規制が必要であると主張する。

　G.H.W.ブッシュ大統領の下で、ジョスコウ・シュレンマンシー理論に基づく1992年エネルギー政策法が成立し、米国電力自由化の起点となる。

　ジャック・カサッザ[229]が嘆くように、目の前の利益（"Profits Now"）を追い求める風潮が広まる。電気事業の「規制撤廃」を現実社会で後押ししたのは、企業合併・買収、発電資産の売買などが収益につながる銀行家・アドバイザー・弁護士・会計士・監査法人・コンサルタントである。電力会社経営陣の中にも、「長く静かで退屈であった」電気事業経営を脱し、高い個人報酬を期待する人々が出て来る。

　電力産業界の意識の高い指導者たちの一部には、こうした風潮を憂えて立ち上がる人々も出て来る。ジャック・カサッザを含む16名の人々が、規制撤廃を立法趣旨とする1992年エネルギー政策法案に対して警告の声をあげる。彼らは、G・H・W・ブッシュ大統領政権の性急な政策を憂慮し、上下院あてに次のような公開書簡を送る。

　　米国議会は、今後何世代にもわたって電力産業分野に重大な影響を及ぼす政策変更を、可決する方向に動いている。それは電力価格コストと供給信頼

---

[229] Jack Casazza (1924-2019) Public Service Electric & Gasの電力技術者・経営者。アメリカ教育協会AIE（American Institute of Education）会長。

3.1 「インサルモデル」の解体

度の双方に影響するにもかかわらず、起こりうる諸問題を精査せず十分な討論もなく、実施されようとしている。最も大きな問題は、電力システムが、天然ガスパイプラインや電話網とは技術的かつ経済的に決定的に違うことを理解することなく、採択されようとしていることである。議会は電気事業における競争を促進しようとしている。われわれもこの目的には賛同する。しかし、巨大な電気事業には、急激な政策変更を受け止める技術的かつ経済的に適切な土台はまだ整っていない。このような状態で政策変更に踏み切れば、国家の重要なインフラである電力システムに混乱が生じ、公益に重大な影響をもたらす。再考をしていただきたい。

この有識者による警告は無視され、1992年エネルギー政策法（EPA）は成立する。ゴードン・ウェイルは、その著書『ブラックアウト』の中で、この立法の意味について次のように述べる[230]。

> この法律はPUHCA[231]が1935年に引き起こしたものよりはるかに激越なビジネスモデルの変化を引き起こした。電気事業の様相を一変させたのである。卸売電力事業に対する規制を撤廃し、送電線の保有者でない第三者にアクセス権を許したのである。こうして競争は消費者のために低価格を実現するものだという自由競争の公理を電気事業の中に持ち込んだ。

本格的自由化

さらに1996年に至って、エネルギー省令888号（Order No. 888）が発せられ、地域電力会社の地域独占の特権を無効とし、発・送・配電を機能的に分離することを推奨し、系統電圧・周波数の適正化を含む種々のアンシラリーサービスを有償で提供することを義務化した。特に重要なことは、送電会社間でISO（Independent System Operator：独立系統運用者）を設置することを推奨したことである。ISOの設立は、独立した発電・送配電業者に公平な競争機会を与える

---

[230] Gordon L. Weil "BLACKOUT" How the Electric Industry Exploits America (2006) p.52
[231] PUHCA：1935年に制定された、「電気事業者は2層以上の所有構造を持つ持株会社の設立を禁じる」法律。本書第2章「持株会社設立の必然性と活用、そして陥穽」の項参照。

こと、送電線への自由なアクセスを担保すること、電力系統の安定的な運用を可能とすること、DOEの定める規制趣旨の徹底を図ることを目的としていた。

この省令の推奨に従って設立されたISOは、ISO-NE（ニュー・イングランド）、NYISO（ニューヨーク）、PJM Interconnection（ペンシルバニア・ニュージャージー・メリーランド連系）、CAISO（カリフォルニア）、MISO（中部各州）、SPP（南西部パワープール）、ERCOT（テキサス）、Southeast（南東部）、Northwest（北西部）、Southwest（南西部）の10者に達する。

図3.1　ISOとRTO[232]（FERCのHPより）

さらに1999年にエネルギー省令2000が発せられて、ISOの機能と権限が強化される。この省令は、ISOが広域系統計画策定責任を持つRTO（地域送電運用者）に転換することにより、広域運用の強化と市場機能の向上を目指すものである。現時点では10者のISOのうち、7つがRTOとして認定を受けている。

1992年エネルギー政策法（EPA）に始まる電力自由化後米国の電力会社には、どんな変化があったのであろうか。その典型例としてインサルが興したシカゴのコモンウェルス・エジソン社のたどった道を振り返ることにする。同社は、イン

232）Federal Electric Regulatory Commission: https://www.ferc.gov/power-sales-and-markets/rtos-and-isos（2024年11月23日確認）

サルの退場後もシカゴを中心としたイリノイ州最大の「インサルモデル」に基づく電力会社であった。同法の施行後に、同社は1994年に持株会社ユニコム社（Unicom Corporation）を設立して、その子会社となる。

一方、1996年に、Order 888の定めに従い、イリノイ州でも電力小売自由化が行われ、1997年に「需要家選択幅拡大と料金抑制に関する」州法が成立する。この法律により、同州の消費者は電力の購入先を自由に選択できることとなる。同時に需要家保護のための経過措置として、「まず電気料金を15%下げ、2001年からはさらに5%値下げし、その後10年間固定する」と小売料金が固定される。

こうした自由化の進展に対応するために、2000年に持株会社ユニコム社は、フィラデルフィアの電力会社PECOと合併して、新しい持株会社エクセロン社（Exelon）を発足させる。新生エクセロン社は、発送電分離を図る為、1999年に石炭火力発電資産をMidwest Generation社として分離し、2003年に原子力発電所資産をExelon Nuclear社に売却して分離する。コモンウェルス・エジソン社は、こうした複雑な持株会社化と資産分離プロセスを経て、現在持株会社エクセロン社の子会社として送配電・小売に特化するComEdとなっている。同社は現在シカゴを中心とした地区に400万口の需要家を顧客とし年間売上1.8兆円の規模を誇る。

カリフォルニア電力危機

2000年に入って電気事業界に深刻な問題が突然発生する。まず、2000年から2001年にかけてカリフォルニア州で起こった電力危機である。カリフォルニア州では1998年4月から小売りが全面自由化されていたが、2000年春から輪番停電を実施しなければならぬほど需給状況が逼迫する。その結果卸売市場の取引価格が高騰するが、小売料金はカリフォルニア州では、消費者保護のため上限設定されていたので、電力会社はこの間に挟まって、とてつもなく高騰した卸売市場価格で買って、小売価格の上限規制料金で売らなければならないという状況に陥る。

サンフランシスコに本社を置く名門電力会社PG&E社が、この逆ザヤに耐えられず2001年4月6日に連邦破産法第11条[233]の適用を申請し破産する。PG&

---

233) 再建型の企業倒産処理を規定した米連邦破産法の第11条で、日本の民事再生法が相当する。旧経営陣が引き続き経営しながら負債の削減などを通して企業再建を行うことができる。

Eの510万人の加入者の保護のため、カリフォルニア州政府が介入してPG＆Eの事業を継承し電力供給は維持される。2001年4月7日付けのニューヨーク・タイムズは、「PG&E社の逆ザヤによる損失は9,000億円の巨額になる迄累積していた。そこに至るまで州政府も公益事業委員会も打開策を取らなかった」と批判している。

電力自由化の旗手ポール・ジョスコウMIT 教授は、カリフォルニア電力危機を次の5つの原因に整理している[234]。

まず、①電気の性質を理解しないまま行った卸売市場設計の不備、②卸売市場と小売市場間が遮断状態にあったこと、③供給者の市場支配力の緩和策不足、④新規電源投資不足を挙げる。そして⑤電力自由化後も制度設計の調整が継続的に行われるべきであったのに、それを怠った連邦政府と州政府の責任を問うている。これらの5点は、現在日本で進められている「電力システム改革」の検証にも有益な教訓である。

エンロンの世界最大の倒産

2001年に、ヒューストンに本社を置くエンロン社が突然倒産し、その不正電力取引の実態が暴露される。カリフォルニア州で起きた電力危機は、エンロン社の不正取引の誘因でもあり結果でもあった。

破綻の日まで「優良総合エネルギー企業」として名を馳せていたエンロンの崩壊は、2001年10月17日にウォール・ストリート・ジャーナル紙がその財務報告書に疑義があることを報じたことが引き金となる。

フォーチュン誌はエンロン社を5年連続で「全米で最も革新的な企業」に、フィナンシャル・タイムズ紙は、2000年に「年間最優秀エネルギー企業」に、ビジネス・ウィーク誌はその総帥ケネス・レイを「2000年のトップ経営者25人」の一人に選ぶほどにマスコミは会社経営を絶賛していた。

エンロン社が、不正取引で巨利を上げ得た裏には、「電力のコモディティ化」がある。取引市場では、電力の物理的特性を無視し、原油・ガス・鉄鋼・金融商品・天候デリバティブ・温暖化ガス排出権などと同列の商品として扱うように

---

[234] "California Electricity Crisis" by Paul Joskow (National Bureau of Economic Research, Working Paper 8442 August, 2001)

なった。電力は「トレーディング・ルーム」のスクリーン上で、時々刻々「値決め」されていく商品として「ヘッジ」され、「投機される」対象となった。「同じ玉(ぎょく)」をトレーダー間で繰り返し、やり取りして架空利益を創出する古典的手法も電子取引が容易にする。

連邦政府と州政府の管轄権が異なることから州内取引と州間取引では扱いが異なることが悪用される。カリフォルニア州で、小売価格と卸売価格に上限を設定したことをトレーダーたちが逆用し不正利得を得る。

また彼らは、人為的に送電線の混雑をつくり出し故意の供給力抑制によって電力価格操作を行う。供給側でも、故意に発電設備や送電設備を休止させて需給のひっ迫状況を人為的に悪化させることが日常茶飯の所業となる[235]。

停電は、2000年に13回、2001年に31回発生する。卸売市場での電力価格が暴騰する。カリフォルニア州では、地域電力会社には小売価格の上限が設定されていたため、逆ザヤが発生し、電力会社の赤字が累積する。2001年初頭に電力取引所CALPXが破産する。4月にはPG&E社が破産する。Southern California Edison（SCE）社もほぼ破産の状態まで追い詰められる。この緊急事態に州政府は、「最終供給保証者」となって小売供給を行う。消費者は保護されるが、州政府は逆ザヤの損失を引き受けることになる。州政府の被った損失は数百億ドルに達し、清算のために納税者の税金が使用される。

エンロン社は、2000年の12月2日に簿外債務を入れると400億ドルと言われる当時の世界最大規模の倒産に至る。

この倒産は、経済界のみならず政界も揺るがす。エンロン社本体に計上すべき資産・負債や利益・損失を網の目のようなSPC（特別目的会社）群の中に埋没することによる会計操作が行われていた。架空利益計上・損失隠匿・株価操作を行いながら、経営陣は巨額の不正報酬を自在に引き出す。アーサー・アンダーセンが会計監法人であったが、顧問法律事務所とともに数々の違法プロジェクトや粉飾決算に加担していた。

カリフォルニア州の電力危機を人為的に作り出し、巨額の利益を得たのは、エ

---

[235] 日本の「電力システム改革」下で電力・ガス取引監視等委員会が卸電力市場における相場操縦の取り締まりを行っている。2024年11月にJERAが相場操縦にあたる事案で業務改善勧告処分を受けている。

ンロン社にとどまらない。リライアント、デューク、ダイナジー、サザンカンパニー、ミラントエナジーなどが不正を認める。この様にして、米国の電力自由化と、IT革命が原因となった極めて大胆かつ巧妙ではあるが、極めて古典的な企業詐欺が暴露される。

　まさにその時日本では、エンロンは米国政府の対日通商交渉を背後で巧みに使い、電力市場の規制撤廃と対外開放を迫っていた[236]。しかしエンロン本社の瓦解とともにその圧力は自然消滅する。エンロン事件とカリフォルニア州電力危機は、日米双方で「自由化」のプロセスの後退を引き起こす。

図3.2　エンロン社の倫理規定（FBIのHPより）

ポスト・エンロン

　エンロンの倒産は、電力業界全体に重苦しい歴史の痕跡を残すこととなる。

　もともと自由化に消極的であった北西部・南東部各州で、電力自由化へのはずみが急速に失われる。この事情について、ポール・ジョスコウMIT教授は、2008年の論文「電力市場自由化から学ぶべき教訓」[237]で次のように述べている。

　　米国では連邦レベルで、強制的かつ包括的に電気事業再編と競争導入を規

---

236) 2001年5月16日に、エンロン・ジャパンは「日本電力市場の改革への提案」を発表するなど、ブッシュ政権との深い関係を活用して日本政府に電力市場開放の圧力をかけた。
237) Paul L. Joskow: "Lessons Learned from Electricity Market Liberalization" (The Energy Journal pp.9-42 published by International Association for Energy Economics in 2008)

定する法律を制定することはなかった。最も重要な改革の決定は、州政府に委ねられてきたのである。その結果各州は、卸売市場を限定的に自由化したにとどまり、根本的な電気事業セクターの再編を行うことはなかったのである。いくつかの包括的な改革を2001年以前に導入した州においては、政治家が規制州に戻せと要求している。

　上記のジョスコウ教授の解説を、具体的な州レベルに展開すると次のようになる。
　2023年現在では小売市場が全面的に自由化されているのは、12州（ペンシルベニア、ロードアイランド、オハイオ、ニューヨーク、オレゴン、イリノイ、コネチカット、メリーランド、マサチューセッツ、ミネソタ、デラウェア、ニュージャージー）とワシントン特別区に限られている。部分的に自由化した6州は、カリフォルニア、テキサス、バージニア、メイン、ミシガン、ニューハンプシャーである。また、アーカンソーとアリゾナ両州はいったん自由化したが、その後それぞれ2003年と2004年に規制州に戻している。
　すなわち、現在の米国では、州ごとに小売自由化の状況は異り、地域独占・送配電垂直統合型、即ち「インサルモデル」が温存されている州も多い。しかし、これらの州でも、連邦法Order 888の規制下にある送電部門ではオープンアクセスが義務化されているので、「会計分離」という形での送電線の開放と送電部門の中立化が行われている。
　自由化州では、ほぼすべてISOが形成されている。テキサス州では、発電と送電部分を同一グループ内で子会社化して「法的分離」している。ニューヨーク州では、発電部門か送電部門のいずれかを第三者に売却して「所有権分離」している（わが国は、テキサス州と同じく「法的分離」を「電力システム改革」の下で2020年に実施している）。
　自由化州では、小売選択プログラムがあり、最終消費者が電力供給者を選択できる。小売会社は通常第三者の仲介会社を通じて卸売市場からの電力を購入し顧客に供給する。小売業者は、RTOまたはISOが運営する卸売市場から電力を購入する。大口産業用、業務用の電力は代替供給者とも呼ばれる小売業者から購入されるが、一般住宅用需要は主に従来の地域電力会社から供給されている。州に

161

よっては、需要家は地域電力会社を選好する傾向が強く、このため自由化州のうち7州では住宅顧客の代替供給者へのスイッチングは20%未満にとどまる。(日本全体でも、2024年時点でスイッチング率は20%弱)

テキサス州を除くすべての小売自由化州では、代替供給者からの購入は住宅需要の半分未満にしか達していない。テキサス州は例外で、すべての小売需要家は代替供給者から購入しなければならない規則となっている。「スイッチング率」が高い州の中には、地方自治体がアグレゲーター[238]となり、市民のために電力を購入し、市民がそのアグレゲーションに参加するかしないかを選択できる仕組みを提供しているオハイオ州のような例がある。同州では47%の小売需要家が代替供給者から供給を受け、そのうち約2/3はアグレゲーターを通じて参加している。アグレゲーターはRTO運営の卸売市場のみではなく、再生可能エネルギー供給者など特定のリソースのために顧客に代わって長期購入を手配できる。このようなアグレゲーションは、環境保護意識の高い消費者にとってカリフォルニア州などで小売選択プログラムへの参加の理由となっている。

小売自由化が行われた1997年以来の、規制州と自由化州における電気料金の推移を見ると[239]、図3.3に示す如く1998年と1999年には自由化州での料金が低下したが、この低下は一時的であり、2000年から2005年にかけて、自由化州と規制州両方の料金は上昇する。

2005年から2006年にかけて料金上限が解除された自由化州では、天然ガス価格の上昇を反映して劇的に上昇する。

天然ガス価格の下落により自由化州の電気料金は2008年から2012年にかけて下落するが、2012年以降は再び上昇する。

自由化州ではこのように燃料価格上昇がそのまま電気料金に跳ね返る。自由化州では、もともと相対的に電気料金が高かったため、競争により料金が下がることが期待されていたのであるが、1997年には、自由化州の加重平均料金は、規

---

238) アグレゲーター(aggregator)：需要家が持つエネルギーリソースをたばね、需要家と電力会社の間に立って、電力の需要と供給のバランスコントロールや、各需要家のエネルギーリソースの最大限の活用に取り組む事業者。「特定卸供給事業者」とも呼ばれる。

239) American Public Power Association: "Retail Electric Rates in Deregulated and regulated States: 2021 Update" page 4 (Source: Energy Information Administration, Forms EIA-861 and EIA-861M)

図3.3　自由化州と規制州の平均料金推移

制州の料金よりもkWhあたり2.3セント高かったが、期待に反して2020年にはその差は2.8セントに拡大し、元々約束されていた大幅な料金の引き下げは実現することはなかった。

　自由化州での電気料金が、規制州の電気料金より常に高く、電力料金の値下げは実現しなかったというのは、電力規制緩和や、自由化政策を語る時に最も重要な「事実」である。電力システムを規制緩和すれば、競争によって電気料金が下がるという新自由主義者の主張は、「見果てぬ夢」であることが実証された。これは、そのまま日本にも当てはまるいわば公理である。

3.2　松永モデル「9電力体制」の解体

　米国に起こったことは、時間差を置いて必ず日本で起こるといわれるが、電力自由化についても同様である。2013年迄、政府・業界・学会・メディアはこぞって、「九電力体制の解体」すなわち「松永モデルの解体」を、電力自由化と呼び慣らしていた。英国の1958年に設立された国営電力企業体CEGBは、1990年か

ら1991年にかけて分割民営化された。日本で国営企業の民営化は、1980年代に行われた旧国鉄、電電公社、専売公社等の三公社の民営化、その後実施された郵便事業などの五現業の分割民営化である。

　日本政府が電気事業で意図したのは、「インサル＝松永モデル」の民営企業体制の解体であった。すなわち、資本主義経済の中で株式会社が経営していた公益電気事業に賦与されていた地域独占制度を廃し、発送配電垂直統合を解体し、発電と小売分野に新規事業者の参入を許し、電力をコモディティ化して市場取引の対象とすることであった。

　これを自由化と呼んだが、国家管理や規制から電気事業を開放することが意図されたわけではない。大橋弘東京大学大学院経済学研究科教授が、電気学会誌2015年6月号[240]で、

　　電力の自由化で先行する先進国の経験から明らかなのは、通信や航空での自由化とは異なり、電力の自由化には新たな再規制を必要とする点である。この再規制のあり方には複数の均衡解が存在し得る。どの解を目指すかは各国の電力産業のたどってきた歴史的背景や、国民の許容度などに依存するものと思われる。

と解説している通りである。

　歴史的には、日本の電力自由化プロセスは、1993年に始まる。しかしその歩みは、これから述べるように第4次電力自由化までは極めて漸進的なものであり、当時官民ともに「日本型モデル」と称した。しかし、2011年に起こった福島第一原子力発電所事故を契機に経済産業省の自由化への政策推進の意欲は急上昇する。その際経済産業省は、「電力自由化」という用語を「電力システム改革」と呼び変える。そして小売りの全面的自由化と発電部門と送電部門の分離を実現させる。このプロセスは2013年に開始され、2020年に外形的に完了する。

---

[240] 電気学会誌　2015年6号　大橋弘「電力システム改革は何を実現するのか」pp.346-347

「選択の自由」

　1979年に刊行されたミルトン・フリードマン夫妻の『選択の自由』[241]は、政府の規制を諸悪の根源とする新自由主義の教義を唱道する有名な著作の一つである。1980年には翻訳が日本でも出版される[242]。その冒頭の「日本の読者へ」の一節に次のような夫妻のメッセージがある。

　　日本は過去において、西欧諸国が自由市場経済のおかげで収めた成功から、多くのことを学びとってきた。このこともわれわれは本書で述べている。今や日本は、産業を統制したり国有化したり、また国民のある人のポケットから資金を政府が取り上げて、他の人々のポケットへと移転させたりすることによって、自由市場を抑制したり制限したり統制経済と置き換えてしまうことになった西欧諸国の失敗から、多くのことを学ばなくてはならない。我々としては本書がそのため少しでも役立つようにと願うものだ。

　このミルトン・フリードマンの新自由主義の教義に導かれて、日本でも、1982年に政権についた中曽根康弘首相が、新自由主義政策の導入を開始する。中曾根康弘首相は、「行財政改革」のスローガンのもと、非効率と歪んだ労使慣行に経営が行き詰っていた三公社五現業の民営化を行う。1985年に電電公社と専売公社、1987年に国鉄が民営化される。

　その後1988年の「リクルート事件」、1992年の「東京佐川急便事件」などいわゆる「政治とカネ」の問題により、国民の信を失った自由民主党政権は1993年に衆議院選挙で惨敗する。長く日本を支配してきたいわゆる「55年体制」が崩壊し、細川護熙日本新党党首を首班とする非自民・非共産の連立政権が発足する。

　細川内閣は規制改革を推進するために、直ちに「経済改革研究会」を発足させる。この研究会には、経団連会長の平岩外四氏が座長に就任する。同氏は通称「平岩レポート」と言われる規制改革推進を趣旨とする報告を3ヶ月という短期間で完成させる。そして同年11月に中間報告「規制緩和について」と、続いて12月に最終報告「経済改革について」を答申する。平岩レポートの基調は、規

---

241) "FREE TO CHOOSE" by Milton & Rose Friedman (Avon Books)
242) 「選択の自由」[新装版] (2012) 日本経済新聞出版社。翻訳者は西山千明氏。

制撤廃であり、原則自由・例外規制であった。電力・エネルギー分野の規制については、中間報告の中で、例外規制の範疇に入れたうえで、「事業者の創意工夫を生かし、競争原理の導入と消費者利益のために分散型電源の活用など規制の弾力化を図る」と記述されている。個別の規制撤廃・緩和対象として、電気工作物の検査、燃料体の検査、電気用品の型式認可が挙げられているが、それ以上の具体性のある規制撤廃は提言されていない。この報告について、研究会メンバーであった中谷巖[243]氏と太田弘子[244]氏は、共著『経済改革のビジョン「平岩レポート」を超えて』[245]の中で、

> レポートを有利な方向に誘導すべく暗躍する官僚と、リーダーシップを発揮しようとする政治家と、この両者に対して抵抗を試みる委員との、見えざる闘いの総決算であったともいえる。

と総括している。規制撤廃に対して省益の喪失につながることを嫌う官僚の抵抗が強かったことをうかがわせる。平岩レポート提出後まもなく細川政権は退陣し、その扱いはあいまいな形で終わる。

「高コスト構造」対策

　時を同じくして、わが国の電気料金に関して、高コスト構造と内外価格格差拡大が政治課題化する。

　1993年8月に、総務庁が通商産業省(当時)に対して行政監察を行い、電力業界の規制緩和を勧告する。

　その監察結果をうける形で、12月に電気事業審議会需給部会電力基本問題検討小委員会が、「自由化に関する第2次中間報告」をまとめる。

　さらに、料金制度部会は、総括原価主義の見直しを答申する。

　まさにこれが政府の電力自由化の議論の原点となる。1994年に至って、通商

---

[243] 中谷巖(1942-)大阪大学名誉教授、多摩大学名誉学長。新自由主義経済学者であったが、のちに自己批判して、新自由主義から転向した。
[244] 太田弘子(1954-)現政策研究大学院大学長
[245] 中谷巖・太田宏子著　東洋経済新報社発行(1994年)

産業大臣が、「内外価格差の解消方策を検討する」ことを、電気事業審議会に諮問し、審議が開始される。電力自由化の出発点が、電気料金の「高コスト構造、内外価格格差拡大」是正にあったことは極めて重要な歴史的事実として記憶しておく必要がある。

この流れの中で1995年に行われた規制撤廃は、「第1次自由化」と呼ばれる。

まず、第一に、卸売電気事業の参入許可制度が撤廃され、競争入札による電源調達制度が創設される。この結果、独立系発電事業者(IPP：Independent Power Producer)の参入が可能となる。

第二に地域再開発プロジェクトなどに対して、自らの発送配電設備で電力供給を行う「特定電気事業」の参入が認められる。

第三に、料金制度に関して、ヤードスティック[246]規制の導入と燃料費調整制度の見直しが実施される。

この1995年に実施された「第1次自由化」の後、1997年1月に当時の佐藤信二通産相が、「発電部門と送電部門の分割が、日本の電力の高コスト構造是正に効果的かどうか研究すべきではないか」と発言したことが、きっかけとなり、自由化範囲の拡大を目的とした総合エネルギー調査会基本政策部会が1998年2月に始動する。

基本政策部会の結論として、発送電一貫の現体制を維持しながらも、小売部門の部分自由化が決定し、2000年3月から実施される。この部分自由化は、「第2次電力自由化」と呼ばれる。

その重要な点は、特別高圧契約(2,000 kW以上、20,000 V以上)の大口需要家に限って小売自由化を認めることと、地域電力会社の送電網を使って託送し、需要家に電力を小売りする特定規模電気事業者(PPS[247])の参入を認めることの2点であった。

---

246) ヤードスティック査定(比較査定)は、地域電気事業者に効率化努力を促すための制度。
247) PPSとは、「Power Producer and Supplier(特定規模電気事業者)」の略で、50kW以上の特定規模の需要者に対して電気を供給できる事業者を指す。2012年以降は「新電力」と呼ばれる。

第3章　電力自由化：インサル＝松永モデルの解体

対日市場開放圧力

　1980年代を通して日本に対して加えられた米国の通商・金融・為替面での圧力は90年になっても緩むことはなかった。1993年に開始された「日米包括経済協議」は、①マクロ政策、②日米協力分野（コモン・アジェンダ）、③セクター別・構造問題を取り上げ、多岐にわたる日本側の譲歩を引き出す。

　その一環として1997年から、「規制緩和及び競争政策に関する強化されたイニシアチブ」の枠内で4回にわたる会合がもたれる。

　2001年6月30日に電力市場開放に関して「日本政府は、電力市場における公正かつ効果的な競争の確保のための規制改革措置を実施しており、また今後とも引き続き実施していく」と合意[248]し、送電線への非差別的アクセス・競争的市場の創設などの措置を講じ、その進捗を米国政府に逐次報告することを約す。日米交渉は、産業、金融、保険、電気通信、エネルギーの各分野での交渉であったが、電力については米国の対日圧力とエンロン社の対日進出意図は符合する。

　エンロン社は、2000年1月に電力小売のための合弁会社「エンコム」を、オリックスの出資を得て日本国内に設立する。2000年5月には子会社「エンロン・ジャパン」を設立する。

　2000年12月には発電子会社「イーパワー」が青森県むつ小川原に200万kWのガス火力建設の計画を発表する。さらに2001年に、イーパワーが山口県宇部市に大型石炭火力建設のため用地を買収したと発表する。このようにエンロンの動きは急であった。

　これら一連の日本進出計画を推進しながらエンロン・ジャパンは、2001年5月16日に「日本電力市場の改革への提案」を発表する。その提案は明らかに日米通商交渉の場で話し合われた上記の合意内容が下敷きになっている。エンロンが、同社が本拠とするテキサス州出身のG.W.ブッシュ大統領（2001年1月就任）との深い関係を利用して日本政府に圧力をかけていたことは容易に推測できる。

　エンロン本社が、2001年12月に突然倒産する。米国では、エンロン倒産が引き金になって有力電力会社が倒産し、多数の有力電力会社がエンロンとともに電力不正取引に連座して懲罰を受け、自由化を検討していた州では中止する州が続

---

248) 外務省公式文書「規制緩和及び競争政策に関する日米間の強化されたイニシアチブ第四回共同現状報告」（2001年6月30日）

出する。

　エンロン社による電力市場の悪質な市場操作、内部不正経理の実態が明るみに出たことの影響は米国のみならず日本でも大きかった。エンロン・ジャパンが強引な手法で進めていた日本国内のいくつかの電源開発プロジェクトも雲散霧消する。日本が自由化のモデルとしてきた米国でのこうした動きは、2001年11月に開始された「第3次自由化」の論議に甚大な影を落とすことになった。

「日本型モデル」への収斂

　エンロン倒産と米国の対日通商攻勢の軟化を受けて、2002年12月に資源エネルギー調査会電気事業分科会は、「今後の望ましい電気事業制度の骨格について」と題する分科会報告を作成し、2003年2月に正式承認される。

　その骨子は発送電一貫体制の維持と、全面的小売自由化の先送りであり、経済産業省が「日本型モデル」と当時呼んだこの第3次自由化は次のようなものであった。

　まず、発送電一貫体制を維持することが決定し、10社の地域電力会社の垂直統合型の株式会社として存続が確認される。

　懸案であった小売りの全面自由化の検討は2007年迄先送りされ、部分的自由化を進めることが決定する。この結果500 kW以上の市場は2004年4月、50 kW以上の市場は2005年4月に自由化される。

　送配電部門においては、地域電力会社による独占的支配を防止するために二つの措置が取られる。一つは、情報の目的外利用の禁止・内部相互補助の禁止・差別的取扱いの禁止をするためいわゆる「行為規制」が立法化されたことである。

　今一つは、電力系統へのアクセス・系統計画・系統運用・情報開示に関する共通ルールを作成し、そのルールを地域電力会社が順守しているかの監視を行う中立機関の設置である。この目的のために中立性を担保された電力系統利用協議会（ESCJ）が2004年2月に設立される。（ESCJは2015年3月に廃止となる））

　なお、地域電力会社を跨いで託送供給する場合、経由する会社毎に託送料金が累積してしまういわゆる「パンケーキ問題」を回避するため、託送料金は需要家の位置する区域の接続料金のみとし、経由地の送電経費は電力会社間で精算されることとなった。競争促進を第一義とする経産省が、託送料金の正当な賦課を求める電力界の主張を押し切った。

一方、電力卸取引の市場化のため、日本卸電力取引所（JEPX）が2003年に設立される。同所は、2005年よりスポット市場（一日前）[249]、時間前（当日）市場[250]を主体とする取引を開始する。

　この時、多様な電力取引参加者が、電力系統の「同時同量」維持にどこまで義務を負うべきかという問題に対しては、「新規参入者側が、30分単位で3％以内の均衡を保つこと」と規定され、これ以上の不均衡に対しては、インバランス料金で精算されることが決められた。

　電力系統の「同時同量」とは、電力系統において発電量と消費量はどの瞬間でも等しくなければならないという物理法則である。このバランスが崩れて発電量が過剰になれば電力系統の周波数は上昇するし、発電量が不足すれば電力系統の周波数が低下する。この変動が一定限度を超えると電力系統は安定状態を保つことができず停電のリスクが発生する。第3次自由化の制度下では、発電事業者・小売事業者は系統運用者とともに市場制度を介して「計画時同時同量」を実現させる義務を負い、不履行の場合は金銭で補償する義務を負うこととなった。

　次の第4次自由化の検討が、2007年4月より開始される。

　この間自由化の政策意図に反して電力の卸売取引と小売販売はともに低水準にとどまる。2006年のスポット市場の1日の取引量は、小売販売電力量の0.2％、新規小売参入者（PPS）の販売電力量のシェアは1.5％に過ぎなかった。

　2007年7月に新潟県中越沖地震が発生し、東京電力柏崎刈羽原子力発電所の全ユニット7基が停止し、再開の目途が立たない状況となる。この事故により、安定供給の重要性が改めて浮き彫りとなり、地域間の電力融通のネックとなる連系線の容量不足も再認識される。

　この流れを受けて、2008年3月、電気事業分科会は、「現時点において、既自由化範囲での需要家選択肢が十分確保されているとは評価できず、小売自由化範囲を拡大するに当たっての前提条件が未だ整っていない」との見解を示し、5年後を目途として改めて検討を行うとする。こうして、「第4次自由化」は、制度の細部に変更を加えるにとどまり、送配電の垂直統合の維持を再確認した上で、

249）翌日受渡しの電気の受け渡しを30分単位で行う。
250）スポット市場締め切り後起こり得る需給ミスマッチの調整を行う市場。

小売の全面自由化検討は2013年迄先送りされる。

一方、日本の政治情勢に重要な変化が起る。2009年7月に麻生太郎首相が、衆議院を解散・総選挙を行った結果民主党が大勝する。鳩山由紀夫氏が首相に就任し、3代にわたる民主党政権が始まる。東日本大震災・福島第一原子力発電所事故発生時の菅直人首相の民主党政権から、2011年8月に政権を継いだ野田佳彦政権のもとで、「第5次自由化」は、「電力システム改革」路線へと大転換が図られる。

> **column**
>
> ## 2002年「エネルギー政策基本法」
>
> 「第3次電力自由化」の検討が進行中に、加納時男参議院議員(元東京電力副社長)等の議員立法による「エネルギー政策基本法」が2002年6月に成立する。同法は、国はエネルギーの需給に関する施策を総合的に策定し、実施する責務を有すると定め、長期的、総合的かつ計画的な推進を図るため「エネルギー基本計画」を定めることを国に義務付ける。3E政策の三本柱として挙げられた、
>
> ① 第二条　安定供給(Energy Security)、
> ② 第三条　環境への適合(Environment)、
> ③ 第四条　市場原理の活用(Economic Efficiency)
>
> のうち、③の市場原理活用は、①と②の政策目的を十分考慮して行うべき旨が次のように法文に明記された。
>
> 「エネルギー市場の自由化等のエネルギーの需給に関する経済構造改革については、前二条の政策目的を十分考慮しつつ、事業者の自主性及び創造性が十分に発揮され、エネルギー需要者の利益が十分に確保されることを旨として、規制緩和等の施策が推進されなければならない。」
>
> 提案者の一人である甘利明衆議院議員は国会での答弁で、「3本の柱の関係は正三角形というより二等辺三角形である」と表現して、「それぞれ重要な課題であるが、ギリギリの状態では、安定供給、環境問題が優先する」と説明した。
>
> この基本法によって、「エネルギー基本計画」は、2003年に第一次計画が発表されて以来、ほぼ3年毎に改正されてきた。2025年1月現在、「第7次エネルギー基本計画」の策定中である。

「電力システム改革」への激変

2011年3月11日午後2時46分に福島県沖で巨大地震が発生し、東北から関東にかけての太平洋岸が大津波に襲われる。この大地震と大津波が引き起こした甚大な被害、特に東京電力福島第一原子力発電所での原子炉の炉心メルトダウンを含む事故とその結果生じた周辺地域の放射能汚染は、その後の日本社会全体に大きな影響を与える。

事故後、全国の原子力発電所は、定期検査に入るものから順次停止し、全基停止に至る。その結果、電力供給は不安定に陥り電気料金は上昇する。

一方、「第5次自由化」の作業が再開され、その第一歩として、経済産業省は、2011年12月に「経済産業省電力システム改革に関するタスクフォース」[251]に論点整理をさせる。このタスクフォースは、従来経済産業省が進めてきた「日本型モデル」を次のように「自由化や競争は極めて不十分」と強く批判する。

> 我が国の電力供給システムは、『部分自由化』と呼ばれる日本型の漸進的な自由化市場を構築してきた。すなわち、料金規制、供給義務が課された地域独占の『一般電気事業者』を電力供給システムの主体としつつ、大口需要については新規参入の電気事業者（PPS）[252]の電力供給を認める等、部分的な自由化を導入し、順次自由化市場の範囲を拡大してきた。これにより、安定供給を確保しつつ、PPSの参入や、競争による効率化も図られるなど、一定の成果をあげてきたとの評価も一部にはある。他方、一般電気事業者の地域独占を中心とする基本的な供給構造に変化はなく、自由化や競争は極めて不十分との指摘もある。

この「論点整理」を軸に経済産業省は、2012年2月に総合資源エネルギー調査会総合部会に「電力システム改革専門委員会」を設置し、伊藤元重東京大学経

---

251) 2011年12月27日付「経済産業省電力システム改革に関するタスクフォース論点整理」の序文。
252) PPSとは、「Power Producer and Supplier（特定規模電気事業者）」の略で、50kW以上の特定規模の需要者に対して電気を供給できる事業者を指す。2012年以降は「新電力」と呼ばれる。

済学研究科教授[253]）を委員長とし、10人の民間委員[254]）を任命する。

同教授は、「市場主義」を唱道し、1996年の著書『市場主義とは何か』[255]）の中で、「日本は市場化しかない、市場主義の時代が来た」との認識を示し、「市場は、バイタリティーと柔軟性を持っている。闇雲に競争するだけでなく、価格調整がはかられ最適な資源配分が実現する。品質向上の意欲も高い。経済学者アダム・スミスの表現を借りれば、みんなが自分の利益を目指して行動すれば、『神の見えざる手』[256]）に導かれるように、経済は予定調和に向かうのだ」と主張している。そして同委員会は、2013年2月に報告書を完成させ、次のように趣旨を説明する。

> 競争が不十分であるというこれまでの課題や震災を機に顕在化した政策課題に対応するためには、垂直一貫体制による地域独占、総括原価方式による投資回収の保証、大規模電源の確保と各地域への供給保証等といった我が国の電力供給構造全体をシステムとして捉えた上で、包括的な改革を行うことが必要となる。……これまで料金規制と地域独占によって実現しようとしてきた安定的な電力供給を、国民に開かれた電力システムの下で、事業者や需要家の選択や競争を通じた創意工夫によって実現する方策が電力システム改革である。

これは、サミュエル・インサルに始まり、日本では松永安左エ門に引き継がれた公益電気事業モデルからの離別宣言であり、第4次までの「日本型モデル」に

---

253) 一般読者向けの1996年「市場主義」（講談社）で、市場主義と規制緩和を唱道。
254) 委員会は次の委員で構成されていた。
　　委員長：伊藤 元重 東京大学大学院経済学研究科教授、
　　伊藤 敏憲 （株）伊藤リサーチ・アンド・アドバイザリー代表取締役兼アナリスト、
　　委員長代理：安念 潤司 中央大学法科大学院教授、
　　大田 弘子 政策研究大学院大学教授、
　　小笠原潤一 （財）日本エネルギー経済研究所電力グループマネージャー・研究主幹、
　　柏木 孝夫 東京工業大学特命教授、高橋 洋 （株）富士通総研経済研究所主任研究員、
　　辰巳 菊子 公益社団法人日本消費生活アドバイザー・コンサルタント協会常任顧問、
　　八田 達夫 学習院大学特別客員教授、松村 敏弘 東京大学社会科学研究所教授、
　　横山 明彦 東京大学大学院新領域創成研究科教授。
255) 1996年「市場主義」（講談社）
256) アダム・スミスは「国富論」や「道徳感情論」においては単に「見えざる手」としている。

よる漸進的な自由化プロセスの否定宣言でもあった。
　同報告書は、改革の核心部分を次のように述べる。

> 　電力は、その物理的特性として、同一の送配電網から送り届けられる限り、どの事業者から購入しても、停電頻度や周波数の安定といった品質は同一であるという特徴がある。そのため、電力という商品は完全に代替可能であり、本来であれば、価格を基準として活発な競争が行われることが想定される。電力のこうした特性にもかかわらず競争が不十分であるのは、小口需要への小売参入が規制され、卸電力市場での電力取引の流動性が低く、送配電網へのアクセスの中立性確保に疑義があることが主な原因である。こうした要因を取り除き、競争環境を整備することにより、競争によるメリットを最大限引き出していく。発電部門における競争は、燃料調達や発電所建設における効率の追求や、最も競争力のある電力から順番に使用することによる発電の最適化（メリットオーダー）が進展する結果として、卸価格の低減やエネルギー産業の国際競争力向上に寄与することとなる。他方、小売市場における競争のメリットは、新たなサービス・料金メニューの提供や、低廉な小売価格という形で生み出されることとなる。

　この中で注目されるのは、「電力という商品は完全に代替可能」とする独特の論理を展開していることである。電力の持つ「同時同量」などの重要な物理的な制約を捨象して、電力の市場性をこの一点に単純化して定義したのである。これは、現在に至るまで、経済産業省を支える電力システム改革の支配的な基礎概念となっている。
　経済産業省は、この答申をもとに、野田佳彦政権下で電力システム改革の立法化を目指す。この間、民主党政権は、国民の信を失い野田佳彦政権が2012年12月に総辞職する。後継の安倍晋三自民党政権は、民主党下で進められていた電力システム改革政策をそのまま引き継ぎ、2013年4月に「電力システムに関する改革方針」として閣議決定する。
　そこに示された改革の目的は、「電力の安定供給」・「料金の最大限の抑制」・「需要家の選択肢や事業者の事業機会の拡大」の3点である。

3.2 松永モデル「9電力体制」の解体

具体的なマイルストーンとして、2015年に電力広域的運営推進機関（OCCTO）を設立し、2016年に小売を全面自由化し、2020年までに送配電部門の法的分離を実施することが定められる。そしてそのマイルストーンは計画通り実行されて、意図された改革は外形的に2020年に完成する。

2015年に電力システム改革が具体的に実施されて以来10年が経過して、その目的とされた「電力の安定供給」・「料金の最大限の抑制」・「需要家の選択肢や事業者の事業機会の拡大」の3点について、いかなる便益をもたらしてくれたのかを検証し、将来を展望する段階に至った。

資源エネルギー庁は、2022年9月に「GX[257]実行会議を受けた電力システム改革に係る論点について」とのポジション・ペーパーを作成し、その中で、「需要家の選択肢や事業者の事業機会の拡大」に関しては、「需要家の選択肢拡大など一定の成果はあった」と自己評価し、「小売全面自由化後、多くの事業者が新規参入し、多様なサービスの提供が進んできた」としている。

「料金の最大限の抑制」については、

> 2021年1月の需給ひっ迫・市場価格高騰や、足下のロシア・ウクライナ情勢を受けた燃料価格と電力市場価格の高騰を受けて、収益モデルに内在化していたボラティリティが顕在化。小売電気事業者の撤退や中途解約等に加え、最終保障供給の契約者数の増加や、戻り需要の受付停止などが発生。また、燃料価格や市場価格上昇により、電力料金も上昇した。この時、小売市場では、逆ざや供給を回避するための市場連動型料金の導入が拡大し、燃料費調整の上限も撤廃される中で、需要家が高騰が続く電気料金に直面。

と問題点を摘出した上で、

> 需要家がこうした不安定性に直接さらされることは望ましくなく、需要家保護の観点から小売電気事業のサービスの安定化と競争の在り方、料金水準の安定化に資する料金制度を再設計することが必要。

---

[257] GX（グリーントランスフォーメーション）とは、経済成長と平行して、温室効果ガスの排出を2050年までに実質ゼロとすることを目指す政策のこと。

と料金制度の再設計の必要性まで踏み込んでいる。

「電力の安定供給」については、

> 自由化の下で供給力不足に備えた事業環境整備、原子力発電所の再稼働の遅れなどが相まって電力需給がひっ迫し、再エネ大量導入（既に国土面積あたりの太陽光導入量はG7トップ）に必要となる、系統整備や調整力の確保も道半ば（この課題解消は、今後の更なる導入拡大に必須）。

と供給力と調整力の不足を指摘している。

経産省は、改正電気事業法の定めにより送配電部門の法的分離から5年以内に「電力システム改革」の検証が義務付けられているので、2024年1月から電力・ガス基本政策小委員会を中心に検証に向けての聞き取りを開始している。

その過程ですでに、需給逼迫の頻発とその原因たる供給力不足への懸念、「規制料金」の無期限存続への疑問、太陽光急増に伴う電力品質劣化対策の必要性、電源計画と需要計画の連動の必要性、電源設備投資回収に関する予見性と安定性の必要性などが有識者から指摘されている。

一方、日本のエネルギー政策の根幹を形成する「エネルギー基本計画」は、2024年度中に改訂されることになっており、それに基づいてNDC（温室効果ガスの各国の排出量削減目標）の2035年改訂目標値を2025年2月に国連に提出することになっている。また、電力系統のグランドデザインともいうべき2023年に策定された「広域連系系統のマスタープラン」も見直しが必要である。

このように2025年は、「エネルギー基本計画」改訂、「電力システム改革」検証、国際公約であるNDC改訂が重畳して行われる年である。日本の官民産学は、脱炭素という地球規模の共通善と日本の国益を調和させながら日本のエネルギー安全保障を実現し、「電力システム改革」を2050年に向けて最適化することに総力を挙げることが求められている。

千年紀最初の四半世紀を終える節目の2025年は、電力システムの「百年の計」を立てる年となる。

次の第4章では、過去の知恵が集積した「公益性」と、新しい地平を拓く「AIとの融合」をもとに電気事業の未来を考察する。

第2部 未来を考える

未来への二つの道

　未来へのアプローチには二つの道がある。現在から未来へ、そして未来から現在へである。現在から未来への道をたどるのが第2部の第4章である。未来から現在を俯瞰しつつ、現在なすべきことを考えるのが第5章である。

　現在は過去に立脚し、未来への入り口になっている。日本の電力の将来像を考えるとき、それを真っ白なキャンバスに描くことは非現実的である。過去の姿が現在につながっているのだから、それを理解してこそ未来の姿が描けるだろう。未来を描くために現在の姿の評価は欠かせない。その評価があってこそ、現在「1」であるものが将来「2」や「0.5」になりそうか、あるいは「2」や「0.5」にするにはどうすればよいかの検討が現実味を帯びる。そこからは2040年や2050年のあるべき姿、それに向けていま誰が何をなすべきかが導き出される。

　いま誰が何をなすべきか、その象徴的なキーワードがグリーン・トランスフォーメーション（GX）やデジタル・トランスフォーメーション（DX）であろう。世界の共通問題となっている環境問題に、国家レベルも企業等の組織レベルも具体的に取り組むこと、さまざまな課題に対する解決力、競争力を高めるためにデジタル技術を活用し、仕事のやり方、社会の仕組みを変えてゆくことが必要になる。

　その一方で、白いキャンバスこそが重要で、現実にこだわり過ぎては木を見て森を見ないことになるとの視点もある。そこで不可欠になるのが理念である。首都圏の過密や地方の過疎に象徴される日本の国土の姿を未来検討の前提条件とするのと、国土のあるべき姿を想定するのとでは、そこにあるべき電力システムの姿は異なるものになる。それはまた、個人の生活のこれからの姿に直結する問題ともなる。そこからは50年後、あるいは100年後のあるべき姿、それに向けていま誰が何をなすべきかが導き出される。

　近未来を見据えた施策展開には、高い確度の数値目標が不可欠である。しかし

50年後や100年後に、言い換えれば私たちの子・孫やその子供たちにどのような地球や社会を残したいのか、それも考えるべきだ、それを歴史理解のうえに立って考えるべきだというのが本書の主張である。

　電気エネルギーは今や空気のような存在になった。欠くべからざる存在でありながら、ほとんどの人はそのありがたみにも、それが将来どのようになっていくのかにも関心を示さない。しかし電気エネルギーは空気と異なり、人間が他のエネルギー資源から創り出し利用しているものである。電気エネルギーを提供する人、利用する人の考え方次第で、その未来の姿は大きく変わる。

　第1部で見てきたように、電気エネルギーを社会一般の人に供給し、生活に役立てる営みは19世紀の終盤に米国と欧州で始まり、日本は数年後にその動きに追随した。米国では公益性を重視する民間人により電気事業が大きく発展した。世界でいろいろな動きがある中で、日本は米国に多くを学び、日本独自の電気事業を発展させてきた。20世紀終盤になってまず米国と欧州で、そして日本でも転機が訪れた。日本ではその動きは当初電力自由化と呼ばれた。2010年代に入って電力自由化の呼び名は制度改革に改められ、それに代わるものとして電力システム改革が登場した。そしてさまざまな施策が展開された。

　現在展開されているさまざまな施策は、環境問題を含むより良い電力システムの実現に向けた途中段階にあるのであろう。それらを俯瞰的視点から検証し、近未来の人口や環境目標、エネルギー需要等を確認することにより、あるべき姿の提示につなげてみたい。キーワードは公益性である。

　電気エネルギーや電気事業の時定数の長さにも注目が必要である。発電所や送電線設備は10年、20年はおろか、50年以上使い続けるものもある。25年先を考えることも重要だが、50年後、100年後の国家の計あるいは個人のあるべき生活から引き戻して現在を考えることも必要だ。50年先、100年先の数値目標を設定することは難しい。しかし拠り所とする思想は考えられる。20世紀は電気の世紀、石油の世紀であった。21世紀は情報の世紀といわれる。50年後、100年後にはもはや情報の世紀とは言えない時代になっているのではないか。その時代からのバックキャストを試みたい。キーセンテンスは、今より良い社会とそれを支える電力システムを子供たち、孫たちに渡すことである。

　過去百数十年の間に電気は大発展した。電気にかかわる技術や事業・規制等の

あり方は、志を胸にいただいた何人もの傑出したイノベーターにより社会実装され、電気社会を実現してきた。フォアキャストされた(現在から未来を考える)姿であれ、バックキャストされた(未来から現在を考える)姿であれ、イノベーター無くしては実現できない。

「出でよ、電力イノベーター！」

第4章 現在から未来へ

4.1 電気事業の公益性とその過去・現在・未来

　サミュエル・インサルと松永安左ヱ門の時代にはあったが、現代ではほぼ死語になった「公益電気事業」という言葉について21世紀の今再考してみたい。二人が生きた空間は日米に分かれているが、生きた時代は前後して重なっていた。ともに近代的な資本主義の黎明の時代に生きた企業人であった。ふたりがミッションとしたのは電気事業の公益性の実現と、企業の営利活動との調和であった。

　戦後の電力民主化・再編にあたり、GHQが、電気事業の公益性を担保する中立機関の設置を勧告し、1948年9月に「監督機関としての公益事業委員会を設置すること」を日本側に提示する。その結果、時の吉田茂政権下で松永の努力により、1950年に「電気事業再編成令」と「公益事業令」が公布されて、米国型の「公益事業委員会」が設置された。しかし、1951年に「九電力体制」が発足した1年後の1952年に公益事業委員会は廃止され、その機能は通商産業省公益事業部に移管された。

　その後、1995年に始まった日本の電力自由化の進展に合わせ、経済産業省で電気とガスの供給事業を所管していた資源エネルギー庁「公益事業部」は、第2次電力自由化が行われた後の2001年に名前を資源エネルギー庁「電力・ガス事業部」と変えた。「公益事業」という言葉を取り外し、単に「電力・ガス事業」としたこの改称は象徴的であった。

　しかし、電力システム改革ないし「電力自由化」が行われた現在でも、電気事業に求められるその本源的な性質である「公益性」は維持されているし、これからも維持されねばならない。

　新しい時代の電気事業のあり方を「公益性」といういう切り口で考え、これからの電気事業の「公益性」はいかにあるべきか、そして、市場経済下での公益性を担保する規制のあり方を探ることにしたい。

電気事業の「公益性」と「規制」の歴史的考察

　インサルが、初めて公益電気事業のあり方を電気事業界で提起したのは、本書第1部で述べたように1898年にシカゴで開催された全米電灯協会会議の会長としてであった。一方、松永安左エ門が、この「インサルモデル」を学習して、東邦電力副社長として「電力統制私見」と題した小論を以て電力業界の再編を提起したのは1928年であった。二人はともに、地域独占・垂直統合型の電力会社が、「公益事業委員会」の監督のもと、料金認可を受けて経営する「公益電気事業」を唱道したのである。

　電気事業の公益性の将来を展望するにあたって、政治学者にして政治家であった蝋山政道[258]の「公益事業本質論」[259]を紐解いてみる。蝋山は、地域自然独占を許された公益事業には経済的性質と社会的性質の両面があるとし、まず経済的性質として次の7つを挙げる。

① 一般公衆に対して供給責任を持つこと
② 固定資産比率の高い資本集約型産業であること
③ 自然独占性を賦与されていること
④ 大規模な事業資産を必要とすること
⑤ 事業資産価値が測定可能であり、料金計算に利用できること
⑥ 提供する生産物・サービスが技術的基礎を有すること
⑦ 提供する生産物・サービスが規格化されていること

　蝋山は、これら7つの経済的・経営的・技術的特質によって当該事業は独占的事業となりうるが、それだけで公益事業と呼ぶには十分ではないとし、さらに「社会的性質」を持たねばならないとする。公益事業の社会的性質とは、上記7つの経済的性質を社会性の観点から、総合的に見たものであると規定する。

　　その経済的性質と社会的性質が一致した時、公益事業の本質が実現するものと考えられる。また利潤追求という考えのみから、公益事業の経営を考えている人があるかも知れない。それは社会的性質を忘れたものである。また

---

258) 蝋山政道(1895年-1980年)政治学者・行政学者・政治家。お茶の水女子大学名誉教授
259) 公益事業学会「公益企業政策」(1953)所載

社会的性質だけを強調しても、それが企業として成り立たない場合においては、かえって多きを求めて何ものにもならないことになる。公共事業の性質はその経済的性質と社会的性質というものが両方相俟ってそれが本質をなすものであることを知らねばならない。

この定義は、松永が1927年にその著作『電氣事業』(1927年)[260]のなかで、

　　電気事業の目的は利潤のみではない、社会公共の福利を増進するための公共事業である。而して茲に云ふ「電氣事業」とは、此翁[261]の如き事業の結果を企業化したものである。即ち電氣エネルギーを人類生活一切の方向に於いて、其用ひ得る限りに是を使用せしむる企業である。企業なるが故に利潤を目的とすることは勿論である。乍然、電氣事業に於いては利潤のみが唯一の目的ではない。合理的公正なる利潤を獲得すると同時に、社會公共の福利を増進せしむることをも、主要なる目的の一とする現代的公共事業であることを忘れてはならぬ。

と看破したことと相通じるものがある。五大電力が激烈な競争をしていた「電力戦」時代のさなかの所信表明であった。

　このように、電気事業の初期の時代にあってインサルも松永も、民営・地域独占・垂直統合・総括原価方式に加えて電気料金の公益規制機関による認可・監督を公益電気事業の存立基盤とすべきと主張する。松永は、上記の『電氣事業』の「民営事業の合理的監督」の項[262]に次のように述べている。

　　電気事業の経営は、之を私企業とし、国民経済の発展、国民生活の拡充に資する所あらしめねばならぬ。あくまで之を民営とし、其発展を自由ならしめねばならぬ。乍然無条件に自由主義的経営に委ねて、自由放任の政策を取ることは、是亦不可である。何となれば事業そのものの性質が公共的であ

---

260) 松永安左エ門:「電氣事業」(1927年) 社会経済体系第9巻p.369
261) トーマス・エジソンのことを指す。
262) 松永安左エ門:「電氣事業」(1927年) 社会経済体系第9巻p.19

るが故に、従って本事業に対しては、国民一般の利益を擁護すると同時に事業をして安固健全に発達せしむる最も合理的監督を必要とする。この監督は時の為政者の事実的少数意見の発現たる監督のみでは充分ではない。宜しく社会全般の多数意見を具体化する監督の下に置かねばならない。即ち政策的色彩の濃厚なる一党一派の左右し得ない透明察々たる監督機関が必要である。それは社会公衆の真の意思を表明し得る公共事業委員会の如きものを設置すべきである。これよって余りに暴利を貪求せんとなすものを取り締り、サーヴィスの精神並施設の改善を図ると同時に、発電より消費に至る迄の全事業の計画を国家的見地に立脚して統制し、一方また需要者の無理解なる要求を制御し、もって事業全般の合理的発展を企図すべきである（旧字体を新字体に変換）。

次に、第1部で取り上げた電気事業自由化の理論的指導者ポール・ジョスコウMIT教授の1983年の共著書 "Markets for Power"[263] の最後のパラグラフを取り上げる。ジョスコウは、同書の中で、4つの規制撤廃シナリオを比較検討したうえで次のように結論付ける。

　電気事業界を悩ませているこの問題に簡単な解決はない。それは複雑で、解決方法の範囲は広い。規制撤廃や規制緩和を行うことは最近の流行となっているが、規制に関連する政策変革を行うことは目的のための手段に過ぎない。ここで言う目的とは、電力の供給と料金制度について経済的効率を向上させることである。
　余りにも単純な規制撤廃はこの目的のための手段にはなりえない。規制撤廃を電力の生産と消費の効率改善に役立つものにするためには、長期的観点に立った規制改革と構造改革に関するプロセスの一部として導入されるべきである。本書で提案したようなプログラムを開始すれば、現状維持を試みたり、その反対に突然すべての価格や参入規制を撤廃するような極端な構造改革を強制したりする場合に比べて、より早く結果を得ることができ、また長

---

[263] Paul L. Joskow and Richard Schmalensee: "Markets For Power" (The Massachusetts Institute of Technology 1983) p.221)

期的にはより効率的な電力系統を構築することになる。
　我々は、競争と規制に関する解決不能の比較論争に決着を付けずとも、競争と効果的かつ開明的な規制がもたらす非常に素晴らしい機会を維持しながら、このプロセスを始めることができる。

　以上のように、電気事業の自然独占を唱道したインサルと松永も、そして電気事業への競争の導入によって経済効率を向上させことができる道があると説いたジョスコウも、共通して公益事業たる電気事業への公的な規制機能の必要性を認める。
　インサルは、監督権能を独立・中立の公益事業委員会に委ねることを主張し、全米各州に公益事業委員会を設置させることに成功する。
　松永は、戦前の日本でインサルモデルに則って、電気事業の地域独占と公的監督機能の必要性を説き、監督機能については「政策的色彩の濃厚なる一党一派の左右し得ない透明察々たる」べきであると主張する。そして戦後その趣旨に従った公益事業委員会が設置されると自ら委員長代理に就く。しかしその公益事業委員会は廃止され、規制機能は当時の通商産業省に移され、いまは経済産業省が行っている。
　ジョスコウは、電気事業には航空や通信分野業の規制撤廃で行われた完全自由化を模倣することは、技術的、経済的、制度的な理由から不適切であるとし、適切な形態で競争が導入された電気事業が、長期的な視点に立った効果的(effective)かつ開明的な(enlightened)規制下に置かれることが望ましいとする。
　松永が公益事業委員会の廃止によって事実上電気事業から追放された時代に、蠟山は公益事業に対する行政機関による監督・指導・許認可の根拠について、次のように論評している[264]。

　　行政的統制をする根拠というものは、公共事業の、その社会における存在理由にある。それはその経済的性質並びに社会的性質というものによって生まれてくる根拠でなければならない。そういう根拠を高めることがどうしたらできるかは、一般に公益事業の経営に従事している人々の自覚と反省に俟

---

264) 公益事業学会「公益企業政策」(1953)所載

つほかはない。また社会公益に対する影響から見て、いかに妥当な行政的措置を講ずるべきか、については、行政機関の自覚と自省を必要とする。従来の如く官憲的家父長主義に代わるべき民主的な方式をもって行かなければならない。その見地から公益事業委員会の廃止265)は遺憾である。社会、公衆の利益のために、公益事業たる認識によって、その統制方法を解決していかねばならない。

　上記の蝋山の「社会公益に対する影響から見て、いかに妥当な行政的措置を講ずるべきか、については、行政機関の自覚と自省を必要とする」という主張は、市場経済下の現在でも有効である。自由競争市場における政府による規制と助成による介入は、経済学でゴルディロックスの原理266)と言われる「程よくバランスの取れたもの」でなければならない。程よいバランスを実現するために留意すべきいくつかの点を挙げれば次の通りとなる。

1. 民主的かつ透明性のある規制：規制のプロセス全体が民主的、かつ透明性のあるものであること。立法化・規制導入に際しては、ステークホルダーの意見を遍く徴するプロセスが「程よく」構築されることが求められる。委員会・審議会などを通して「専門家」の意見を徴する場合、委員のそれぞれの「専門性」によって「程よく」バランスが取れた構成となっていることが必須である。
2. 非対称規制の程良さの維持：独占的・優越的地位の乱用を防止するために、市場占有率や規模の大きい会社に「非対称規制」を課す場合があり得る。この場合でもその適用にあたっては、民主的なプロセスを経た「程よく」納得性の高いものであることが求められる。
3. 規制の予見性と安定性：政府の規制は、その方向性が常に視認可能であること（予見性）と、いったん導入された重要な規制が将来にわたり安定したものであること（安定性）が求められる。電気事業者のみならず、その事業

---

265) 1951年に九電力体制の発足とともに、公益委員会が廃止されて松永が事実上追放されたことを指す。
266) "The Goldilocks principle"と呼ばれるもので、その由来は本項末のコラムを参照。

の持続性と収益性を支える投資・金融にかかわるステークホルダーが、事業投資の継続性・収益性を信頼するための必須条件でもある。

電気事業の公益性：不断性・低廉性・環境性

電気事業において、1990年代に主要国で電力自由化が実施された時と、現在を比べると極めて大きな二つの変化が生じている。

第1点目は、太陽光・風力といった再生エネルギーが分散型電源として系統の中で重要な位置を占めるに至ったこと。

第2点目は、地球温暖化ガスの削減が人類共通の課題と強く認識され、2050年までに「カーボンニュートラル」を実現することが国際的な合意となったことである。

この認識に立って、新しい時代の電気事業の公益性の要件として、「不断性」、「低廉性」と「環境性」の三つの観点から論じていきたい。

「不断性」（供給責任）：電気は、人々の生活と、産業に深く浸透し、その供給が一瞬でも断たれることは社会の機能の全面的な停止を意味する。この電気供給に求められる「不断性」こそ、インサル、松永、蝋山が等しく重要視した電気事業の公益性の核心である。いま規制当局と電気事業は、「不断性」を担保する「供給責任」を、分散型電源の普及による電力系統構成の変化と、市場制度の中でいかに効果的、効率的、経済的に果たすべきかを模索している。

「低廉性」：電気料金の「低廉性」を維持することは、電気事業の「公益性」の基本的要件であることはトーマス・エジソンの時代以来、常に変わりはない。新しい時代の「公益性」が要求する「不断性」と「環境性」を実現するためには、莫大なコストがかかる。この巨額のコストの回収を可能にする仕組みを、市場原理の中でいかに確立し、そのうえで電気料金の「低廉性」をいかに実現するかは、電気事業自身のみならず日本全体のエネルギー需給の最重要課題の一つである。

「環境性」：2050年に二酸化炭素をはじめとする温室効果ガスの「排出量」から、植林、森林管理などによる「吸収量」を差し引いた結果を実質的にゼロにす

ることが国際的な共通目標となっている。このいわゆる「2050年カーボンニュートラル」(以下「2050年CN」と略す)の達成は、電気事業の「環境性」要件にも極めて厳しい付加条件となっている。電気事業は、環境対策には長い歴史を持っている。火力発電には、煤塵、石炭灰、硫化酸化物、窒化化合物、温排水への対策、水力発電には治山治水対策、原子力発電には過酷事故による放射性物質の環境への放出防止対策、送配電設備には電磁界影響対策などで培われた環境問題への実績は高く評価されてきた。しかし、地球温暖化ガス、特に二酸化炭素の排出に関する「2050年CN」は、その技術的難度と所要コストの観点から、従来とは比較にならない大きな課題となっている。

公益性要件その一：不断性(供給責任)と電力人

　電気は、人々の生活と、産業に深く浸透し、その供給が一瞬でも断たれることは社会の機能の全面的な停止を意味する。この電気供給に求められる「不断性」こそ、第1章で見たインサルも、第2章で見た松永も等しく重要視した電気事業の公益性の核心である。

　政府と電気事業は、「電力システム改革」の枠組みの中で、不断性を担保する供給能力を的確に装備し、供給責任を市場経済の中でいかに果たすべきかを模索してきた。「電力の安定供給」は、「電力システム改革」の第一目標として挙げられている。しかし自由化着手後30年、電力システム改革着手後10年が経過して、「日本の電力供給責任はだれが持つのか」という問いはいまだに難問として残っている。

　近年、電力システム改革に関連して「供給責任」を論議する際に、よくきかれる言葉に「覚悟」という言葉がある。この「覚悟」という言葉こそ、蝋山の言う官民双方の「自覚と反省」に対応するものであり、言い変えれば「電気事業の公益性」という言葉の電力自由化時代における分かり易い現代訳であるといってもよい。上記の答えを、「市場」の中に見いだすにしても、電力システムのステークホルダーが担うべき「覚悟」は極めて重要である。

　最近、採録した電気事業に関与する人々の「覚悟」を論じたケースを二つ取り上げる。まず、荻生田光一経産相(当時)が、2022年4月15日の閣議後の記者会見で、新電力が不採算を理由に事業撤退が増加したことについて触れた発言である。

>……今のところ法律で最終的には安定供給はできることになっていますが、私はどっちがというんじゃないんですけど、やっぱり自由化に参入した企業は国民生活に密着したエネルギー供給を業とするということは、やっぱり覚悟を持って参入するべきだと思うんですね。これ、ちょっと、儲かりそうだって簡単な思いで参入した企業があるとすれば、そこはちょっと考え直してもらわないといけない、今回そういう課題が突き付けられているんじゃないかなと思います……。

と、新電力の安易と取れる事業撤退行動を「覚悟がない」と批判したものである。

もう一例は、電気新聞の連載記事「電力系統創新覧古」の最終回での次世代系統懇話会による主張[267]である。

>……再エネの導入拡大によって不確実性が増す中、従来と同様に安定供給を全うするには、個々のプレーヤーが供給責任を果たすことが大前提となる。その際に「市場価格が高いから買えない」といった言い訳は許されない。系統のプラットフォームに参入するからには、S+3E[268]の理念とそれを実現する覚悟が必要だ。

電気事業会社の経営層の「覚悟と反省」に加えて等しく重要なのは、職業人としての電力人の現場における「供給責任を全うする」という覚悟である。その好例には事欠かないが、2011年の福島原発事故直後や、2018年の北海道系統崩壊時に示した電力会社従業員や関連会社従業員の責任ある行動は記憶に新しい。

電気事業に従事し、その公益性を認識し、一般公衆に対するサービス提供の不断性すなわち「供給責任」を自覚した人々を本書では「電力人」と呼ぶことにする。こうした「電力人」の「現場力」は一朝一夕には形成することはできない。

---

267) 電気新聞2022年2月10日号所載。次世代系統懇話会は、今井伸一・岡本浩・廣瀬圭一・山口博・横山明彦氏他によって構成された有識者グループ。
268) 資源エネルギー庁HP(https://www.enecho.meti.go.jp/about/pamphlet/energy2021/005/):「安全性(Safety)を大前提とし、自給率(Energy Security)、経済効率性(Economic Efficiency)、環境適合(Environment)を同時達成するべく、取組を進めています(S+3E)」

電力セクターの100年を超える歴史の結果として醸成された技術力と士気は、貴重なレガシーであり、その維持拡大は、地域電力（旧一般電気事業者）と新電力の双方に等しく課されたこれからの時代の大きな課題である。この様に、「電力人」は、「電力自由化」体制下でも、供給責任に関して、公益性の観点からの「覚悟と自覚」を求められている。

しかし、覚悟だけでは供給責任は果たせない。安定供給のためには、
① 刻々変動する需要に見合った「供給力」
② 再エネの出力変動に起因する秒単位の需給不均衡に対応できる「調整力」
③ 事故時に緊急対応できるだけの「予備力」

が整備されていること、即ち「同時同量」という電力系統の基本物理法則が如何なる状況下でも充足できることが基本要件である。それと同時に電気事業会社が、供給力・調整力・予備力を確保し維持するための費用の支出を正当化する経済計算が成立していなければならない。市場機能だけではこの経済計算が成立しない場合、料金体系、助成措置など各種政策的な支援を必要とする。

一方、「不断性」（供給責任）を担保するためには、需要予測と電源計画、電源計画と系統計画、系統計画と系統運用はすべて不可分なものとして、一体的に推進される必要がある。長期的な日本全体の系統計画をたてるには、精度の高い需要の量的予測のみならず、その需要の時間変化パターン予測と地理的配置の予測を必要とする。電源計画も量的必要量のみならず、電源の種類と地理的配置の最適化が必要である。経済予測・電力需要予測・電源計画・系統計画の一体性、市場と規制の調和的な連動、官民一体の協力体制がますます必要とされる時代となった。

公益性その二：低廉性

電気事業に求められる「公益性」の第2点目として、「低廉性」すなわち「廉価な電気料金の維持」を挙げる。電力システム改革では、その3つの目的の一つとして、「料金の最大限の抑制」を挙げている。これは、価格を市場に決定させながらも同時にそれを最大限抑制するという極めて難しい目標である。

自由化が先行した米国の事情を観察してみると、図3.3に示したように米国の電力自由化が行われている州では、規制が続行している州に比べて、消費者の電気料金は一様に高くなっていることがわかる。全米公営電力会社協会が、2022

年に出した、「2021年の自由化州と規制州における小売電気料金の比較」報告書が、「本報告書[269]は、需要家の選択肢が提供されるようになった16州とコロンビア特別区の電気料金を、従来の規制が維持されている州の電気料金を比較した。自由化導入後24年が経過したが、当初の約束であった価格引き下げは実現に至っていない」と状況を解説している。同様に、「自由化で、電気料金が低下する」という仮説は、世界のどの自由化市場でも明示的に実証されていない。

インサルや松永の時代は、急峻に需要が伸びた時代であり、「規模の利益」によって電気料金の引き下げを実現できた。それに対し現在は、需要は横ばいないし減少する時代である。規模の利益を活かして右肩下がりで電気料金を下げられる単純明快な時代は終わった。

こうした事実を踏まえても、「廉価な電気料金の維持」は、電気事業に求められる公益性の要素として不可欠である。需要家にとってaffordable（支払う能力を超えない）で、供給者にとってはsustainable（事業の継続性を保証する）な料金体系を維持することは、電気事業が地域自然独占であった時代から一貫する公益事業に対する一貫した期待である。その期待に応えるためには、インサルも松永も主張したように、市場プレーヤーが「供給責任」という公益性の維持に必要な費用を、市場から正しい方法で回収できることが必須条件である。

一方、化石燃料市場価格が国際情勢を反映して急騰した際に、自由市場で取引される電力料金のみがその影響から免れることは構造的に不可能である。2022年の日本で卸売価格の急峻なスパイクが発生し、小売電気料金が急騰したことはこの一例に過ぎない。2000年のカリフォルニア州の電力危機は良き半面教師である。電気料金に上限を設けることは市場の沈静化に無効な措置であった。それは、卸売電力市場で買い手の電力会社に逆ザヤを強制して、PG&E社を倒産に追い込むことになり、エンロン社などの電力取引業者のオンライン取引を悪用した大規模な不正行為を誘発したことは忘れてはならない歴史の教訓である。

政府は、政策的に緩和措置として電気料金の上限規制を掛けたり、電気料金の助成金を政策的に導入したりするが、この政策に過度に依存すれば、市場の価格シグナルによって資源配分の最適化を図ろうとした改革の基本精神から乖離す

---

[269] American Public Power Associationの"Retail Electric rates in Deregulated and Regulated States: 2021 Update（May 2022）"

る。物価対策として電気料金への補助金による値下げを行うことは省エネの意欲をそぐことになる。自由競争市場における政府による規制と助成による料金値下げのための介入は、先にも触れたように経済学でゴルディロックスの原理と言われる「程よくバランスの取れたもの」でなければならない。

公益性その三：環境性

　電気事業の「公益性」の第3の要件としての「環境性」について考える。

　過去に日本の電気事業は火力発電所の煤塵・SOX・NOXの排出抑制で技術開発に成功し、大型石炭火力発電所や大型LNGコンバインドサイクル発電所がエネルギー源のリスク分散と発電効率改善に劇的に貢献し、その技術開発でも世界の指導的立場にあったという歴史を持つ。しかし「発送配電のカーボンニュートラル化」には、それとは比較にならない多岐にわたる技術開発と、多額の開発資金、けた違いに大きい社会実装コストが伴う。さらに社会の「電化率」の向上と、化石燃料を代替する「水素利用」の拡大のためには、関連する他産業との連携と協力が必要となる。

　2013年に、電力システム改革が始動してから10年が経過したが、その間に電気事業には2つの大きな変化が同時並行的に生じた。

　第1の、しかも最も大きい変化は、地球温暖化が全地球的規模の環境問題として国際社会によってより確固たる懸念として認識され、2015年のパリ協定の合意に至ったことである。地球温暖化ガス、とりわけ二酸化炭素排出の抑制の為に具体的な協調行動を取ることが国際的なコンセンサスとなったことは人類史上も極めて重要な進展であった。

　その流れに従い、2020年10月に菅(すが)首相が、「2050年までにカーボンニュートラルの実現を目指す」と臨時国会の所信表明演説の中で宣言した。これに整合を取る形で2021年5月には「改正地球温暖化対策法」が制定される。政府は、同年6月に「2050年カーボンニュートラルに伴うグリーン成長戦略」を公開し、14分野にわたる「グリーン成長戦略」を提示する[270]。同年10月には「第6次エネルギー基本計画」が策定され、2050年に至る道筋としての2030年における脱炭

---

270) 2021年6月18日付「2050年カーボンニュートラルに伴うグリーン成長戦略」(内閣官房以下各省庁連名)

素目標が設定されそれに伴う電源計画が設定された。さらに政府は2023年2月に至り、「GX[271]実現に向けた基本方針〜今後10年を見据えたロードマップ〜」を策定する。そして2024年に至って、エネルギー基本計画を「第7次エネルギー基本計画」へ改訂するプロセスに入り、2024年12月17日にその原案が閣議承認され、その内容を公開された。

　このような経緯を経て、脱炭素社会の構築がグローバルな課題となった今、電気事業は、新しい形の「環境保全責任」を果たすことが求められることとなった。電気事業は、日本全体の二酸化炭素年間排出量約10億トンのうち約40%を排出する産業セクターであるがゆえに、この「脱炭素」の目標を、地球市民として、国民として、また電力人として受け止めることが求められている。電気事業の責任は、従前にもまして重く広範なものであり、「環境性」要件を満たすために、電気事業は、政府と社会との強い連携を必要としている。

　第2の大きな変化は、国際関係の緊張の高まりを受けたエネルギー安全保障への影響である。20世紀の終わりから21世紀初めにかけてグローバリズムの浸透とIT技術の発展によって国際間の協調が進むと見えた一時期もあったがそれは全くの幻想であった。今や20世紀末の米国の一極支配構造が崩壊し、米中対立を基軸とした多極化の構図に移行した。その枠組みのもとで地域紛争が同時多発し、グローバルサウスと称される新興経済の発言力が急速に増大する時代となった。自由な貿易と投資を担保する国際的な枠組みは随所で構造的破綻をきたし、食料、エネルギー資源、鉱物資源、工業知的財産権は、もはや「経済原則」と、グローバルな「善隣友好」の精神で自由に流通する資源ではなくなった。特に、ロシアとウクライナの間の紛争は新しい形の衝撃を世界に与えた。北海と黒海の間を結ぶ天然ガスパイプラインの破壊・停止、新設計画の中止によって、欧州へのロシアからのガス供給が遮断されたことと、ロシア軍がウクライナのザポリージャ原発をミサイル攻撃したことは「エネルギー安全保障」の意味を我々に十分教えてくれた。

　平和を前提としたエネルギー・鉱物資源・食料の国際サプライチェーンがいかに脆弱であるかを国民が実感した今、有事、即ち戦争や紛争・テロ攻撃の可能性を今まで以上に勘案したエネルギー・鉱物資源・食料の生産・調達・サプライ

---

271)　GX：Green Transformationの略称で、経済産業省が提唱する脱炭素社会に向けた取り組みを指す。

チェーン構築に方向転換しなければならない。

　この観点から、「2050年CN」への対応としての、水素・アンモニア製造・調達、発送電・蓄電機器調達、基礎素材調達においても、コスト要素のみならず、エネルギー安全保障要素を織り込んだ意思決定を要する時代へと変化した。

　こうした国際的緊張の下では、「エネルギー自給率」という尺度が、エネルギー安全保障上極めて重要になる。脱炭素化のグランドデザインに「エネルギー自給」の要素を従前にもまして高い比重で入れねばならない時代となったのである。ちなみに、わが国の一次エネルギーの自給率は、福島原子力発電所事故以前は20%程度で推移していたが、事故直後の2012年には6.7%迄急落し、現在は原子力の再稼働により15%程度まで回復している[272]。2024年12月に公表された「第7次エネルギー基本計画原案」の中では、自給率の目標を3割から4割としている。

　脱炭素のみならず自給率改善に寄与する、再生可能エネルギーと原子力は、脱炭素社会構築に向かう中で、日本の電源構成の中で、最重要の二つの柱と位置付けられている。「第7次エネルギー基本計画原案」はそのベクトル方向に合致する政策を打ち出している。「電力システム改革」の検証、2035年のNDC値[273]の決定のためのベースラインとなる故、再生可能エネルギーと原子力の位置づけを概観してみる。

　まず再生可能エネルギーについては、次のように「最大限の導入を促す」べき「主力電源」であり2040年には電源構成の中で4割から5割を占める「長期安定電源」と強調されて次のように位置づけられている。

> 　再生可能エネルギーの主力電源化に当たっては、電力市場への統合に取り組み、系統整備や調整力の確保に伴う社会全体での統合コストの最小化を図るとともに、次世代にわたり事業継続されるよう、再生可能エネルギーの長期安定電源化に取り組む。

---

272) 資源エネルギー庁「総合エネルギー統計」による。
273) 2015年のCOP21で採択されたパリ協定において、温室効果ガスの排出削減目標を各国が提出することを義務化した。その目標のことを、NDC(国が決定する貢献)と呼ぶ。

4.1　電気事業の公益性とその過去・現在・未来

再生可能エネルギー拡大のために2012年に導入されたFIT制度[274]の効果により日本全体の2023年度の累積導入量は、太陽光7,300万kW、風力600万kWに達している。しかし、再生可能エネルギー電源の設備利用率は、実際の環境下では高々太陽光13%、陸上風力18%、洋上風力33%でしかないことを十分理解する必要がある。

平岩芳朗電力中央研究所理事長は、「『太陽光発電100万キロワット、大型原子力1基相当を開発』という表現は、事情を知らない読者や視聴者に『太陽光発電を100万キロワット建設すれば大型原子力1基分を廃止できる』ようなイメージも想起させ、ミスリーディングである」と警告をしているが、非常に重要な指摘である[275]。加えて再エネ電源の出力が、日照量・風況によって大きくしかも急速に変動するので、電力系統の瞬時の需給「同時同量」制約を充足するために調整力用電源が別途必要となる。この機能は現在短時間で起動・停止ができる火力と水力が主に担っている。その意味で、また、送電線混雑や系統安定の観点からの再給電指令（出力制御）が増加傾向にある。出力制御による再エネの発電機会の逸失を回避するために、今後は電力貯蔵用電池設備を同一敷地内に併設することは電力系統の円滑な運用とエネルギー経済の観点から必要度が急速に増すであろう。

原子力は「第7次エネルギー基本計画原案」の中で「必要な規模を持続的に活用していく」と肯定的に位置づけられ、2040年の電源構成のうち2割を占めることが目標とされた。

原子力の特性については、「優れた安定供給性、技術自給率を有し、他電源と遜色ないコスト水準で変動も少なく、また、一定出力で安定的に発電可能等の特長を有する。こうした特性はデータセンターや半導体工場等の新たな需要ニーズにも合致することも踏まえ、国民からの信頼確保に努め、安全性の確保を大前提に、必要な規模を持続的に活用していく」ものとされている。そして新増設に関しては、

「次世代革新炉の開発・設置については、地域の産業や雇用の維持・発展に寄与し、地域の理解が得られるものに限り、廃炉を決定した原子力発電所を有する

---

274)　FIT制度（固定価格買取制度）とは、再生可能エネルギーで発電した電気を、国が定める価格で一定期間、電力会社が買い取ることを義務付ける制度。
275)　2024年7月3日付電気新聞解説記事「『kW』と『kWh』の違い」。

195

事業者の原子力発電所のサイト内での次世代革新炉への建て替えを対象として、六ヶ所再処理工場の竣工等のバックエンド問題の進展も踏まえつつ具体化を進めていく」ものとされている。廃炉をし、新設用地を持っている電力会社は、次世代炉の建設について「有資格」となる迄条件が緩和された。

　火力の2040年の電源構成に占める割合は3割から4割が目標とされている。火力発電の脱炭素化のためには、水素やアンモニアをボイラーやガスタービンで燃焼させることが提案されており技術開発が進められている。移行期技術としてアンモニア・水素を化石燃料と混焼させて二酸化炭素排出の削減を図るための実証実験が世界各地で行われている。この技術開発を100％専焼まで実証する所まで進め、さらにアンモニア・水素関連のサプライチェーン構築し社会実装すること、さらに並行して2050年時点での水素価格の十分な低減を実現することが、このプロジェクトの成否を握っている。「第7次エネルギー基本計画原案」では、「次世代エネルギーの確保/供給体制」の表題の下に次のように水素エネルギーの社会実装化を展望している。

　　　水素等(アンモニア、合成メタン、合成燃料を含む)は、幅広い分野での活用が期待される、カーボンニュートラル実現に向けた鍵となるエネルギーであり、各国でも技術開発支援にとどまらず、資源や適地の獲得に向けて水素等の製造や設備投資への支援が起こり始めている。こうした中で我が国においても、技術開発により競争力を磨くとともに、世界の市場拡大を見据えて先行的な企業の設備投資を促していく。また、バイオ燃料についても導入を推進していく。
　　　また、社会実装に向けては、2024年5月に成立した水素社会推進法等に基づき、「価格差に着目した支援」等によりサプライチェーンの構築を強力に支援し、更なる国内外を含めた低炭素水素等の大規模な供給と利用に向けては、規制・支援一体的な政策を講じ、コストの低減と利用の拡大を両輪で進めていく。

　水素利用の社会実装に至る道程では、コストが最も大きな課題であることが

強く認識されている。日本政府はこうした新技術開発・インフラ整備を支えるために150兆円のGX（グリーン・トランスフォーメーション）投資を推進している。この150兆円の所要資金量のうち、今後10年間で民間からは130兆円の投資を行うことが想定されている。並行して二酸化炭素の排出への課税（炭素税）と、排出権取引の導入が計画されていて、このスキームからの税収は上記の政府発行の「GX経済移行債」の償還財源に充当される計画になっている。炭素税であれ、炭素排出権取引であれ、導入のためには社会的合意形成と合理的な制度設計をこれから行わねばならない。

　今後、電気事業の「2050年CN」実現に挑戦していくにあたっては、削減目標の加速化の可能性もあるが、それとは逆にグローバルサウス諸国による目標緩和要求も強くなる可能性もある。中国・米国という経済・資源大国にして排出大国の動向は不確定要素が強い。特にトランプ米国大統領が就任直後にパリ協定から離脱する大統領令に署名したことで「2050年CN」に関する不透明感が一段と増した。EU、ロシア、産油国もそれぞれの発言力を行使している。「脱炭素」が、地球環境保護の観点からの人類共通善であることに変わりはないが、国家間の利害衝突によっては、「2050年CN」は「動く標的」と化す可能性にも留意する必要がある。これからは、地政学的要因に十分留意しながら、国益を増進させるように「2050年CN」の国際連帯を進めねばならない。

電気事業の未来

　1970年代にミルトン・フリードマンが市場原理と規制緩和の革命を世界に拡散させてから50年が経つ。

　1980年代にポール・ジョスコウが自由化によって市場の効率性が向上し電力価格が低下する可能性があると主張し、航空・天然ガス・石油・金融サービス・通信・鉄道・貨物輸送の分野で先行した規制緩和を電力の分野に拡大するための強力な理論的裏付けを提供し、規制緩和のもたらすリスクも指摘し自由化には適切な規制が必要であると唱道してから40年が経つ。

　1990年代に欧州、米国、日本はじめ世界各国が電気事業の自由化に踏み出してから30年が経過した。

　今、我々は新自由主義に根差した諸政策と制度を総括し、新しい世界のあり

方、新しい世界を構想するための思想を模索する時代に入っている。本章で取り上げたように、電気事業は、エネルギー産業全体というコンテクストで「公益性」の再構築と再認識を必要としている。その間に起った地球規模の脱炭素化への大きなうねりの高まりが、現在世界各国に二酸化炭素排出削減のための具体的な行動をとらせている。一方、国際的緊張の激化は、エネルギー自給の絶対的価値を我々に思い知らせてくれた。

日本では政府も電気事業も発電・送電・配電・電力利用の各分野で脱炭素化に向けて行動中である。そして、電力システムは、大規模中央集権的電力系統から、分散型エネルギー源との共存型へと大きく変質している。その効果は、電力システム全体に顕著に現れ始めている。

また、21世紀に入ってからAI（人工知能：Artificial Intelligence）が人類の活動の諸相に大きな影響を与えているなか、電力システムもAI技術のもたらす恩恵を享受して新しい進化をはじめている。今世紀の中半には、真正の「グリーン」に生産される電力エネルギーを、高効率で安定的に送電し、限りなく電化された社会においてそれを高効率で消費する世界を到来させねばならない。そのために高度なAIによって支援されながら、電力エネルギーの生産・運搬・消費のすべ

> **column**
>
> ### ゴルディロックスの寓意
>
> 公益事業における規制のあり方などについて引用したゴルディロックスの原理は、イギリスの童話『ゴルディロックスと3匹の熊』に由来する。父熊、母熊、子熊の3匹が外出中に、金髪の少女ゴルディロックスが家に入り込み、父熊の熱すぎる粥と母熊の冷たい粥を避け、子熊の程よい熱さの粥を平らげる。父熊の固すぎる椅子と母熊の柔らかすぎる椅子を避け、程よい硬さの子熊の椅子に座って壊してしまう。父熊の固いベッドと母熊の柔らか過ぎるベッドを避け、子熊の程よい硬さのベッドで寝込む。そこへ帰宅した三匹の熊は寝込んだゴルディロックスを見つける。眠りから覚めたゴルディロックスは、慌てて逃げたとさ、という物語である。この他愛ない童話に、中庸の寓意を見いだし、経済成長、財政・金融、規制・助成などの施策に、極端な政策ではなく、「程よくバランスの取れた」政策を取るべしとするのが、ゴルディロックスの原理である。

てのプロセスは制御され、電力システム全体は高度なAIによって監視され、運転されることになる。高度なAIが、資源配分の最適化を社会全体にわたって担う。それに連動して資源・エネルギー・電力取引市場を一体化し、運営し、全体最適に我々を導いてくれる時代は近い。電力市場の一体化と最適化はAIの先導なくしては困難である。

すでに、AIを含む情報処理の世界を、巨大な電力系統の世界と結合させて、電力インフラと情報・制御システムの融合体を構想する人々が現れた。スタンフォード大学のBits & Watts Initiativeや、岡本浩氏[276]が提唱する「ワット・ビット連携」がそれである。岡本氏は、次のように説く[277]。

> デジタル化が進む世界において、クラウド・コンピューティングと電力網は、社会を再構築する可能性を秘めた形で融合しつつあります。クラウド・コンピューティングは、膨大なデータとコンピューティング能力を統合する能力を備えており、産業と日常生活を変革しつつあります。同様に、電力網も分散型エネルギー資源とスマートデバイスを統合する形で進化し、エネルギー転換を推進しています。……クラウド技術と電力網を統合することで、エネルギー需要のバランス調整、複雑な電力システムの管理、持続可能な未来の確保といった重要な課題に対処することができます。私が「電脳統合」と呼ぶこの融合は、人間中心の持続可能な社会を実現するための鍵となります。

こうした電脳統合体が機能すれば、電力システムを構成する6層の下部構造[278]である物理的ネットワーク、情報・通信・制御ネットワーク、燃料エネルギーネットワーク、事業ネットワーク、マネーネットワーク、規制ネットワークは、ホリスティックな統一が行われる。電脳統合体が常時監視・最適制御することにより電力システムの「不断性」をより効率的・効果的に実現する。電脳統合

---

276) 現東京電力パワーグリッド株式会社副社長
277) スマートレジリエンスネットワーク（https://s-reji.com/working/）に発表された論文から引用（最終参照日：2025年1月11日）
278) Jack Casazza "Forgotten Roots" pp.105-107 (ISBN978-0-9741231-2-1) 初出。なお「新時代の電力システム－そのグランドデザインを考える」(NPO次世代エンジニアリング・イニシアチブ発行：pp.41-59)が「電力システム6層構造論」の詳細と現状について論じている。

体が、電力システム内の資源配分、需給管理、市場機能を一体化して「不断性」・「低廉性」・「環境性」の最適化を目的関数とする総合管理を行う。電脳複合体は、「電力人」と公益性の維持と強化のための常時の対話を続ける。そして、規制当局とも市場とも対話を常時行い「公益性」の維持と強化を図る。

こうして、電気事業の公益性は、「電脳統合」という新しいインフラによって担保される時代は近いとの予感が日増しに高まってくる。それは、新たなイノベーターの出現を必要とする世界でもある。

> **column**
>
> ## AIはエネルギーの為に、エネルギーはAIの為に
>
> 　2025年2月に、国際エネルギー機関（IEA）は、そのホームページのなかのArtificial Intelligenceの項目（https://www.iea.org/topics/artificial-intelligence）で、「AIは、現代の最も影響力のある技術の一つとなった。近年、AIシステムの能力は急速に向上しており、企業や個人による導入も加速している。AI革命は、計算機のコスト・パフォーマンスの急激な向上、特にGPUの価格低下、インターネットによるデータ量の爆発的増加、AIモデル学習に用いられるアルゴリズムの絶え間ない改良によって加速されている。しかし、イノベーションが極めて速く進行する一方で、その能力の将来展望や普及にはいまだに不確実性が伴う。
>
> 　エネルギー分野においては、AIが電力系統のような極めて複雑でデータが集積するシステムの設計・運用の最適化に寄与する可能性が高い。また、AIは新たなエネルギー技術のイノベーションを加速することが期待されている。例えば、EV用の高効率・低コストバッテリーの開発や、水素製造用触媒の改良を支援することができる。
>
> 　同時に、AIは膨大なエネルギーを消費する。AIの普及に伴い、新たなデータセンター（DC）への投資が急増しており、電力需要の急増に対する懸念が現実化している。現在、DCによる電力需要は、世界全体においては比較的小さいものの、増加傾向にありさらに成長すると見込まれ、DCが集積する地域では、電気事業者や系統運用者にとって新たな課題となっている。一方で、テック大手企業はクリーン電力の大需要家として台頭し、小型モジュール炉（SMR）や長時間エネルギー貯蔵などの新技術への投資を進めている。」と論評し、そうした状況を踏まえて、長年にわたりエネルギーとデジタル化の相互関係研究の最前線に立ってきたIEAは、2024年末に新たなプロジェクト"Energy for AI, and AI for Energy"を立ち上げたことを報じている。

4.2　需要予測と電力技術

　使い道がなければ電気は要らない。しかし歴史が教えるように、電気は通信・照明・動力・情報処理とその使途を拡大し続けてきた。未来に向けても、最終エネルギー消費総量の大幅抑制を図りつつも、その内の電気エネルギーは比率も総量も増大する見込みになっている。いまや電気エネルギーは水・食料と並んで、私たち一人ひとりの生存に、そして国家の存続にかかわるインフラ中のインフラになっている。電気を需要に合わせて供給するにはどうしたらよいか、まずは需要を考えなくてはならない。

　その際に前提にしなければならないことは、電気は地面を掘っても出てこないということである。電気は一次エネルギーを原料としてエネルギー変換して得られる二次エネルギーである。ここで一次エネルギーとは、石炭・石油・天然ガスのような化石燃料、植物由来の燃料、ウラン鉱石や地熱、水力・太陽光・風力のような再生可能エネルギーのことである。家庭でリモコンのスイッチを入れてエアコンを動かすときには、それに見合うだけの電気エネルギーをどこかの発電設備がエネルギー変換によって作り出し、送電線、配電線、宅内配線を介してエアコンに送り込むということである。

　エネルギー問題は「仕事」という言葉を抜きにして議論しないほうがよいと思う。電気エネルギーは社会のいたるところで使われており、その量は膨大である。電気を使うということは、エアコンを動かすにせよ天井の照明をつけるにせよ、電気に仕事させるということである。

　電気がする仕事を測る単位はキロワット時(kWh)である。日本の1年間の電力需要は約1兆kWh=1,000,000,000,000 kWhだから、(非現実的な計算だが)これを定格出力1万キロワット(kW)のメガソーラー太陽光発電所で賄うとすると約8万8千か所の発電所が必要になる[279]。日本の国土は約37万8千平方キロメートルだから、山岳地帯を含めて4.3平方キロメートルごとに1万kWの太陽光発電所を置くことになる。(またこれも非現実的な計算だが)すべてを電気出力100

---

[279]　太陽は夜は照らないし、天気が悪い日もあるので、太陽光発電所からは定格の13%程度しか電気を得られない。
　　　1,000,000,000,000÷(10,000×24時間×365日×13%)＝87,812(約8万8千)

万kWの原子力発電機(原子炉)で賄うとすると、114台(114基)が必要になる[280]。

電気に仕事をさせるのは人間だから、社会に、すなわち地球上に何人の人間がいるかが電力需要を考えるための重要要素になる。需要は多岐にわたるが、今後大きな需要変化が見込まれる代表例として、自動車とデータセンターを考えてみる。更には、電気を起こして(発電して)から、需要地まで届ける間にある課題についても考えてみる。最後には総括的な需要予測についても言及する。ここには興味深い技術課題も事業経営課題も政策課題も山のように存在する。そして課題解決のために必要な合意形成が日に日に難しくなっているという重要課題も横たわっている。

切り口① 人口

人間は生きてゆくためにエネルギーを消費する。消費できるエネルギーは無尽蔵ではないから、エネルギー消費を考える上では人口に注目する必要がある。

日本と世界の将来人口は下表を参考にする。

表4.1　人口

	世界(100万人)	日本(100万人)	日本が占める割合
2020年	7,841	126	1.6%
2030年	8,546	119	1.4%
2050年	9,709	102	1.1%

出所：総務省統計局「世界の統計2023」

なお、国連人口局の予測(World Population Prospects 2024)では世界人口は増加を続けるが増加率は年々低下し、2083年の103億人をピークにして減少に転じる。平均年齢は現在(2024年)の30.6歳が2100年には42.1歳になる。人口動態には様々な要因が作用するが、幼児の死亡率が低下すれば、出生率が低下し、人口爆発は避けられると考えてよいのではないか。死亡率低下は衛生環境(医療水準)と教育レベルの影響が大きいであろう。

爆発的に増加する世界の人口動向の中で、各地域の電力システム、電気事業、

---

[280]　1,000,000,000,000÷(10,000,000×24時間×365日)＝114.2
　　　実際には定期点検期間中は発電しないので、さらに稼働率で割る必要がある。

電力技術はどのようになってゆくかを考える必要がある。その一方で日本、中国、韓国等は人口が減少する。日本の人口減少は、少子化、過疎化、高齢化の中で進む趨勢が明確になる中で、東京一極集中の姿をどのようにしてゆくべきか、その姿を支えるための各地域の電力システム、電気事業、電力技術はどうあるべきかが課題である。これらの課題を今考えなくていつ考えるのだろうかと思う。

世界の人口・日本の人口の最適数を算出する方程式は立てようがない。しかしこの地球で平穏に人間という動物が暮らし続けるためにどうしたらよいかとの命題から出発して、豊かな社会を構築しつつ人の道に背かない形で人口が減る方策があれば、それは良いことだとの思想はあり得る。その思想を世界に先駆けて日本が社会の趨勢にすることができれば、それは世界に対する日本の貢献になるし、そのこと自体が東アジアの中、世界の中での日本の立場をより平穏なものにするだろう。

切り口②　自動車

人口の次に自動車を取り上げる。人間は移動する。太古の昔は歩いて移動した。いまは乗り物で移動するようになり、そのために多量のエネルギーを使うようになった。乗り物は多様であるが、その中でなぜ自動車に注目したいのかは説明が必要であろう。日本のエネルギー消費量を、エネルギー白書2023をもとに考えてみる。

日本は1年間に12,276ペタジュール[281]のエネルギーを消費して成り立っている国である。そのための一次エネルギーを国内に18,670ペタジュール供給して、エネルギー転換損失で6,394ペタジュールを失っている。

最終エネルギー消費を［家庭］［運輸（旅客＋貨物）］［企業・事業所他］に3分割したとき、それぞれの割合は14.6％、21.9％、63.5％である。ちなみに2022年度における日本の二酸化炭素排出量（10億3,700万トン）のうち、運輸部門からの排出量（1億9,180万トン）は18.5％で、その大部分（85.8％）は自動車からの排出であ

281）ジュール（J）はエネルギー量の単位。ペタは10の15乗だから日本のエネルギー消費量は年間12,276,000,000,000,000,000Jである。1[J]=1[W×s]だから、12,276×10^{15}[J]=12,276×10^{15}[W×s] =3.41×10^{15}[WHr] =3.41×10^{12}[kWHr]

る[282]。電力の割合が極端に小さく、石油(ガソリン、軽油、重油)を多量に使っているのが運輸なので、地球温暖化ガス(中でも二酸化炭素)の排出量を抑えたい、電化により石油消費を抑制したいと考えるときには運輸、その主流を占める自動車に着目する必要がある。

自動車に着目する場合、その視点には注意を要する。視点は三つある。①タンク・トゥ・ウイール効率、②ウェル・トゥ・ウイール効率、③ライフサイクル・アセスメント(LCA)である。

①はガソリン車であれば、燃料タンクのガソリン燃料のもつエネルギーの何パーセントを、車を動かすことに使えるかであり、そのときどれだけ二酸化炭素を排出するかにも着目する。電気自動車(BEV)であれば、バッテリーに蓄えられたエネルギーが燃料となる。

ガソリン車は油井(well)で石油を採掘し、精製し、運搬し、ガソリンスタンドに貯蔵したガソリンを車の燃料タンクに注入して初めて走れる状態になる。燃料を車のところまで持ってくる効率も合わせて考えるのが②である。BEVであれば、電気をどこかで発電して自動車のところまで送電して車載のバッテリーを充電して初めて走れる状態になる。

発電を原子力や再生可能エネルギー(水力・太陽光・風力等)で行うのと石炭・石油・天然ガスといった化石資源を燃料にするのとでは、二酸化炭素排出量には大きな差が出てくる。日本の場合は化石燃料(石炭、石油、LNG)による発電比率が高いので、電気自動車走行時の二酸化酸素排出量がゼロであっても、バッテリー充電に伴うそれは大きくなる。BEV化しても二酸化炭素への効果は限定的ということになる。

③は自動車のライフサイクル全体を評価する考え方である。バッテリー等の部品を製造し自動車を組み立て、利用して、廃棄するまでのライフサイクル全体で評価する考え方で、注目度が高まっている。多くの自動車会社は自動車単体での二酸化炭素排出量だけでなく、自社の工場での二酸化炭素排出量削減にも取り組むようになっている。

ハイブリッドカー(HEV)と電気自動車(BEV)は社会システムとしてあるいは

---

282) 炭酸ガス委排出量のデータは国土交通省ウェブ https://www.mlit.go.jp/sogoseisaku/environment/sosei_environment_tk_000007.html (最終参照日:2025年1月11日)

国際関係の中で自動車を見るとき、かなり異質である。HEVはガソリンで動くが、ガソリンの消費量を減少させ、その結果ガソリンスタンドの数が減る車である。BEVはもし充電用の電気を化石資源を使わずに作るならばガソリンスタンドは無用となり[283]、使用エネルギー量もCO_2排出量も大きく減らす車である。

単に車の運転段階あるいはウェル・トゥ・ウイール段階だけでなく、電池を含む部品の製造段階、車の組み立て、運用を経て、廃棄段階までを含めたライフサイクルで社会へのインパクトを評価しなければならないことは特記しておくべきだろう。

小島正美氏は植物由来のエタノールを燃料とするHEVの方がBEVより環境にやさしいという主張を、筋道を立てて行っている[284]。BEVは電池で動いているその断面をとらえれば、二酸化炭素を排出しないが、車製造過程で、特に電池製造過程で従来車（ガソリン車）よりはるかに大量の二酸化酸素を排出する。前述したように電池を充電するための電気を火力発電所で起こせば、そこでも二酸化酸素を排出する。小島氏はその著作の中で、自動車のライフサイクル（原料採掘、車や電池の製造、走行、廃棄）で発生する二酸化炭素のトータル排出量を比較した研究成果も紹介している。日本の火力主体の電源構成を前提にすれば、BEVは11万キロメートル走行で、ガソリン車と二酸化炭素排出量が等しくなるが、それより走行距離が短ければガソリン車より二酸化炭素排出量は多くなる。

第6次と第7次のエネルギー基本計画[285]で、バイオエタノールに関する記述を比較してみよう。第6次と第7次では、表4.2に見るように国レベルでの検討が着実に前進していることが分かる。すなわち第6次にあった「引き続き、国際的な導入動向等を踏まえ導入の在り方を検討していく」という文言がなくなり、第7次では「2030年度までに…最大濃度10％の低炭素ガソリン供給開始を目指す」と明記された。もはや検討段階ではなく実行段階であることがそこに示されている。

---

[283] 自動車へのエネルギー供給ステーションの在り方は、第7次エネルギー基本計画でも注目する重要課題である。

[284] 本間正義・横山伸也・三石誠司・小島正美：「アルコールで走る車が地球を救う 脱炭素の救世主・バイオエタノール」、毎日新聞出版（2024）、第4章「エタノールで走るハイブリッド車は電気自動車に勝てるか」参照。

[285] 第7次エネルギー基本計画は2024年12月18日発表の「原案」を拠り所にした。

表4.2　エネルギー基本計画に見るバイオエタノール

	エネルギー基本計画の記述
第6次 （2021年3月）	燃料の脱炭素化を図っていくことも必要であり、既存の燃料インフラや内燃機関等の設備を利用可能なバイオ燃料や合成燃料等の選択肢を追求していくことも重要である。バイオエタノールやバイオディーゼルについては、引き続き、国際的な導入動向等を踏まえ導入の在り方を検討していく。(p.32) 輸入が中心となっているバイオ燃料については、国際的な動向や次世代バイオ燃料の技術開発の動向を踏まえつつ、導入を継続することが必要である。(p.35)
第7次 （原案：2024年12月）	内燃機関に係るガソリンの低炭素化・脱炭素化を進めるため、ガソリンについては2030年度までにバイオエタノールの最大濃度10％の低炭素ガソリンの供給開始を目指し、2040年度から最大濃度20％の低炭素ガソリンの供給開始を追求する。また、対応車両の開発・拡大を行う。加えてバイオディーゼルの導入を推進する。さらに、合成燃料については2030年代前半までの商用化実現を目指し、その活用を行っていく。(p.24) バイオ燃料は植物、廃食油や廃棄物から製造され、原料の植物等が、成長過程で大気中のCO_2を吸収するため、化石燃料と比べ低炭素な燃料である。今後、次世代バイオ原料の国産化に向けた技術開発に関する取組を進めるとともに、次世代バイオ原料の資源国との連携を深め、サプライチェーンの構築・強化を進める。(p.56) 自動車分野では、制度等の必要な環境を整備しながら、2030年度までに一部地域でガソリンへの直接混合も含めたバイオエタノール導入拡大により、最大濃度10％の低炭素ガソリン供給開始を目指す。また、対応車両の普及状況やサプライチェーンの対策状況等を見極めて地域や規模拡大を図り、2040年度から最大濃度20％の低炭素ガソリン供給開始を追求する。(p.56) SSが石油製品の供給を継続しつつEVへの電力供給やFCVへの水素供給、合成燃料やバイオ燃料の供給を担う「総合エネルギー拠点」としての発展を目指せるよう後押しする。(p.62)

注：表中の頁数は第6次、第7次（原案）基本計画の頁数を示す。

　最大濃度10％の低炭素ガソリンはE10と略記される。小島によれば、すでに米国内で走るガソリン車の燃料のうち10％はE10エタノールに置き換わっていてCO_2排出量削減に貢献しており、ガソリン車も2001年以降製造のものならE10に対応しているので、ガソリンスタンドにはE10の表示は原則ないとのことである。バイオエタノールは次世代エネルギーではない。すでに燃料は存在し、自動車会社も

E10に対応できるガソリン車を世界で販売している。エネルギー分野ではないが、日本は過去にアスベスト、血液製剤、BSE（牛海綿状脳症）等の対応で世界に後れを取った歴史がある。幸い、岸田文雄首相（当時）とジョー・バイデン大統領（当時）の日米共同声明では、すでに次のようにうたわれている[286]。事前に事務レベルでのきちんとした検討があっての声明であろう。今後の量的目標設定が待たれる。

> 我々は、革新的で新しいクリーン・エネルギー技術の普及を促進し、排出量削減に有望な、エタノール由来のものを含む、持続可能な航空燃料（SAF）や原料に関し世界的な供給を拡大する意図を有する。

ガソリン車より環境性能が高いHEVをさらに普及させ、燃料に世界で一般化しているE10を用い、エタノール製造過程で発生する二酸化炭素を回収して地中に閉じ込めて貯蔵すれば[287]、革命的な低炭素化が図れる。エタノールは当面輸入に依存することになるが、輸入先は政情不安定な中近東諸国にはならない（おそらく最大の輸入先は米国）。

国際的な技術動向、政治動向にも注目しなければならい。「2050年にカーボンニュートラル（CN）だから、早期に全面BEV化を図るべき」といった単純判断は厳に慎むべきである。

切り口③　データセンター

電力消費に占める割合が過去にはそれほど高くないが、今後急激に増加してゆく電力需要には注意を要する。その代表例がデータセンターであろう。

21世紀は情報文明の世紀である。データセンターが消費する電力は何十倍、何百倍のオーダーで増加する。情報化社会の進展に伴って、世界の情報量（IPトラフィック）は2030年には現在の30倍以上、2050年には4,000倍に達すると予想されている。いわゆる指数関数的変化である。その予想をベースにして科学技術

---

[286]　「未来のためのグローバルパートナー」https://www.mofa.go.jp/mofaj/na/na1/us/pageit_000001_00501.html（最終参照日：2025年1月11日）
[287]　二酸化炭素回収・貯留技術（CCS：Carbon dioxide Capture and Storage）

振興機構（JST）が予測したデータセンターの消費電力量を表4.3に示す[288]。

表4.3　データセンターの消費電力量

	世界 Modest	世界 Optimistic	日本 Modest	日本 Optimistic
2030年	670	190	24	6
2050年	16,000	3,000	500	110

単位：TWh（テラワットアワー）

　表4.3でModestとはデータセンターの、たとえば計算機部品の省エネ技術開発が小さい場合、optimisticとは大きい場合である。データセンターの省エネに直結する技術開発、例えば省エネ半導体の技術開発が極めて重要な意味をもつことが分かる。

　1 TWhは10^{12} Whだから、10^{9} kWh＝10億キロワットアワーである。日本の一年間の電力量消費が約1兆キロワットアワーだから、2050年にはデータセンターだけで1.1〜5.0千億キロワットアワーと、全体が横ばいだとするとその1割から5割の電力量を消費することになる。データセンターが必要とする電力をどうやって供給するかは、重要な問題になる。そもそもデータセンターをどこに立地するかは、日本の国土計画上の大問題である。放置すればその多くは首都圏に設置され、首都圏への電力供給をさらに増やさなくてはならなくなる。それが日本にとって健全な状態か。すべからく政治問題である。

　以上のデータセンターの消費電力量の予想はJSTのものである。それ以外にも、例えば電力中央研究所（CRIEPI）は2021年度の実績値を20 TWhとしたうえで、2050年度の電力需要を43〜211TWhと予想している。CRIEPIの予想は2050年度までの全国の長期電力需要想定のためのモデルを確立したもので、その全体像は興味深く、次項で取り上げる。

　ちなみにこれらの予測数値は技術開発や経済、さらには政治動向の影響を受けて変わり続けるであろう。しかし数値がなければ技術開発投資もできないし、設備投資もできない。投資の遅れは国際競争の敗北につながる。

---

[288] 科学技術振興機構：「情報化社会の進展がエネルギー消費に与える影響（Vol.4）」2022年2月、https://www.jst.go.jp/lcs/proposals/fy2021-pp-01.html（最終参照日：2025年1月11日）

切り口④　電力システム

　将来の電力需要を考える上で、代表的な要素として電気自動車とデータセンターを概観した。需要に応えるためには供給がいる。その全体をシステムとしてとらえる言葉として、「電力システム」がある。この言葉には経済的側面も技術的側面もあり、たとえばジャック・カサッザは電力の規制撤廃議論の中で、次のように用いている[289]。

> 最も大きな問題は、電力システムが、天然ガスパイプラインや電話網とは技術的かつ経済的に決定的に違うことを理解することなく、……。

　この電力システムの技術的側面について、将来を考える上で興味深い課題を三つ取り上げてみよう。それは交流・貯蔵・配電電圧である。

　まず、技術面で決定的に重要なことは交流電気回路の特質である。電気には直流と交流があり、エジソンが始めた電気事業は直流だったが、ほどなく交流にとってかわられた。現在はさまざまな場面で直流が用いられるようになってはいるが、遠隔地にある発電所と需要地を電線で接続して大電力を送るためには、交流は無くてはならない。そこには一般にはなじみがないが、電力系統理論とか電力系統工学という物理法則が支配する世界がある。

　その世界に「解」が存在しなければ電気は送れない。需要地で100の電力を必要とし、発電所では100の電力を起すことができ、その間をつなぐ送電線・配電線があったとしても、その全体を電力系統と捉え、系統全体を表現する方程式に解が存在しなければ、電力需要は満たせない。

　また、送電線・配電線に電流を流すと損失（熱）が発生するので、発電量はそのロスに見合う分だけ多めにするが、損失見合いの電力は仕事をしないから、地球温暖化対策上、損失を小さくできる技術が求められることにもなる。

　さらには、落雷で送電線が使えなくなるかもしれないし、台風や地震、山火事、火山の噴火で電気設備が損壊してしまうかもしれない。しかし電気はインフラ中のインフラだから、「電力人」は、大げさな言い方をすれば「その存在

---

289) 第3章で引用されている（p.152-153参照）

をかけて」電気を需要家に届けようとする。4.1節で詳説した不断性（供給責任）、低廉性、環境性がそこにあることをプロの職業人としての心の支えにしている。ここに興味深く、社会貢献の視点でも意義深い様々な技術課題が発生する。

　電気エネルギーの貯蔵を考える。電気は極めて貯蔵が難しいが、太陽光や風力による発電と同時に蓄電池の必要性が語られている。太陽光や風力は不安定な発電方式であり、ときに電気が余り、ときに電気が足りなくなる。発電所と需要地の中間に蓄電池を置き、余っているときには貯え、足りないときには放出する。重要な技術である。

　ここで蓄える方式、貯える技術を改めて考えてみよう。出発点は電気が二次エネルギーであるとの点にある。ここでの一次エネルギーとは[290]、石炭、石油、天然ガスなどの化石燃料や、原子力・水力・地熱・太陽光などのように、自然から取られたままの物質や能力を源とするエネルギーのことである。一方、二次エネルギーとは、電気をはじめ、都市ガス、石油製品などのように、一次エネルギーを使いやすい形に変換・加工したエネルギーのことを指している。

　電気は極めて利便性が高い二次エネルギーだが、需要の発生と同時に必要な量を発電しなければならない。備蓄は一次エネルギーの形で行う必要がある。蓄電池はその一形態であり、需要や発電の変化に即応可能という特徴を有するので、安価で大量に蓄電できる技術開発や設備投資が期待されている。しかし家庭に設置される定置型の蓄電池は、屋根に設置される太陽光発電設備と同様に、設置工事、日常の運用、故障時対応、そして廃棄とその各段階で安全やコストの面で、社会的にどうすればより大きなメリットを生むのかの検討も必要だ。電気自動車（プラグインハイブリッド車、バッテリーEV車）搭載の蓄電池も含めた、俯瞰的な視点が重要になってくるだろう。

　需要変化への即応性の高い発電技術として水力発電にも注目が必要である。日本には大容量の揚水発電設備がいくつもある。建設には膨大な資金を必要とする設備で、運用するのに必要なエネルギーの約3割は損失として失われる設備だが、原子力発電が安価で安定した電力を供給していた時代に、いわゆる総括原価

---

290) 電気学会：「電気を送る・配る」、電気の知識を深めようシリーズVol.5、p.5（2016）

方式の中で長期的な電源計画に基づいて高性能の可変速揚水発電設備が各地に建設された。水力発電は水を落下させて水車を回せば直ちに電気が得られる。

揚水発電は夜間には余剰となる原子力の電力を利用して発電機をポンプとして使って下池の水を上池にくみ上げ、昼間の電力需要が多くなる時間に水を落として発電していた。原子核のもつエネルギーを高所に蓄えた水の位置のエネルギーに変換し、それを使って必要時には水力発電機の水車を回し、電力を得ていた。

現在、可変速揚水発電所は原子力発電所の再稼働が進まない中、不安定な太陽光発電を有効活用するための重要な設備になっている。好天気の日中に太陽光発電設備が需要以上の電力量を発電しても、それを使って下池の水を上池にくみ上げ、太陽光が得られないときの需要に対応する使い方だ。需給ひっ迫警報が発令された2022年3月22日の東京電力・東北電力管内の電力危機（第5章参照）で、東日本を停電から救った要因の一つは揚水発電設備の上池に蓄えられた水だった。当日の運用計画にない大量の水を落として発電して、停電の危機を乗り越えた。しかし計画外に水を落として上池が干上がってしまえば、当然それ以上の発電はできなくなるので、どこかで停電が発生する事態になる。まさに危機一髪の事態だった。

揚水発電は高所にある水がもつ位置のエネルギーを一次エネルギーとして用いる重力発電設備（重力蓄電設備）である。今、世界ではコンクリート塊などの重量物を、電力余剰の時に高所に釣り上げて、電力不足の時に徐々に落下させて発電する重力発電設備が注目されている。日本は地震大国なので難しい面もあるが、小規模の設備を太陽光・風力発電所近傍に設置するなどの工夫をすれば、電力貯蔵設備の選択肢の一つにはなるのではないか。地盤が安定しているとの条件付きにはなるだろうが、傾斜地の斜面を利用するなど、コスト低減と安全性を両立させる工夫はいくらでもできるだろう。

配電線の電圧を考える。現在の日本は、配電線から送り出される交流電気の電圧は6,600ボルト（V）で、電柱の上に設置された柱上変圧器で100Vに下げて一般家庭に電力量計と分電盤を経由して導入され、テレビやエアコン、冷蔵庫など様々な用途に用いられる。この電圧をどうするかが、地球環境にも設備効率にも大きく影響する。

隣国の韓国は、国家プロジェクトとして1990年代に配電電圧を単相100ボ

ルトから三相4線式（220 V/380 V）に昇圧し、今や先進国で100ボルトを使っているのは日本だけになったと揶揄されることがある。配電電圧の三相4線式（220 V/380 Vもしくは230 V/400 V）の昇圧を期待したい。論点は三つある。使用電圧を上げることによる需要家内での配電ロスの削減、電力流通設備側の電力損失の削減、電力流通設備の簡素化による資源量削減である。平たく言えば、省エネルギーが進みCO_2排出を削減できるということである。

　三現（現場・現物・現実）重視の観点からトイレの温水洗浄便座を具体例として取り上げる。一般世帯での温水洗浄便座の普及率は、1992年には20％程度であったものが、2021年には80.3％になった。100世帯当たりでは113.2台が使われている。使用場所は一般家庭だけでなく駅・ホテル・事務所等にも拡大しており、年間生産台数は250万台を上回る（2022年10月～2023年9月）[291]。

　一般世帯で、温水洗浄便座で消費される電力量は2.0％（2019年度）[292]であり、方式には貯湯式と瞬間式がある。貯湯式は常時温水を貯めておくので瞬間式より消費電力量が大きい。瞬間式は使用時に瞬間的に加熱するので、大きなピーク電力が発生し、契約電力量（アンペアで表記）を超えれば宅内が停電する。使用電圧は日本の家庭で標準の100 Vである。年間の消費電力量・料金については、貯湯式で238 kWh・6,246円、瞬間式で114 kWh・2,376円という試算がある[293]。この使用電圧を上げられれば、例えば230 Vにできれば、省エネになって支払電気料金が減り、社会全体で言えばCO_2排出量を減らすことができ省資源になる。参考までに貯湯式と瞬間式の2008年製と2023年製の年間消費電力量を表4.4に示す。

表4.4　温水洗浄便座の年間消費電力量[294]

	貯湯式	瞬間式
2008年製	202	128
2023年製	160	90

単位：kWh/年

291）経済産業省生産動態統計調査、政府統計の総合窓口e-Statで確認できる。
292）全国地球温暖化防止活動推進センター　https://www.jccca.org/download/12981（最終参照日：2025年1月11日）
293）https://denki.insweb.co.jp/washlet-denkidai.html（最終参照日：2025年1月11日）
294）中村祥一：「温水洗浄便座の発展の歴史」、電気学会雑誌, Vol.144 No.11, pp721-724（2024年）

温水洗浄便座の占める消費電力量は一般家庭で2.0%でしかない。しかし私たちは他にも多くの家電製品を使っている。海外に旅行してホテルで電気ポットを使った方は、お湯が待つ暇もなく沸くことを実感しただろう。加熱・冷却機器の消費は家庭の40%強を占める。使用電圧昇圧に伴う省エネ効果は、すべての家電機器に及ぶ。もちろんホテル業界でも鉄道業界でもあまねく省エネ効果が出てくる。その積算値で電気料金低減、CO_2排出量削減、省資源効果が出てくる。

　配電電圧昇圧問題は既にリアリティのある検討が、電気事業者側でも電機メーカー側でもなされている。すなわち20世紀末から電力自由化への取り組みが本格化する中で、20 kV級／400 V配電方式の導入が真剣に検討されている[295]。配電用変電所から送り出された電気は配電線を通って需要家側に設置された様々な設備で仕事をする。エレベーターを動かしたり、エアコンや冷蔵庫、電気洗濯機などを動かしたりして社会の役に立っている。ここで注目するべきは、配電線を通る間にロスとして失われる電気と配電用設備にかかるコストである。このロスは電圧が低いと大きく、高いと少なくできる。需要側で必要とされる電力が一定なら、配電用変電所からは配電線のロス分を上乗せした電力を送り出さねばならない。その分が二酸化炭素排出量の増分となり、カーボンニュートラル達成の足を引っ張ることになる。

　現在、配電用変電所から送り出される電圧は6千ボルト（6 kV）だが、それを2万2千ボルト（22 kV）にできれば6 kVクラスの配電用変電所を不要とできる。これも大きなメリットとなる。

　一方、ディメリットは、電圧が高くなるので今まで使っていた電気設備が使えなくなる点である。配電電圧昇圧に成功した韓国は、設備が更新されるまでの間に必要となる変圧器を無償で配備することでこの問題を克服した。そもそも電気設備は日進月歩で、どんどん効率がよくなっている。効率がよくなるということは少ない電力量で同じ効果が得られることだから、二酸化炭素排出量の削減に直

---

295) 次の三つの報告がある。
- 電気協同研究Vol.56 No.3「20kV級／400V配電方式普及拡大技術」、2000年12月
- 電線地下埋設等検討委員会：「配電電圧昇圧と電線地中化推進のための提言」、日本電機工業会、2001年3月
- 配電電圧昇圧による省エネルギー推進委員会：「配電電圧昇圧による省エネルギー・CO_2削減効果の評価報告書」、日本電機工業会、2002年3月

結する。配電電圧昇圧によりいずれ設備の更新が必要ということになれば、老朽設備更新も加速化され、それは効率向上だけでなく安全性の向上にもつながる。最近NITE（独立行政法人 製品評価技術基盤機構）は、温水洗浄便座の普及に伴い、製造から長年使用され続けている製品が増加し、近年は経年劣化による事故や、故障を放置して使用し続けたことによる事故が目立つようになっているとの注意喚起を行った[296]。

　経済学に学ぶことも重要かもしれないが、歴史に電力技術を学び、これからの電気事業と電機産業の未来を切り拓くことにも力を注ぐべきであろう。第1章「インサルが築いた公益電気事業」では電線には銅が必要で、交流と直流の優劣をかけた戦いで、長距離・高電圧送電が可能で高価な銅の使用量が少なくて済む交流方式に、トーマス・エジソンの直流方式が敗れたことを見た。第2章「松永安左エ門が築いた『9電力体制』」では、1922年に東邦電力の副社長になった松永安左エ門が、停電を頻発させている状況の打開のために、配電電圧を昇圧して設備容量の増大策を打ったことを見た。

　2030年、2050年の日本社会で、電気自動車（BEV）が必要不可欠の移動手段になったと仮定しよう。BEVは充電しなければ走れない。充電のために必要な時間は、配電電圧を何ボルトにするかに直結している。現在の日本の家庭への配電は、単相3線式の100/200ボルトである。これを世界で標準的に用いられている三相4線式の230/400ボルト（230Vは電灯用、400Vは動力用）にできれば、同じ銅の量で供給可能な電力は3.5倍にできる[297]。充電時間も短縮できる。高速道路のSA/PA（サービスエリア／パーキングエリア）やスーパーマーケットに20キロボルトで配電できれば、BEVの急速充電器設置が容易になる。現状を放置すれば低い性能のBEV充電器がどんどん増えてしまう。

　幸い、配電事業ライセンス制度[298]が、地域ごとの配電システム運用の可能性を広げている。地方公共団体による配電事業運営も増加している。ここで留意す

---

296) 「温水洗浄便座は"電気製品"なんです！〜経年劣化、故障放置による事故に注意〜」https://www.nite.go.jp/jiko/chuikanki/press/2024fy/prs240725.html（最終参照日：2025年1月11日）
297) 配電電圧昇圧による省エネルギー推進委員会：「配電電圧昇圧による省エネルギー・CO_2削減効果の評価報告書」、日本電機工業会、2002年3月のp.2参照
298) 5.2節のコラム「配電事業ライセンス制度」を参照（p.234）

るべきは災害復旧・災害回避だが、この点については5.2節で述べる。

　配電電圧昇圧はまさに電力システム改革、グリーン成長戦略の喫緊の課題の一つではないだろうか。

　興味深い課題はいくらでもある。電力系統間連系、長距離海底ケーブルによる電力輸送、次世代型太陽電池、情報技術と電力技術の融合、アンモニア発電、宇宙太陽光発電、核融合炉などなど。これら課題は技術的に極めて興味深い。ところがこれら科学技術の担い手が決定的に不足している。これらの科学技術の社会実装には、理解と合意形成が必要である。その必要性は今後も高まることこそあれ、低下することはないであろう。人材の育成を含めて抜本的に改善したい課題である。

全体像　長期電力需要想定
　電気は人々の生活にも産業活動にも必要不可欠である。2030年に1億1900万人が、2050年に1億200万人がこの日本列島の上で電気を使うのであれば、それに支障のない量の電力を起し、送り届け、配らなければなければならない。では支障のない量とはいかほどか。どのような体制、仕組みでそれを実現するか。

　日本の戦後（太平洋戦争後）の電力を振り返ってみよう。まず供給側である。第2章で詳述したように、地域ごとにそれを担ったのは九電力である。しかし敗戦後の荒廃の中で、日本の電力システム復興のために必要な計画・資金調達・建設・運用のすべてを九電力だけで担うことは無理だった。特に資金は全くの不足状態だった（現在の日本も、国家レベルでは財政の基礎収支さえ黒字化できず、累積赤字は1,000兆円を超えている苦しい状態にあるが）。社会復興のためには大型の火力・水力発電所、基幹送電線、変電所、水力ダムが必要だった。それを担ったのが電源開発株式会社である[299]。独立した株式会社[300]として計画・資金調達・建設・運用のすべてを担った。必要資金についてはその多くを世界銀行の

---

299) 電源開発（株）設立の内情については、たとえば中井修一著「鬼の血脈」（2021年、エネルギーフォーラム）pp.190-191が興味深い。

300) 電源開発（株）の株式は2004年の民営化以前は大蔵大臣が66.7%を保有していた。ちなみに福島原発事故の対応にあたらなければならない東京電力（株）の株式の54.74%は原子力損害賠償・廃炉等支援機構が保有し、一般には東電は国有化されていると言う。

借款に依存した。そして政治家と行政がそれを支えた。行政府には科学技術を他人任せにしない実力官僚がいた。

　当時の需要側を振り返ってみよう。太平洋戦争の本土爆撃で民生も産業も徹底的に破壊された中からの、戦後復興だった。そして想定外の朝鮮戦争特需があった。電気事業者が必死に発電所・電力系統を増強しても電気は常に不足気味だった。天井の白熱電球が暗くなったり明るくなったりして次の瞬間に停電し、ロウソクを灯すというのが日常だった。

　さて、これからの電力を考えよう。基本は同時同量である。電気エネルギーはそのままのエネルギー形態では貯蔵が極めて難しいので、需要量と発電量を常に一致させる必要がある。それに加えて需要量と発電量をつなぐために、一般人にはほとんど注目されないが必要欠くべからざるものとしての電力系統がある。そこを支配するものは物理法則である。

　需要量と発電量を一致させる方法は二つある。需要に発電を合わせる方法と、発電に需要を合わせる方法である。しかしそれだけでは不足で、電力系統が要る。しかもそこを流れる電気は交流という、数学的に言えば実数だけでは取り扱えず、複素数を使って表現しなければならい物理量である。発電機とデータセンターを送電線でつなげば、あとは生成AIがやってくれるといった簡単なものでは決してない。高度な専門性、高い技術開発力をもった研究者・技術者が必要である。

　ここではそのような研究者・技術者そして事業者の育成・確保がきちんとなされていると仮定しよう。その仮定が成立するのなら、需要と発電を一致させればそれでよい。たとえば2030年、2050年の電力需要を予測し、それに合わせて発電所を用意し、優秀な研究者・技術者・事業者にその間を結び付ける電力系統を用意してもらえばよい。今は戦後の高度成長期ではないので、まずは将来の電力需要を予測することが必要である。優先的に考えるべきは少子化過疎化問題であり、地球環境問題であろう。ヒト・モノ・カネの首都圏一極集中の排除とか地方振興も重要課題である。

　ここでもっとも参照するべきは、国が策定するエネルギー基本計画であろう。現在、第6次の計画が推進されていて、第7次の策定作業中である。2021年10月に公表された第6次エネルギー基本計画のテーマは2つであった。ひとつは世界的に取り組みが加速している気候変動への対応であり、もうひとつは、日本の

エネルギー需給構造が抱える課題の克服である。しかし残念ながら需要に関する記述は少なく、供給面がほとんどである。地球環境問題は重視しているが、少子化過疎化問題とか首都圏一極集中の問題は取り上げられていない。発電所の新増設や電力系統の強化が必要になった場合には、一般に実現までには長期間必要になるので、需要を見通すことは重要である。2024年12月に公表された第7次計画原案ではより需要に注目するようになっており、期待が膨らむ。

　需要の見通しについては、データセンターの場合を先に示した（p.208）。そこには科学技術振興機構（JST）が行った2030年と2050年の断面での、省エネ技術開発が小さい場合（modest）と、大きい場合（optimistic）の予測値が示されていた。ここでは日本全体についての見通しについての電力中央研究所（CRIEPI）の研究を紹介する。電力広域的運営推進機関（OCCTO；オクト）「将来の電力需給シナリオに関する検討会 第4回検討会」の資料「2050年度までの全国の長期電力需要想定－追加的要素（産業構造変化）の暫定試算結果－」である[301]。2019年度の実績値（834テラワットアワー）を基にして、将来の変動要素を基礎的需要、省エネ、電化、データセンター等に4分類して分析し、2050年度の電力需要を829〜1,075テラワットアワーと想定した興味深い研究である。ちなみにデータセンター等の需要は2019年基準で、低いケースだと+21テラワットアワー、中間的ケースだと+89テラワットアワー、高いケースだと+198テラワットアワーとしている。

　このCRIEPIの予測は、経済成長と需要動向を切り離して産業構造の変化を組み込み、産業／業務／家庭／運輸の4部門ごとに電化需要を評価するなど、予測モデルとして実態に合わせた改善は必要になるにしても、今後長期にわたって予測データを提供し続けるものになるのではないか。さらに言うならば、このような研究力の維持、向上が重要であろう。

　さて、需要の値を上述のように想定したとしよう。次の問題は、電源のあり方を検討することなのだろうか。エネルギー基本計画に見られるように、電源のベストミックス、一次エネルギーのサプライチェーンなどの検討に歩みを進めればよいのだろうか。それは大きな誤りだと主張したい。日本の国土のどこでどれだけのエネルギー需要、電力需要が発生するかにより、電源の在り方そのものが違ってくる。

---

301) https://www.occto.or.jp/iinkai/shorai_jukyu/2023/files/shoraijukyu_04_02_01.pdf（最終参照日：2025年1月11日）

第4章　現在から未来へ

必然的に電力系統の在り方も変わる。電気事業の在り方も、それに応じて変わる。
　次章で改めてこの問題を論じよう。そのための参考文献をいくつかコラムで紹介する。

> **column**
>
> ### エネルギー、電力に関する参考書
>
> ●エイモリー・ロビンズ：「ソフト・エネルギー・パス」、時事通信社（1979）
> 　エネルギー需要の増加を前提にして、原子力や石炭開発により需要増に対応することをハード・パスとし、省エネルギーと再生可能エネルギーの重視をソフト・パスとして、後者を重視するべきと主張。
>
> ●茅陽一・鈴木浩・中上英俊・西廣泰輝：「エネルギー新時代 "ホロニック・パス"にむけて」、（財）省エネルギーセンター（1988）
> 　エネルギーの在り方を考える外的誘因として温室効果と化石燃料、内的要因として需要の高度化・多様化への対応（供給側のベストミックスと"需給接近"、すなわち需要地の近傍で発電すること）に注目し、システムの個々の要素がその特徴を発揮しながら調和的に全体を作り上げるシステムをホロニック・パスと呼称し、その実現を提唱。
>
> ●浜松照秀：「誤解だらけのエネルギー問題」、日刊工業新聞社（2006）
> 　国の命運を左右するエネルギー問題について、マスメディア、産業界、そして時には学識者にある誤解を解く為に、需要サイドの視点からの議論を提供。
>
> ●御園生誠：「新エネ幻想」、エネルギーフォーラム（2010）
> 　新エネルギーはコスト、資源量、環境影響、供給安定性に課題があるので急速に普及させることには問題があるが、長期的には枯渇性ではない様々な新エネのうちの「筋の良いもの」を拡充しなければならないとの視点での新エネ論。
>
> ●井伊重之：「ブラックアウト　迫り来る電力危機の正体」、ビジネス社（2022）
> 　ジャーナリストの視点で、政府が進めてきた電力自由化や脱炭素、再生可能エネルギーの導入拡大が構造的な電力危機を招いていると断じた本。経産省内部の議論の紹介も興味深い。
>
> ●竹内純子：「電力崩壊　戦略なき国家のエネルギー敗戦」、日本経済新聞出版（2022）
> 　竹内は太平洋戦争を第一の敗戦、失われた30年を第二の敗戦とし、昨今のエネルギー問題の対応を誤ればそれは第三の敗戦になるという。誤りにつながりかねない課題設定に「競争原理の導入で効率化させる」「自然の力を利用する再エネを増やそう」「事故のリスクのある原子力はやるべきではない」を挙げ、これらは一つの側面からとらえれば正しいが、日本にとっての全体最適とは言えないと断じる。

第5章 未来から現在へ

5.1 理念のもつ意味

　社会の指導原理を何とするかは重要である。未来の海を航海するためには海を知りそれが何たるかを語れる水先案内人が必要である。他者のもつ思想信条を認めない宗教であってはならないし、批判を許さない似非科学であってもならない。

　日本の電気エネルギーの将来を考えるためにも水先案内人としての指導原理とそれを語り、行動する人が必要である。2050年の節目のあるべき具体的な姿を提示する基礎となる理念と、50年後100年後のありたい姿を提示する理念が必要だし、その理念を信念として行動する人が必要である。いくつかの切り口を設定して考えてみたい。

政治理念

　筆者は今の日本は民主主義・自由主義の国であり、将来もそうであってほしいと考えている。社会制度としての民主主義はかっては新大陸と呼ばれた米国で育った。しかしその理念は旧大陸である英国を含む西欧で生み出された。ジョン・ロック(1632-1704)が主張する、人間であれば誰でもがもつ自然権、基本的人権や契約の概念は、米国で独立宣言(1776)や憲法に反映され社会発展の指導原理となった。アダム・スミス(1723-1790)の国富論や、マックス・ウェーバー(1864-1920)の資本主義の精神は欧州の列強諸国とその産業資本主義の興隆を支え、やがて米国を世界の一強へと導いて行く。

　政治について単純化を恐れずに未来のためのキーワードを一つだけ設定するならば、それは「民意」である。民意を一国の政治に、そして国内の地域や国際的な政治にいかにつなげるかが最重要課題である。日本の電力系統の将来計画に、電力システム改革のあるべき姿に、エネルギー基本計画の策定に、民自身が民意をいかにしてどのような形で表明するか、それをいかにしてどのような形で国策に組み込むかが重要になる。

この観点で宇野重規氏・若林恵氏の著作『実験の民主主義』[302]の主張に注目したい。政治思想史・政治哲学を専門とする語り手の宇野氏と、聞き手のジャーナリスト若林氏が民主主義論を展開している。今のデジタル社会の三現（現場・現物・現実）を知り主張もする若林氏の問いかけと歴史を踏まえた宇野氏の対話は、新しい民主主義のあるべき姿を創り出している。『実験の民主主義』は次の記述から始まる。

「新しい時代には、新しい政治学が必要である」。このように書いたのは、19世紀フランスの政治思想家アレクシ・ド・トクヴィル（1805−59）である。

今のデジタル社会には新しい政治、実験の民主主義とでも呼ぶべき政治学が必要である。この著作には読者に実験の民主主義に加わってもらいたいとの両氏の願いが込められている。議会制選挙の投票行動を通して民の意志・意見を政治に反映する民主主義の姿だけでなく、「やってみる」民主主義の意義、自分で「やる・する」ことの重要性が語られ、旧来の行政府のモデルが制度疲労を起こしている現実にも目が向けられる。

宇野氏が語り手のあとがきで、民主主義論に関する本書の二つの角度からの問題提起として強調しているのは、①執行権（行政権）への着目と、②アソシエーションとしてのファンダムである。①に関しては、「現代のテクノロジーの発展によって、執行権の民主的なコントロールが実現できるとすれば、民主主義はその射程を大きく広げることになる」として、続けて次のように記述する。

　私たちは、日々、執行権（行政権）に働きかけることができる。政府の情報を開示させ、単にそれをチェックするだけでなく、自らの意見や問題意識をより直接的に政策に反映させることができる。それは政策のデザイン試行が語られる現代において、行政サイドから求められている動きでもある。政策形成は、そのエンドユーザーである市民の問題意識を今まで以上に反映すべきである。……選挙以外にも、民主主義を実現する方策は存在するのだ。

302）宇野重規著・聞き手若林恵：「実験の民主主義−トクヴィルの思想からデジタル、ファンダムへ」中公新書、2023

②は、本文中では両氏のやり取りの中で民主主義の新しい可能性が次々と膨らむ、読んでいて胸躍る部分だ。電気社会とか電気事業のあるべき姿を考えるとの視点で、アソシエーションとしてのファンダムを執行（行政）の中に組み込む努力をするべきではないか。

> **column**
>
> ## アソシエーションとファンダム
>
> 　本文中の、すなわち宇野らが著作の中で言及しているアソシエーションは、政治史でしばしば取り上げられるアレクシ・ド・トクヴィルが記述しているアソシエーションのことである。また、ファンダムはファン（fan）と王国（kingdom）の合成語で、宇野らはアイドルやアニメ、スポーツ、音楽やゲームをめぐるファン集団と説明している。
>
> 　19世紀のアメリカを調査したトクヴィルは、地域社会で普通の市民が相互に協力し合いながら、地域の諸問題を解決している姿に注目した。その手段が地方自治の習慣と人々の自発的結社「アソシエーション」である。アメリカには地方自治の習慣があり、普通の市民がアソシエーションと呼ばれる組織を自発的に結成し、地方自治に対して積極的に関与していたところに、民主主義のあるべき姿を見た。
>
> 　今の日本社会ではアイドルのファンが勝手連的にグループを作りアイドルの活動を盛り上げたり、プロ野球の私設応援団が極めて組織的な応援活動をやって試合を盛り上げたりしている。そのグループがファンダムである。アイドル側も球団側もファンダムの活動にはしばしば感謝の言葉を表明している。現代的なファンダムほどSNS（Social Network Service）やインスタグラムなどのネット情報をその活動に効果的に組み入れている。DX（デジタル・トランスフォーメーション）が進んでいる。
>
> 　同じように、この社会を少しでも良くしようとの意識を持った人たちが勝手連的に組織活動を展開したらどうなるであろうか。その活動と民主主義社会の執行権を担う人の活動が有機的に組み合わさったらどうなるであろうか。生成AIとSNSについて考えてみたい。
>
> 　今、行政の世界では「熟議」などと共に審議会の答申取りまとめ等のフェーズでパブリックコメント（パブコメ）募集が頻繁に行われている。しかし人によっては、パブコメはガス抜きと断罪する。事実、パブコメを提出したところで、後日行政がウェブで公開する検討結果を見ても何を検討したのかわからない場合が多

い。答申案のシナリオは既にできていて、形式的にパブコメ募集をやるだけ、だからガス抜きというわけである。

　もしエネルギー基本計画、電力システム改革、OCCTOの活動等に関する執行側、行政側の膨大な文書とファンダム側のパブリックコメントを生成AIに処理させたら、従来の執行側、行政側の対応とは異なる新しい民主主義的意思決定の姿が得られるのではないか。

　より具体的に考えてみよう。生成AIは一人の人間が学習し得る情報量の数桁多い情報量を学習し、情報の抽出方法も学習し、問いかけに返事を返してくる。ここで問題は学習した情報の正邪、抽出方法にかかわる正邪についての判断能力を生成AIは持たない点である。もちろん「正邪」を学習させることはできる。しかしその学習のための情報は人間が与えるから、そこに問題が生じる。例えば生成AIは信頼するべき科学情報と似非科学情報の区別ができない。

　この問題は学習させるデータを、政策決定の観点から限定させることにより、一定程度解決できよう。たとえば学習データを世界各国の三権（立法、司法、行政）文書やウェブ情報、アカデミアとして社会的に認知された組織の公開文書やウェブ情報等に限定した特定用途生成AIを国の責任において作って、そこにすべてのパブリックコメントを与えて、意見を出力させればよい。もちろん出力された意見の当否は、政策決定にかかわる当事者が行う。更にそのプロセスで得られた情報は広く公開する。合意形成の一つの手段となり得よう。

　合意形成の視点で、SNSにも注目する必要がある。先般日本のある首長選挙で、SNSが決定的に重要な役割を果たしたと言われている。2021年の前回選挙の投票率が41.1％だったのに対し、2024年11月は55.65％だった。自身の当選を目的としない人物が立候補するとか、公職選挙法に無知としか思えない組織が選挙の情報戦略に関与するなどの問題点があった選挙であるが、SNSが果たせる社会的役割との点では、反省点もあるにせよ前向きに評価するべき内容の選挙であった。

　このコラムではファンダムとアソシエーションを議論し、民主主義社会における行政（執行権者）の役割を議論している。ファンダムの活動と執行権を担う人の活動が有機的に組み合わさる場としてのSNSの活用は、合意形成の一つの手段となり得よう。

　電力分野では原子力発電が二項対立的な問題になっている。その一方でエネルギー安全保障や植物由来の燃料活用等についての国民的議論は不活発である。SNSの活用の抜本的強化があってもよいのかもしれない。

このコラムには本書『出でよ電力イノベーター』を、日本の電力システムの民主化に貢献するための実験にしたいという、筆者らのささやかな願いも込められている。

経済思想

　米国の電気事業はサミュエル・インサルの主導の下で、自然独占と公的規制を受け入れた民営事業として発展した。日本の電気事業は、長く電力業界の中に身を置き調査団を送ってインサルが築いた米国公益電気事業の実態を調査させた松永安左エ門を除いて語ることはできない。太平洋戦争前後の紆余曲折はあったものの、松永はインサルの考えを深く咀嚼して、電気事業を通して戦後の未曾有の復興に貢献した。二人はともに、地域独占・垂直統合型の電力会社が、「公益事業委員会」の監督のもと、料金認可を受けて経営する「公益電気事業」を唱道したのである。しかし、市場原理を重視する世界的な潮流の中で、日本の電気事業は、電気事業者や需要家の「選択」や「競争」を通じた創意工夫を可能にすれば、電力の安定供給も料金の最大限の抑制も実現できるはずとの方向に転換された。

　松永安左エ門は、五大電力が激烈な競争をし「電力戦国時代」と称された昭和初期の1927年に「電氣事業に於いては利潤のみが唯一の目的ではない。合理的公正なる利潤を獲得すると同時に、社會公共の福利を増進せしむることをも、主要なる目的の一とする現代的公共事業であることを忘れてはならぬ」と述べた[303]。太平洋戦争後、松永が推進した九電力体制では、経済的に貧しい人にも電気エネルギーの便益を享受できるよう、契約アンペア数によって料金に差をつける福利性を組み込んだ料金制度がとられた。いわゆる三段階料金制度で、それは現在も地域電力に継承されている。九州電力を例にすると、一般家庭の電気料金は表5.1のようになっている。使用電力量（kWh；キロワットアワー）に対応する料金を三段階にするとともに、基本料金（契約アンペア）を7段階にするきめ細かい設定がなされている。

303）松永安左エ門「電氣事業」、1927年（『社会経済体系』第9巻 p.369）

表5.1 三段階料金制度(九州電力の例)[304]

区分		料金単価(円)
基本料金	10アンペア	316.24
	15アンペア	474.36
	20アンペア	632.48
	30アンペア	948.72
	40アンペア	1,264.96
	50アンペア	1,581.20
	60アンペア	1,897.44
電力量料金	最初の120 kWhまで	18.37
	120 kWh超過300 kWhまで	23.97
	300 kWh超過分	25.87
最低月額料金		335.34

　上記料金表は電力小売りの九電未来エナジー株式会社のものである。株式会社であるから、株主が提供する資本金をもとにして会社を経営する資本主義経済体制下の会社である。ここで資本主義はそもそもどのような理念の下にあるのだろうか。それを中谷巌氏に学んでみよう。

　経済学者中谷巌氏は細川内閣、小渕内閣において規制緩和や市場開放などを積極的に主張した。委員として参加した「経済戦略会議」の諸提案のいくつかは、のちの小泉構造改革にそのまま盛り込まれた。第3章で記述した米国政府の日本に対する市場開放圧力とその背後にある新自由主義思想の浸透に積極的に貢献した。しかし世界、米国、日本での格差の急拡大や環境問題の激化を背景にして、2008年の著作の「まえがき」で次のように述べるに至った[305]。

　　一時、日本を風靡した「改革なくして成長なし」というスローガンは、財
　　政投融資にくさびを打ち込むなど、大きな成果を上げたが、他方、新自由主
　　義の行き過ぎから来る日本社会の劣化をもたらしたように思われる。たとえ
　　ば、この20年間における「貧困率」の急激な上昇は日本社会に様々な歪み

---

304) https://www.kyuden.co.jp/menu_new-plan.html 最終参照日2024/8/19
305) 中谷巌:「資本主義はなぜ自壊したのか　日本再生への提言」、集英社インターナショナル、pp.2-3 (2008)

をもたらした。あるいは、救急難民や異常犯罪の増加もその「負の効果」に入るかもしれない。

「改革」は必要だが、その改革は人間を幸せにできなければ意味がない。人を「孤立」させる改革は改革の名に値しない。

この最後の主張は、電力システム改革を評価するうえでも重要である。改革という言葉自体の意味は中立的だが、使う側は無条件に良いものとのニュアンスを含めていることが往々にしてあるからである。その結果、改革に抵抗すること自体が悪であるかのような雰囲気になる場合がある。改革自体は別に悪でも善でもない。改善もあれば改悪もある。

中谷氏はさらに次のようにも述べている[306]。

> （私は最近になって）新自由主義やグローバル資本主義の限界に注目し、安心・安全や信頼、温かさ、人々の間の絆など、「社会的価値」を破壊するアメリカ流構造改革に異を唱えるようになった。

上の引用で中谷氏が「社会的価値」としたものは、かつて日本社会がもっていて失われつつある価値であり、いま私たち日本人がその重要性を再認識して、さらに世界に訴えかける意味がある価値である。

中谷氏は変質する資本主義に注目して、次のように述べる[307]。

> マルクス経済学では「資本主義は労働者を搾取、収奪するメカニズムだ」とされていたわけだが、グローバル経済以前の資本主義では、それは間違いであった。むしろ資本主義にとっては、過度な搾取や収奪はマイナスに働く。適切な再配分を行うことの方が、資本主義の成長にとっては有利であったのである。

グローバル資本主義以前の経済学であれば、ある国の企業が自国の労働者によ

---

306) 中谷(p.32)
307) 中谷(pp.97-98)

り生産したものは、その労働者自身が直接間接に消費者となることによってその企業を発展させた。しかしグローバル資本主義の元では、他国に安い労働力を求め、自国の労働者に富が再配分されなくなった。その結果、スーパーリッチとワーキングプアの格差が極端に拡大し、同時に他国において極端な環境破壊を起こした。それは経済学で最も重要な前提の一つとされる「完全競争」[308]が成り立ちえないことの必然的な結果である。しかし新自由主義は完全競争をより現実のものにできるとの誤った主張をしていると中谷氏は説明する。

中谷氏は日本のグローバルな関係を重視しつつも、宗教観を含む西欧思想の根源を見つめ直し、「安全・安心」「信用第一」や自然に神聖さを感じる日本的な価値観を尊重するべきことを説いている。

中谷氏は電気事業の将来、あるいは電気事業の公益性に直接言及しているわけではない。しかし、1995年に電力自由化の幕が開き、2015年には当初予定されていた第5次電力自由化（最近の呼び名では「第5次制度改革」）ではなく、電力システム改革が始まった。これらの動きの思想的・理念的バックグラウンドがどこにあるか、これからの電力システムのありかたのバックグラウンドをどこに置くべきかを考えるとき、中谷氏の主張には学ぶべきところが多い。

電気事業の現状は、次に述べる諸項のいずれにあるのだろうか。すなわち、いまだに新自由主義思想に支えられた電気事業改革が進められているのか、「完全競争」を夢見る新自由主義思想家と国家による規制を重視する人とが同床異夢で改革を進めているのか、電力エネルギーという特殊な公共財（中間貯蔵が極めて困難な工学技術的に特異な財）の特質を踏まえつつエネルギー環境の変化に対応する電気事業のイノベーション実現を目指す改革が進められているのか、である。現在の電力システム改革の理念的バックグラウンドがどこにあるかは、公益の視点から見た2030年、2050年の日本の電気事業の在り方に強く影響するであろう。何を基本理念として電気事業の在り方を考えるか、中谷氏の主張にはよりどころとするべきものが多くある。またそこにある変質する資本主義の論述を手掛かりにし

---

308) 経済学における完全競争とは4つの条件、①経済主体の多数性、②財の同質性、③情報の完全性、④企業の参入・退出の自由性が同時に満たされている状態であり、現実にはほとんど満たされないことを経済学は認めている。その必然的な帰結として、素人が株でもうけるのが無理な理由を中谷は説明している。（中谷 pp.98-104）

て、今求められる新しい資本主義の姿についてのさまざまな提言[309]を学べば、これからの電気事業のあるべき姿についての多くのヒントを得ることができる。

なお中谷氏も重視している環境問題は、電気事業においては極めて重要な問題なので、次の「地球環境」で改めて考えることにしよう。

地球環境（人の住める地球を）

電気エネルギーは利便性が高くクリーンなエネルギーだが、地面を掘って出てくるものではない。いわゆる二次エネルギーであり、一次エネルギーを、たとえば化石燃料とかウラン鉱石とか水・太陽光・風のもつエネルギーを、変換して作り出す必要がある。現在注目されている地球環境問題は、人間のエネルギー消費をいかに制御するかの問題と言ってもよいであろう。

国レベルでもいろいろな施策が講じられている。2050年カーボンニュートラル、グリーン成長戦略、脱炭素事業への出資制度、エネルギー基本計画等々である。その背景には第21回気候変動枠組条約締約国会議（COP21）のパリ協定（2015年）や地球温暖化対策計画の閣議決定（2016年、2021年）がある。民間レベルでも国連のSDGsに呼応した取り組みを含め、さまざまな努力がなされている。しかしパリ協定や国連決議があるからやむを得ず取り組むのか、進んで取り組むのか。そもそも私たちが拠り所にするべき理念は何なのだろうか。

私が拠り所にする理念は、子供たち孫たちひ孫たちの世代になるべく住みやすい地球を残すことである。私たち人間は、地球環境にどれだけの影響を与えているかとの意味で、最も狂暴な動物と言える。以下の記述は、電気学会の小冊子[310]からの引用である。

---

309) 参考文献を三つだけ挙げておく。
　・岩井克人：「二十一世紀の資本主義論」、筑摩学芸文庫（2006）
　・ルイジ・ジンガレス：「人びとのための資本主義　市場と自由を取り戻す」、NTT出版（2013）
　・原丈人：「「公益」資本主義－英米型資本主義の終焉」、文春新書（2017）
310) 「スマートに安全・確実に電気を使う」、電気の知識を深めようシリーズ-7、pp.7-8、電気学会（2016）、https://ieejrenkei.sakura.ne.jp/link/pdf/denki_1-7kobetu/pdf/pdf7.html（最終参照日：2025年1月11日）（一部の表現を見直し）

第5章　未来から現在へ

　　動物の一員としての人類を考えると、一日に必要なエネルギーは食品から得られ、約 2,000 kcal（キロカロリー）になります。これをワット単位の数値に換算すると約 100 W（ワット）となります。この量は体重でほとんど決まっていて、ハツカネズミ（体重約 20 g）では約 0.15 W、ゾウ（体重約 4 t）では 2,000 W（＝2 kW）程度になっていて、人間の 100 W もこの線上にあります。
　　つまり、人間は他の動物に比べて、世界平均では 25 倍の、我が国での平均では 50 倍のエネルギーを使っていることになります。
　　このように人間は、動物として生きていくのに必要なエネルギーの数十倍を使って、快適な生活を送っているわけです。

　暗黒の宇宙空間に浮かぶ宇宙船地球号の熱力学的な収支は、もし人間が何もしなければ、太陽からの熱を電磁波の形で受け取って、宇宙空間に輻射熱の形で放散する形である。フローを考えるなら、それがすべてである。しかし地球内部にはその誕生過程で生じたストックのエネルギーがあり、しかも人間という生物体がいる。この人間という生き物は、地球が億年単位でストックしてきたエネルギーをフローのエネルギーに変換する技術力をもっている。技術力をもつがゆえに人間は豊かな文明を築いたが、それは見方によっては崩壊してゆく文明でもあるのかもしれない[311]。でも崩壊する速度は、人類史の時間軸上で考えて、無視できる程度に遅くすることは可能なのではないか、もしそうしようとする意志がありさえすれば。現代のキーワードを使うならば、サステイナビリティの重視である。
　もし、人間は消費するエネルギーの総量を減らす必要があるとの点に合意が得られるなら[312]、そのための指標を明確にし、その指標値の改善を目標にすればよい。二酸化炭素排出量を指標とし、2050 年にカーボンニュートラルを実現することは一つの目標としてあり得るが、もっとマクロで、しかも個人の生活とのつ

311）　クリストファー・ライアン：「文明が不幸をもたらす－病んだ社会の起源」、河出書房新社（2020）
312）　ここで「もし、…合意が得られるなら」と仮定形で記したのは、合意が得られない可能性も十分にあることを意識するからである。地球温暖化とか省エネルギー重視しない人たちや国々・地域もあり、それらが政治的・軍事的に優位に立つ可能性は十分にあるのだから、そのような状況下では環境問題対応も変化する。ただしその問題にはここでは踏み込まない。

ながりがより見えやすい指標が欲しい。そのためにはエネルギーを消費する側（需要側）から考えるのがよい。

経済成長を重視する立場からは、長くGNP（国民総生産）やGDP（国内総生産）と、それを人口で割った一人当たりのGNPやGDPが用いられてきた。これからはGNE（国民総エネルギー消費）やGDE（国民純エネルギー消費）とそれを人口で割った一人当たりのGNEやGDEに注目すればよい。世界規模では国ごとのGDEを積算すればよい。そしてその中での電気エネルギーに注目すればよい。この点については、改めて次章で述べる。

地球環境問題を語る人の多くが今も言及する古いレポートがある。1972年のローマクラブレポート[313]である。その170頁に次の表現がある。

> 人類は、全く新しい形の人間社会 – 何世代にもわたって存続するように作られる社会 – を創造するのに、物的に必要なすべてをもっている。欠けている二つの要素は、人類を均衡社会に導き得るような、現実的かつ長期的な目標と、その目標を達成しようとする人間の意志である。

今、改めてかみしめるべきではないだろうか。

5.2　日本の国土と電力システム

ほとんどの日本国民は日本列島を生活の基盤としている。子供、孫世代にもその基盤は引き継がれてゆく。50年、100年と人としての営みが繰り広げられている。電気エネルギーはその営みを支え続ける。

ありえない話だが、未来の日本の国土に生活する人々、海外から来訪する人々のすべてが東京都を中心とする首都圏にしかないとすれば、電力需要は首都圏にしかないから、未来の電力システムは首都圏に電気エネルギーを供給するためのシステムとして構想すればよい。

---

313)　大来佐武郎監訳：「成長の限界　ローマクラブ「人類の危機」レポート」、ダイヤモンド社 (1972)

ありたい未来の姿は、日本列島の地方地方で人々の営みが展開されていること、その営みが文化的・社会経済的に輝くものであることだろう。もちろん、日本が世界の中でその存在を安定なものとし、国内の地方同士の関係を調整しつつ国全体としての最適な姿を追求してゆくための中枢は必要不可欠である。

それら中央や地方を、インフラ中のインフラとして支えるのが未来の電力システムになる。電力システムは国土の上に構築される。そして部分的には海底にあるいは宇宙に拡大してゆく。

魅力的な将来日本

まず必要なことは、日本の魅力的な将来像を示すことではないか。それをグランドデザインと呼んでもよいだろう。

かつて、日本には新幹線網・高速道路網・情報通信ネットワークを実現した政治があり、行政があった。そして民間が三現(現場・現物・現実)を担った。電気エネルギーにあっては第1部でみた官と民の確執を乗り越えて、世界に類を見ない高い信頼度の電力供給を実現した。夢を語る政治家がいて、国会が拠り所にするべき法律を作り、国の行政を担う若い官僚群が法律を社会実装するための計画を練り、民間が創意工夫と額に汗する努力を積み重ねて、夢が実現した。そこには個人として何百億円の年棒を獲得する資本家も企業人もいなかった。

多額の金を手にする個人がいれば、その個人は金の使い道を考える。個人の一存で政治家に対して多額の献金をして、社会を動かそうとする。自分の主張を支持する人たちを社会の主要な組織に送り込む。自分の主張を合理化する研究者に潤沢な研究費が渡るようにする。当時、日本にはそのような社会は無かった。今もない。しかし、そのような社会に移行するリスクは、グローバル化の進展で高まっているのではないか。

世界に前例のない魅力的な将来日本の姿を示したらどうか。少子化と高齢化、過疎化を前提として、人々が生き生きと生活する社会の姿を世界に提示し、それを実現したらどうか。将来の電力システムはそのような社会を支えるものであるべきで、首都圏一極集中を加速する産業、たとえば生成AIの登場で加速するデータセンター需要に応えるために首都圏の電力系統を充実するようなものではないはずだ。

自然災害列島日本

　二つの課題を同時に解決したい。日本列島は台風、地震、津波等の自然災害の高いリスクにさらされており、自然災害への対応力強化が必要である。社会インフラである電力を不断に供給したい。自然災害の結果としての電力断は想定するべきであり、それに対して不断に極力近い形で電力供給を再開するにはどうしたらよいかが、解決するべき課題である。自然災害と電力断時の対応、この二つの課題を三現(現場・現物・現実)から考えてみよう。

　2024年1月1日に発生した令和6年能登半島地震では、建築物、道路、水道などが大きく損壊し、送配電設備も被災した。北陸エリアの送配電ネットワークを運営し電力の安定供給を担う電気事業者に北陸電力送配電株式会社がある。北陸送配電は損傷個所の復旧にあたり、電力各社はそれに協力した。その状況を表12.1に示す。なぜ他社の復旧工事に協力するのか。それは各社が「電力の安定供給」という理念を共有しているからであろう。でも各社とはどの会社なのか、表5.2にある会社だけなのか。将来のあるべき電力システムではどのようになっているのが望ましいのだろうか。

　程度の差こそあれ、災害が不可避だとするならば、災害から復旧するための仕組みも必要となる。その仕組みの構築、強化は電力の取引市場では不可能である。可能にするために最も機能する理念が、公益性である。

　電力の公益性を確保し強化する仕組みは重要である。

表5.2　能登半島地震時の電力各社による応援内容

応援元	応援要因(延べ)	応援車両
北海道電力グループ	69	25
東北電力グループ	994	479
東京電力グループ	685	232
中部電力グループ	2,044	180
関西電力グループ	727	113
中国電力グループ	67	21
四国電力グループ	126	23
九電グループ	42	18
合　計	4,754	1,092

出所：Enelog、Vol.63、電気事業連合会(2024)

災害を受けにくい電力システムの実現を目指したい。三現（現場・現物・現実）から考えてみよう。筆者が参考にするべきと考える実例を次に示す。2019年の台風15号来襲時の千葉県睦沢町の事例である。

2019年9月9日に首都圏に来襲した台風15号は神奈川県や千葉県で規模の大きな停電被害をもたらした。中でも千葉県の配電系統が受けたダメージは大きく、広範囲にわたって強風による倒木で配電網がダメージを受けた。他の地域電力会社から復旧のための応援も駆け付けたが、停電解消までに長期を有した。

その中で注目されたのが、千葉県睦沢町の「むつざわスマートウェルネスタウン」の熱と電気の自給自足システムである。道の駅と地域の住宅エリアに熱と電気を供給し続けた。地域で算出される天然ガスによるガス発電設備、太陽光発電設備、地中に埋設された配電系統などが存分に力を発揮した。

電力供給にマイクログリッドという考え方がある。それを電気学会は次のように説明している[314]。

> マイクログリッドは米国のDOE（Department of Energy：エネルギー省）の元で設立されたCERTS（Consortium of Electric Reliability Solutions：電力供給信頼性対策連合）により、今世紀の初頭に提唱された概念が発端である。国内外各所でこれまでに多数のマイクログリッドの研究が行われてきており、電力の安定供給、再生可能エネルギー電源の普及拡大、コージェネレーションの排熱の有効利用など、それぞれ様々な目的と特徴を有する。いずれも小規模かつ多様な分散型電源を組み合わせて、特定地域のエネルギー需給を司る電源システムである。

マイクログリッドとスマートタウンは相性が良い。この事例のように配電線を地中に埋設すれば、台風が来ても倒れる電柱がないので、防災になる。留意するべきはマイクログリッドの内部要因による停電の回避である。電力の供給信頼性確保には様々なことを考えなければならないが、ここでは単純化して、電気エネルギーの需給で平常時には独立可能なスマートタウンがあったとする。電力系統

---

314) https://www.iee.jp/pes/termb_003/（最終参照日：2025年1月11日）

は配電系統だけで済み、送電系統は不要になる。遠地にある大規模発電所も不要である。異常時には、停電をあきらめて復旧するまで待つか、外部、すなわち地域配電会社からの電力供給を仰ぐことの選択になろう。おそらく後者を選択するのだろうが、異常解消のための技術サービスと、異常時の電力料金が問題になろう。スマートタウン・マイクログリッドが数多く出現すれば、そのコスト面の仲介は保険会社が商品化すれば解決できる。スマートタウン・マイクログリッドと地域配電会社との間は連系されているが、平時は地域配電会社から購入する電力はゼロである。スマートタウン・マイクログリッド内部に事故があった場合には電力供給と復旧工事を配電会社側に有償で依存する。その際に購入する電力の料金はかなり高額になろう。復旧工事費の分と合わせてその費用を保険会社が算定し、平時の電気料金に含入しておけばよい。異常時にはスマートタウン・マイクログリッド側は保険金を保険会社から受け取り、配電会社に支払えばよい。社会トータルで高い供給信頼度と安い電気料金が実現できれば良い。十分にあり得る話ではないだろうか。

　都市生活に不可欠な上下水道・電気・電話や情報・ガスなどの供給システムをライフラインと総称する。配電線だけでなくライフライン全体を効率的に地中化するとの視点も重要である。下河辺淳は阪神淡路大震災の復興に取り組む中で、道路はライフラインの通り道でもあるとの概念を提唱した。下河辺の震災復興への取り組みには学ぶべき点が多い[315]。

　スマートタウンは国土交通省が進めるコンパクトシティ構想ともなじみがよい。その点については首都直下地震や需要立地の項で改めて論じよう。

---

315) 塩谷隆英:「下河辺淳小伝　21世紀の人と国土」、商事法務(2021)、第7章参照

配電事業ライセンス制度

> column

2022年4月に施行された改正電気事業法（国会での可決・成立は2020年6月）では、一般送配電事業者に代わり、地域において配電網を運営し、緊急時には地域の分散型電源を活用し独立したネットワークとして運営できる制度が導入された。資源エネルギー庁は期待される効果として次の4点を挙げている。

① 供給安定性・レジリエンス向上
② 電力システムの効率化
③ 再エネ等の分散電源の導入促進
④ 地域サービスの向上

資料の中では、千葉県睦沢町の「むつざわスマートウェルネスタウン」についても好事例として言及がある。

NTTはこの制度を使い、全国に約7,000カ所ある通信施設を利用して配電事業に参入する方針を固めた[316]。NTTは蓄電池や直流給電技術に強みを持つ。通信施設内の機器の多くは直流大電流を必要としているからである。

そもそも、エジソンが電気事業を創設したときには、直流給電方式であった。その給電範囲は発電所から1マイル（1.6 km）が限界と言われ、電流戦争で交流派に敗退した。現在、需要側を見れば、電気自動車（EV）も直流、コンピューターも直流、エアコン、冷蔵庫等の家電機器も効率向上のためには直流利用が必要である。地域の発電設備である太陽光発電で得られる電気も直流だし、風力発電もいったん直流にしたうえで直流交流変換しないと交流の電力系統には接続できない。NTTの配電事業には大きな可能性があるだろう。

この制度により配電事業を営むためには経済産業大臣の許可が必要である。一般送配電事業者の送配電系統との接続の仕方、平時、緊急時の電力売買と保険制度との関連付けなど、どれだけ柔軟な制度運用が図られるかが、効果を上げるためのカギになるだろう。

---

316) 日本経済新聞　2024/9/19

首都直下地震対応

　首都直下地震は30年以内に70％の確率で発生すると予測されている。首都圏一極集中を緩和し、リスクを分散させる必要がある。それはとりもなおさず、首都圏が担っている機能を地方に分散させることに他ならず、電力供給の在り方も変えることになる。そのためのマスタープランが必要だ。首都圏に電力を供給する送電線を強化してから、首都機能を分散し、分散させた先の電力供給網を整備するのは非効率だ。そもそも首都圏の海抜ゼロメーター地帯に密集する人々の命の危険をどのように軽減するかとの重要課題もある。

　エネルギーに関する国の施策を振り返る。エネルギー供給強靭化法の成立と電気事業法／再エネ特措法の改正により、電力広域的運営推進機関（OCCTO）には2022年度から「非常時における電力需給対策のみならず、停電が発生した場合の早期復旧を円滑に進めるための対策の強化」として「災害時連系計画の内容確認」と「災害等復旧費用の相互扶助制度の運用」が求められるようになった。

　災害はいつどこでどのような形で発生するかわからない。しかし、それに対応する十分な人材と設備を個々の電力事業者が非現実的である。電力自由化以前にも相互扶助は機能していた。電力自由化時代の東日本大震災でも、電力システム改革下の2019年に千葉県を中心に長期の停電が発生した台風15号来襲時も、2024年能登半島地震でもそれは機能していた。OCCTOへの期待は大きい。それに加えて、一般送配電事業者10社は2021年4月に送配電網協議会[317]を設立し、系統異常発生時における技術検証等の広域的協力を含む、送配電事業にかかわる様々な活動を展開するようになっている。

　災害対応はときに人の命に直結する、まさに三現が重要な業務である。OCCTOは現場も現物も持たない、現実は間接的にしか知ることができない。送配電網協議会や個々の一般送配電事業者が有機的に連系して災害対応を担ってくれれば心強い。

　課題は実効性・人材・コスト・透明性であろう。幸い災害大国日本は電力システムでも数多くの災害被害を受けてきた実績がある。過去の災害復旧の実例に照らしてシミュレーションし、さらに首都直下地震についてもシミュレーションし

---

317) https://www.tdgc.jp/（最終参照日：2025年1月11日）

て、その結果を国民に公開するのがよいのではないか。OCCTOや協議会は、当面は三現経験が豊富な一般送配電事業者からの出向者を主体にして、その与えられたミッションを着実に遂行するであろう。新たな人材投入も行われるだろう。

しかしそのための電力人材を量的にも質的にも日本社会が継続的に育成できるか、育成のための入り口は教育現場にあるだろうがそこにいるべき育成人材（教育者・研究者）は希少になりつつあるのではないか。しかし努力する姿もある。筆者の知る心強い動きを一つ紹介しよう。国立研究開発法人新エネルギー・産業技術総合開発機構（NEDO）は2024年11月に人材育成に関する提案を採択した。提案名は「NEDOプロジェクトを核とした人材育成、産学連携等の総合的展開／将来の電力システムの計画・運用を支える人材育成〜新たな電力系統工学・解析を中心に〜」である[318]。ちなみにこの提案は早稲田大学、北海道大学、東京大学、広島大学、産業技術総合研究所が合同で行った。

発電所で起こされた電力は送電ネットワークを介して需要地に送られる。送電ネットワークの電力の流れの解析（潮流計算という）は高度な技術分野で、以前は多くの卓越した研究者がその分野にいた。計画・運用に必須の技術である。しかし現在、単に潮流計算のソフトウェアプログラムを動かせるだけでなく、日本の地域ごとに全く異なる系統の潮流計算を創造的に行える研究者が何人いるだろうか。電力技術にかかわる教育実態・研究実態の全体像を明らかにし、改善の手立てを講じることが必要であろう。

電気はあって当たり前の空気のような存在になっている。しかし電気を社会システムの中に組み込む仕事は、電力機器や送電線のような物理的に実態をもった存在から、システム制御・通信・資金・規制のように目に見えにくいものまで、幅広く複雑で高度なものになっている。司法・政治・行政・学術・経営・技術等の各分野の関係者が自律分散的に自らの専門家としての役割を果たし、なおかつ密接に連携することが必要である。

需要立地

人が使う電力は人のそばになければならない。でも人が使わない電力は人のそば

---

318) https://www.nedo.go.jp/koubo/FF3_100410.html（最終参照日：2025年1月11日）

にある必要はない。21世紀が情報の世紀であるならば、データセンターが大きな電力を必要するならば、その立地は考える価値がある。

　ポイントは電力を必要とする機器で地上に置かなくて済むものを宇宙空間に出すことである。松永安左エ門は1957年にすでに人工衛星に注目している（p.146参照）。すでに通信衛星や放送衛星などでその技術は実用化している。それらの衛星が機能を発揮するために使われるエネルギーは電気エネルギーであり、電気エネルギーは太陽電池から得ている。第4.2節ですでにみたように、21世紀という情報の世紀に入り、情報処理分野での電力消費が2050年に向かって激増し、データセンター関連の技術進歩を楽観的に考えても現在の日本全体の電力消費に匹敵する電気エネルギーがデータセンターで使われるようになりかねない。技術進歩が緩やかなものであれば、さらに多くの電気エネルギーが使われる。

　データセンターを地上に置き続けることは、地球環境問題に少なからぬ悪影響を与えることは確実である。宇宙空間に出すべきである。宇宙空間では雨も降らない。静止軌道にSSPS（Space Solar Power Station；宇宙太陽光発電所）を複数置き、地球に近い軌道に多数のデータセンター衛星を分散配置すればよい（低い軌道に置かないと情報の伝送遅れが問題になる）。発電所衛星とデータセンター衛星はマイクロ波で必要なエネルギーを授受すればよい。多数の通信衛星が有効に機能することは、しかもそれが事業的に成立することは、米国の現代のイノベーターであるイーロン・マスクが衛星通信サービス「スターリンク」で実現している。

　ここではデータセンターに注目したが、情報革命の時代に地上に置いておく必要のない、ただし電気エネルギーを必要とするものはいくらもあるだろう。人工衛星の次は月である。月面に情報センターを置けばよい。そのための技術開発と投資を日本はするべきではないだろうか。さまざまある電力需要のうち、人間のそばになくてもよいものを宇宙に持ち出すための支援制度（優遇税制、安価なロケット、データセンターの無人運用技術等の事業環境等々；要するに事業をやりたくなるようなインセンティブ）を整えた国が、そのメリットを享受するだろう。もちろん、その制度を生かす起業家精神をもった民間人が育っていることが前提だが。

　電力は需要に見合うだけの量を発電して瞬時に送電線等を介して届けなければ

第5章　未来から現在へ

ならない同時性が必須の財なので、需要想定が極めて重要である。上の提案は需要を宇宙空間に移すことを提案するものだが、関連して日本の国土計画がある。筆者の認識ではその最重要課題の一つが地域振興、裏返して言えば首都圏への一極集中排除である。その観点からすると、現在検討が進められている広域系統長期方針は理解できない。首都圏の電力需要が大幅に増加することを前提にした検討が行われているからである。

経済産業省の審議会は「送電線整備に最大7兆円、再エネ拡大へ50年まで計画素案」[319]を策定し、それを受ける形で電力広域的運営推進機関（OCCTO）は「広域系統長期方針（広域連携系統のマスタープラン）」[320]を2023年3月29日に公表した。全国の地域内、地域間の電力系統の在り方を検討した貴重な資料となっている。

マスタープランの中から一つの例を取り上げてみよう。たとえば北海道地内や東北地内の系統増強に多額の投資が必要などの重要な指摘がある。しかし強い疑問を感じる部分もある。需要地として首都圏を特定したうえで、北海道地域内対策コストに約1.1兆円、HVDC（高電圧直流送電）対策コストに約2.5〜3.4兆円をかけるという。単純化して言えば北海道で再エネ発電を強化し、首都圏の電力需要を賄う、そのために日本海側と太平洋側に長距離の海底ケーブルを敷設するとの構図である。ここで三つの疑問がわく。①首都圏の電力需要を北海道に移せないのだろうか、②北海道から電力以外の形で首都圏に送れないのだろうか、③日本周辺の海底は地上と同様に急峻な地形が多く、海流も強く地震のリスクも高くて海底ケーブル敷設に向かないのではないか、という三つの疑問である。たとえば2050年に向けて電力を多く消費する産業が情報処理産業だとして、それを北海道に移してデジタル化した情報信号を光ファイバーケーブルで首都圏に持ってくるのとHVDCに約2.5〜3.4兆円をかけることとの優劣比較が必要ということである。第1章（pp.82-83）で引用されているジャック・カサッザの言葉を借りて言い換えるならば、

---

319)　日本経済新聞2022年12月6日
320)　https://www.occto.or.jp/kouikikeitou/chokihoushin/230329_choukihoushin_sakutei.html
　　　（最終参照日：2025年1月11日）

北海道（←坑口）に建設されたデータセンターで処理される情報（←新規石炭火力発電所からの電気）は需要地との間で送受（まで送電）された。このため新たに光ファイバーによる通信線や人工衛星を介した通信網（←高圧送電線）が必要となったが、HVDC等の高圧送電線（石炭の鉄道輸送）よりもデジタル信号を送受（←電力に変換してから輸送）する方が経済的である。

のではないかということである。建設コストがかさむ送電網は雇用を生まない。過去の電力システムは遠地に大容量発電所を建設して人口と産業が密集する地域に長距離送電線網で送電せざるを得なかった。需要が変われば、電力システムは変わる。まず電力システムありきではない。まず需要ありきである。
　マスタープランに話を戻し、いくつかの事実を挙げる。筆者は2024年4月発行の書籍で、次のように主張したことがある[321]。

　系統計画事例については、電力広域的運営推進機関（OCCTO）が2023年3月29日に策定・公表した広域連系系統のマスタープランを取り上げてみたい。必要投資額（概算）は約6～7兆円とされ、その約半分（約2.5～3.4兆円）が北海道～東北～東京の600～800万kW規模の連系線新設である。どのような電力系統特性を想定し、どのような機器の製造技術・工事技術を必要とするかの研究開発は誰が行うのだろうか。その人材は育っているのだろうか。解は経済学では出せない。工学分野が頑張るべきだろうが、人材育成がなされていなければ、そして研究費が研究機関に投入されていなければ、ガラパゴス技術がまた一つ増えるだけではないか。首都圏一極集中が日本の脆弱性の一つのリスク要因になっているとの指摘が古くからある。600～800万kWを北海道から首都圏に持ってくるのと、600～800万kWの需要を北海道で喚起するのとどちらがよいか、それは経済学の問題であろう。

　60年間の長きにわたって電力系統技術、電力ケーブル技術分野の第一線で活躍してきた長谷良秀氏は、この海底ケーブルHVDC計画の技術的実現性に強い

---

[321] 関根泰次、松田道男、鈴木浩、大来雄二：「新時代の電力システム－そのグランドデザインを考える」、NPO次世代エンジニアリング・イニシアチブ（2024.4）pp.128-129

第 5 章　未来から現在へ

懸念を示した[322]。長谷氏は、①重く長大で高い絶縁電圧が必要となる海底用電力ケーブルの製造品質を高く保つことの困難さ、②海底地形や海流、地震等の条件が過酷な日本周辺海域での敷設工事の困難さ、③事故点評定の困難さ、④修理が必要となった場合の修理失敗リスクの高さ、等々のさまざまな問題点を指摘した。この検討を担うOCCTOの広域系統整備委員会の加藤政一委員長は新聞のインタビューに応じ、次のように述べた[323]。

> ……北海道～東北～東京間に800万キロワットもの送電容量が必要かは再考の余地がある。……エネルギー政策は国のグランドデザインと同義だ。今は再エネと連携線の話に重きが置かれているが、もっと長期的に考える必要がある。……

　2024年9月10日には広域系統整備委員会は東地域の改訂直流送電計画策定を1年延期することを決めた[324]。
　その後も注目するべき情報発信は続いている。日本学術会議は公開シンポジウム「海底地質災害と洋上風力開発」を開催し、日本のような急峻な海底地形の元では海底地質リスクの存在を認識し、適切な計画の上で開発を実施することの必要性を訴えた[325]。
　経済産業省が送電線整備の必要性について予算規模を含めた計画素案を2022年に提示し、それを受けたOCCTOがマスタープランを策定して2024年3月に公開して広くパブリックコメントを求め、2024年9月10日に件のHVDC計画については、計画全体の取りまとめ時期を1年繰り延べて2025年度末とする方針となった。この一連の流れは、新しい民主主義の可能性がここにおいては単に可能性にとどまらず、具体的な形になりつつあるということではないか。私は先行するコラムで「パブコメはガス抜き」と記した（p.221）。しかしマスタープラン

---

322) 「日本の電力システムの在り方を考える」https://nexteng.org/eng_culture/page_20240728054011
　　（最終参照日：2025年1月11日）
323) 電気新聞、ニュースインタビュー、2024年8月28日掲載
324) 電気新聞、2024年9月11日掲載
325) https://www.scj.go.jp/ja/event/2024/368-s-1114.html（最終参照日：2025年1月11日）

については多くのパブコメが出され、それが委員会等で真剣に議論されたと聞く。電力システム分野では「パブコメはガス抜き」は事実誤認であり、既に新しい民主主義が実現しつつあるようだ。

電気学会のような学術団体も、研究者集団であることに加えて、技術者集団としてこのような社会動向にもっと積極的にコミットすべきなのかもしれない。ちなみに電気学会の英文名称は The Institute of Electrical Engineers of Japan、米国には電気電子系分野に The International Institute of Electrical and Electronics Engineers（略称はIEEE）がある。IEEEは日本語にするときには国際電気電子技術者協会と訳されることが多い。すでに日本工学アカデミーは2017年に「電力の自由化について海外自由化先進国から学ぶこと」を世に問うている[326]。

停電させないための人の心と技術力

第4.1節で電力システム改革の現状を検証した。電力システム改革の結果として、日本の電力技術は強化されたのだろうか。電力技術を担う人が確保され、担う人のマインドはより高揚しているのだろうか。北海道の全域停電と東日本の需給ひっ迫を振り返る。

日本は停電しない国、供給信頼度が高い国と、久しく言われ続けてきた。その日本で、2018年9月6日午前3時7分に北海道胆振東部地震が起き、17分後に北海道全域が停電した（北海道ブラックアウト）。エネルギー資源庁のウェブ記事[327]によれば、停電は約2日後に99%が解消した。OCCTOに第三者委員会（検証委員会）が設置され、専門的な観点から、データに基づいた検証がおこなわれた。検討にはオブザーバーとして経済産業省電力安全課、資源エネルギー庁電力基盤整備課、電気事業連合会、北海道電力株式会社が参加した。地震からの3ヶ月後、2018年12月19日に検証委員会は最終報告をおこない、詳細なバックデータとともにウェブで一般に公開した[328]。

---

326) https://www.eaj.or.jp/?dlp_document=13183（最終参照日：2025年1月11日）

327) https://www.enecho.meti.go.jp/about/special/johoteikyo/blackout.html（最終参照日：2025年1月11日）

328) https://www.occto.or.jp/iinkai/hokkaido_kensho/hokkaidokensho_saishuhoukoku.html（最終参照日：2025年1月11日）

この活動によって研究者や電力関係各社は、公開された報告書やデータを用いていろいろな検討を行えるようになった。たとえば鈴木浩氏は北海道全系崩壊から何を学ぶかを、OCCTO最終報告書に盛り込まれていない当時の自家発電設備の運転状況などを含めて考察した[329]。考察の中で共著者である関根泰次氏が停電当時、私家本で一部の関係者にのみ公開した「再検証の必要性」「如何にして？」という2編の記事も収録した。長谷良秀氏はOCCTO最終報告書データに基づき、電気評論誌にブラックスタート（全系が崩壊した状態からの復旧操作）に的を絞った考察を公表した[330]。長谷氏の問題意識は「BS（ブラックスタート）に関する備えの強化は喫緊の課題であり、北海道の教訓をしっかり読み取り、広く全国の電力技術関係者が共有しなければならない」との点にあった。

　なお、一般送配電事業者10社は2021年4月に送配電網協議会[331]を設立し、系統異常発生時における技術検証等の広域的協力を含む、送配電事業にかかわる様々な活動を展開している。

　電力系統は人類が生み出した最大のアナログ回路とも言われる。それは市場法則ではなく物理法則に従って動く。自由化された電力系統は市場法則によって運用されるが、その状態を物理法則に反するようにすることは絶対にできない。その動きを説き明かし、改善を図ること、それが工学であり、技術であり、電力事業経営である。それを担う人がいる。関根氏は1991年の台風19号が日本の電力系統にもたらした甚大な被害とその原因究明、復旧作業を振り返って、「絶滅寸前の専門家」と題する新聞コラム記事を1999年に執筆した[332]。そこで、この分野の専門家がほとんど皆、会社や研究所や大学から退職してしまっていることを慨嘆するとともに、国内のみならず国際レベルでも対策を講じる必要性を強調し

---

329) 関根泰次、松田道男、鈴木浩、大来雄二：「新時代の電力システム－そのグランドデザインを考える」NPO次世代エンジニアリング・イニシアチブ（2024）、第3.2節参照
330) 長谷良秀：「北海道系統2018年9月6日大停電後のブラックスタートに関する私的考察」、電気評論 Vol.107 No.4, 2022（pp.14-34）
331) https://www.tdgc.jp/（最終参照日：2025年1月11日）
332) 関根泰次：「絶滅寸前の専門家」、電気新聞1999年2月24日、この記事は次の書籍に収録されている。関根泰次「学窓から眺めた日本と世界 そして電気－随想101話」、電気学会、2007年、pp.40-42

ている。

　先に言及した長谷氏の記事を掲載した京都の出版者である株式会社電気評論社は、2022年12月号をもって雑誌『電気評論』を休刊し、会社は2023年10月に閉鎖となった。西の雄が電気評論社だとするならば、東の雄は株式会社オーム社である。東京の電気系出版社であるオーム社が大正3年（1914年）の会社創業以来発行し続けた電気総合誌『OHM』は、2024年3月号をもって休刊となった。両誌とも電気系技術者にとって必読の啓発書と呼べるものだった。絶滅寸前の専門家の購買力は細っており、商業出版社では雑誌を維持できないということなのであろう。幸いオーム社は活発な出版活動を継続しているが。

　真剣に人材育成方策を考え、実行に移す必要がある。

　一般の方に電力に関心を持っていただき、将来のあるべき姿を考えるために、忘れてはならない事例がもう一つある。停電には至らなかったものの、停電寸前に東日本が追い込まれた事例である。2022年3月22日に資源エネルギー庁が需給ひっ迫警報を発令した東京電力・東北電力管内の電力危機については、第三の敗戦と評する向きもある[333]。しかし実際に停電は起きなかったし、6日前（3月16日23時36分頃）の福島沖のマグニチュード7.4の地震で一部火力発電所が停止していたところに異常低温が重なった極めてまれな事象なので、許容するべきだとの見方もできないわけではない。異なる見方があるとき、十分な情報が公開され、議論がなされてそこからくみ取るべき教訓について合意が形成されてゆくかは重要である。

　この需給ひっ迫を考察してみよう。6日前の福島県沖地震によって停止した火力発電機は、相馬共同火力と広野火力で合計160万キロワット程度であり、東京電力・東北電力の発電能力（数千万キロワット）に対して微々たるものだったのではないか。検証するべきは不測の事態に備えて発電会社（自由化前であれば電力会社）が発電運用のために持っていた予備力が、2022年3月22日前後と自由化前の運用での常識的な値との比較において、どの程度だったかである。東京電力の3月22日の電力使用見通しは前日の23時50分時点で図5.1のようであった。また当日には昼前から供給力（需要ピーク時供給力）を電力需要が上回る事態が続い

---

[333] 竹内純子「電力崩壊　戦略なき国家のエネルギー敗戦」、日経BP（2022）

ていた(図5.2参照)。

　3月22日は寒い日だった。21日から22日に日付が変わるころの東京大手町の気温は10度近くあったが、それは低下を続け午前6時には4.9度で雨、正午には1.9度になりみぞれが降る天気となった。3月は電力需要が低下する時期なので火力発電所の定期点検等、電気設備を停めて保守点検が行われる。すなわち電力システム全体で発電能力が低下する時期であり、そこで気温が下がれば増加する暖房需要のため電力需給はひっ迫する。速報値ベースでは、図5.2に見るように、午前中から電力需要が供給力を上回る事態になった。物理法則的には需要と供給は常

図5.1　3月22日の電力使用見通し
（前日の23時50分時点）
出所：東京電力パワーグリッド社のウェブページより

にバランスしていなければならず、需要が上回ると停電に至るが、停電は起きなかった。それは、国を挙げての節電要請[334]と、電力供給の現場でのこの速報値には現れない陰の努力[335]が必死になされて、実際にはかろうじて需給バランスが保たれていたということであろう。電力系統の事故もないのに需要が供給を

---

334) 新聞はこの事態を次のように報道した。
　「16日の地震で火力発電所の停止が続き季節外れの寒さが重なった。地震前から電力の供給力は慢性的に足りていない。再生可能エネルギーに押され採算悪化した火力の休廃止が進んでいるためで、22年1～2月は東電管内で予備率が最低限必要な3％をわずかに超えただけだった。需給ひっ迫の改善を企業や家庭の節電に頼る電力システムは心もとない」。（日本経済新聞2022年3月24日）
335) 陰の努力の主なものは計画停止している火力発電所の稼働や、揚水発電所の上池の水を計画外の使い方をして発電機を回して電力供給を増やすことであった。もし国や電力会社を挙げての節電要請の効果が不十分であったら、上池の水は尽き、その時点でどこかの需要地域を強制的に停電させることによって、電力需給のバランスを取る事態になったはずである。

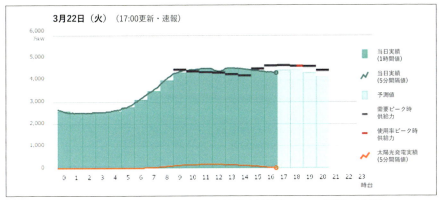

図5.2　2022年3月22日の電力需給実績値（17：00更新・速報）
出所：東京電力パワーグリッド社のウェブページより

上回る事態は電力自由化／電力システム改革以前には現実問題として起きなかった。だから竹内純子氏はこの事態を「第三の敗戦」と称して分析し、対応策を提言しているのである。

電気エネルギーの供給は公益性が高く、他の公共財には見られない「需要が発生したその瞬時に発電をその需要に見合うだけ行わなくてはならない」という物理法則が支配しているだけに、異常時にどのような対応ができるか、異常時の対応力をどのように強化できるかを重視しなければならない。自然災害で電力システムを構成する一部の設備が使えなくなったら、電力需要が想定外に増加したら、電力システムはどうなるか。停電する。その事例が1965年の御母衣事故（停電規模3百万キロワット弱；関西電力の70％）であり、1987年の東京電力広域停電（停電規模8百万キロワット強；東京電力の20％）であり、2018年の北海道ブラックアウト（停電規模約3百万キロワット；北海道電力の100％）であった。

このような事故や需給アンバランスは稀である。稀な事象は許容するべきとの考え方もある。そうしないと際限なく対応コストが増えて不経済だからである。その一方で、停電・需給ひっ迫を回避するため人知を尽くすべき、より安価でより高度な技術を開発するべきだとの見方もある。受け止め方は多様である。しかし科学技術創造立国を国是とするならば、しかも電気エネルギーの現代社会に対する重要性を考えるならば、停電回避を含む公益電気エネルギー確保の技術的・経営的努力を継続しなければならない。「スーパーコンピューター、世界2位で

はなぜ悪いのか」と問うのではなく、1位を目指す努力こそが我が国にとっては必要なのだとの認識をぜひ共有したい。仮に結果として2位、3位、あるいは順位もつかぬ番外になったとして、その現実を認めつつ、1位になれなかった理由を問い、改善策を講じなければならない。

電力システムの関係者・関係組織の、停電させないための人の心と技術力を向上させるたゆまぬ努力に期待したい。なかんずく、送配電網協議会[336]の、事業面だけでなく学術面もスコープに入れた活動は重要と考える。

改めて公益・公共を考える

日本という国家、日本の国土は将来にわたって大切なものだとするならば、国家、国土の将来像があって、それに資する電力システムの将来像を描こうとするアプローチも重要であろう。第5.1節で、私たちが拠り所にするべき理念について考えた。そしてこの節では「魅力的な将来日本」に続けて電力システムの課題をさまざま論じてきた。

日本の電力の公益性は、日本あってのものだから、日本があり続けるための必要条件を想定して、その条件を前提として電力システムの在り方を考える必要がある。たとえば今まで論じてきたことに電力システムの災害対応やエネルギー安全保障がある。巨大地震と津波、激甚な気候変動、富士山大噴火、世界各地で勃発する戦争やテロの影響を受けるのが電力システムだけでないことは言うまでもない。たとえば日本の隣国で戦争の道具としての核技術・ロケット技術開発が急速に進められる中で、国民の命を守る手段としての核シェルターの建設とそこへのエネルギーや食糧の供給や情報手段の確保も、検討課題とするべきかもしれない。人口が稠密で老朽家屋が密集している海抜ゼロメートル地帯で何が起き得るかの想定はすでになされている。しかし対策は遅々として進んでいないように思える。

国が国として機能するためには立法府と行政府の存在は必要不可欠との視点から、考察を進めてみよう。現在の日本の姿は東京一極集中である。阪神淡路大震災（1995年）のときも東日本大震災（2011年）の時も国会や中央官庁は被害を受けず、それなりに機能した。国会や中央官庁に電力を供給するシステムも、太平洋

---

336) https://www.tdgc.jp/（最終参照日：2025年1月11日）

岸のいくつもの大電源設備は大きな被害を被ったものの、生き残った電源と西日本からの緊急融通、そして地域ごとの計画停電により、国会や中央官庁への電力供給は維持された。

　首都直下地震が来襲したとき国会や中央官庁の果たしている機能はどのような影響を受けるだろうか。過去の貴重な経験を振り返りつつ、シミュレーションすることが必要だ。1995年の阪神淡路大震災からの復興のことを私たちは忘れてしまったのだろうか。阪神淡路地区では人々の生活も産業経済も大打撃を受けた。その時、国会も首相官邸も霞ヶ関官庁街も罹災しなかったので、国会は迅速に復旧・復興のための法律を作り、行政はそれを実行に移した。

　そもそも首都圏への一極集中こそが問題であり、しかも問題であることが認識されてから、長い年月が経っている。遷都・分都論等の首都機能移転の提言が政府に出されるようになったのは昭和30年代である。国会に超党派議員懇談会として新首都推進懇談会が発足したのは1975（昭和50）年で、国会等の移転に関する法律の施行は1992（平成4）年である。2000（平成12）年には国会等移転審議会が「移転先候補地として、北東地域の『栃木・福島地域』又は東海地域の『岐阜・愛知地域』を選定する（三重・畿央地域も可能性あり）」との答申を出した[337]。しかし具体化のプランは2014年の「国土グランドデザイン2050」にも「令和6（2024）年国土交通白書」にもない。

　首都圏一極集中のリスク軽減は重要性・緊急性がない課題なのだろうか。また国会等をまとめて一カ所に移転したのでは「一極集中」が移るだけなので、実際には分都的対応になるのだろうが、分都は国会等だけか。日本にとっての東アジアの重要性がさらに増すとして、そのための中核地域は首都圏がふさわしいだろうか。沖縄を含む日本の西地域こそ中核になるべきではないか。ちなみに文化庁は地方創生や文化財の活用などのため既に京都移転を進めている[338]。これらの施策が本格化するならば、産業も移動し変質する。電力の需要構造が変わる。電力供給体制は需要に合わせて整備しなくてはならない。それには緻密な計画と長い

---

[337]　国会等移転に関する記事は次のウェブサイトを参考にした。https://www.mlit.go.jp/kokudokeikaku/iten/information/b_01_index.html（最終参照日：2025年1月11日）

[338]　https://www.bunka.go.jp/seisaku/bunka_gyosei/kino_kyoka/details/index.html（最終参照日：2025年1月11日）

時間が必要である。

　一極集中の対極にあって等しい重要性・緊急性をもつ課題が高齢化と少子化である。この課題には、2014年に閣議決定された「国土のグランドデザイン2050」[339] が注目するべき基礎データを提供している。それは日本を1km四方に区分したときの住民の年齢分布である。平均年齢が高くても若者がいる地区と、同じ平均年齢で若者がいない地区の将来をどのように考えたらよいかという問題である。その地区に人が住まなくなるなら電力供給は不要になる。閉鎖的に見える過疎の山里にも、明るい将来が見えているところと見えないところがあるのではないか。電力供給体制は需要に合わせて整備しなくてはならない。もしかしたら積極的に無人化を図ったほうが、住民の健康で文化的な生活の維持向上が図れるのかもしれない。人が高福祉な生活を享受できる点（コンパクトシティ）や他の点とか面がネットワークで結ばれ、豊かな自然に囲まれる文化的生活空間を創造できれば、日本を追って高齢化する世界に先進的なモデルを提供できることになる。そしてそのような生活空間に電気エネルギーを供給する仕組みは、今よりはるかに省エネで自律分散的なものになる。電力の需要構造を変えることが必要である。

　私たちは本書の第1部でサミュエル・インサルと松永安左エ門という類い稀な電力イノベーターの実像を見た。これからの電力システムを実現するために、何人もの電力イノベーターが必要だ。単純化のそしりを恐れずにいえば、政治家は夢を語れる人である。科学者は夢を分析できる人である。経営者・行政官・技術者は夢を形にできる人である。金融人は夢を形にするために不可欠なファンディングをする人である。一般人は形になった夢で豊かな生活を送る人である。人はあるときは政治家であり、また経営者、行政官、科学者、技術者であり、金融人、一般人でもある。幅広い分野に関心を持つ剣山型の人材が必要だ。強みの分野を持ち、他の分野を理解でき、公益を重んじる、行動力がある電力イノベーターに活躍してほしい。今こそインサルや松永のような、自由と競争を重んじる企業人と、自由と競争を重んじる政治と行政が必要となっているのではないか。

---

339) https://www.mlit.go.jp/kokudoseisaku/kokudoseisaku_tk3_000043.html（最終参照日：2025年1月11日）

おわりに

　ハンス・ロスリング（Hans Rosling）はその著書[340]の中で、世界を事実に基づいて正しく見ることができる能力のことを「データリテラシー」と呼んで、「世界を事実に基づいて見ることが、より良い意思決定と持続可能な未来への道を切り開く鍵である」と説いている。

　世界は常に変化していてとどまることが無い故、刻々変化する瞬間の出来事のみを見ていては正しい認識を得ることができない。その瞬間の連続体である歴史を学び、その因果関係を正しく理解することが必要である。因果関係は、歴史を遡る努力によってのみ知ることができる。

　本書の第1部の目的は、公益電気事業とは何かという問いに答えることにある。そのため「過去と現在は連続体をなす」という考えに立って、トーマス・エジソンの時代まで遡って広く偉人の足跡をデータの中に探索した。

　生物が刻々変化する原因は、自然な形の成長や進化と、突然変異による遺伝子の配列に生じた大変化によるものがあることが知られている。そのアナロジーを歴史に当てはめれば、社会に起きる革命は生物の突然変異にあたる。経済や技術の領域ではそれをイノベーションと呼ぶ。イノベーションは、新奇性に満ち（novel）、非連続的（disruptive）であり、時代と世界を急展開させる（pivotal）ものである。イノベーションは、ヒト（イノベーター）によって、モノ（発明・発見）が、カネ（資金）を梃に企業化され、社会実装に至るプロセスのことである。第1部では、エジソン、インサル、J.P.モルガン、藤岡市助、松永安左エ門を公益電気事業のイノベーターとして取り上げ、彼らの興した電気事業におけるイノベーションの歴史を遡った。まさに「イノベーションは、インベンター（発明家）・アントレプレナー（企業家）・フィナンシア（投資家）が同時に現れてはじめて具現化する」実例を数々見た。

　第2部では、「現在と未来は連続体をなす」という考えに立って、電気事業の将来の形に想像力をめぐらした。第1部と第2部をつなぐ通奏低音は電気事業の公

---

[340] 『Factfulness（ファクトフルネス）：10の思い込みを乗り越え、データを基に世界を正しく見る習慣』（日経BP社発行、2019年）

おわりに

益性である。我々は、電気事業の公益性の原点である不断性、廉価性、環境性の現在のあり方を、データをもとに考察した。そして、電気事業がそうした三つの価値を実現していくためには、電力需要の将来の在り様について正しく認識することが、「世界を事実に基づいて見て、より良い意思決定と持続可能な未来への道を切り開くことのできる鍵」であると確信した。将来の需要構造と規模を予測することは、日本の置かれた狭小な国土・多発する自然災害・関東圏への一極集中・人口減少をも変数にする多元方程式の解を求めることである。本書ではその解に接近するためのいくつかのヒントを提供できたのではないかと自負している。

いま我々に将来から強い光を送ってくる二つの灯台が視野に入ってきている。一つは、2050年に設定されたカーボンニュートラルという「グリーンの灯台」であり、既に電力システムの変質を引き起こしている。今一つは2045年頃と予測されるAIが人間の知能を凌駕するシンギュラリティ（技術的特異点）[341]という「デジタルの灯台」であり、シンギュラリティに向けて、AIの電力需要の急増がすでに視野に入ってきた。そして、AIの活用による「電脳融合」は電力システムの最適解を見いだすことを助け、今世紀の中半には、「グリーン」に生産される電力エネルギーを、高効率で安定的に送電し、限りなく電化された社会はそれを高効率で消費する世界が到来することを想像できる時代となった。

このグリーンとデジタルの二つの灯台の光を求めて進むイノベーターが多数出現することを願ってやまない。

松田 道男

この本の成り立ち、中でも編者となっている電気学会社会連携委員会の活動について述べておきたい。社会連携委員会が一般社団法人電気学会の中に常設の委員会として設置されたのは2020年2月であり、英語名を The Committee on Social Engagement of IEEJ としている。1888年創設の電気学会にとって、新し

---

341) 米国のRay Kurtsweil 氏の2005年に発表した著書『The Singularity is Near』で「シンギュラリティの2045年到来」を予言したことを嚆矢とする。最近「シンギュラリティはより近く」(2024年、NHK出版)という著書でその時期は早まったとの見解を示した。

い委員会である。

　委員会発足のルーツにさかのぼると2011年3月の東日本大震災にたどり着く。東北や関東で複数の原子力・火力発電所・水力発電所などが、地震や津波などの影響により運転が停止し、広範囲で停電が発生した。一方で、電力の大消費地である首都圏は地震発生直後、ほとんど停電が発生しなかった。本文でも詳説したように、電力の需要と供給のバランスが崩れると、大規模停電につながる可能性があったが、損壊した電気設備を系統から自動的に切り離したり、一部の需要家への電力供給を止めたりして対応したとのことである。

　地震の発生は2011年3月11日14時46分頃で、その日は金曜日であった。週末を迎え電力需要は減少に向かうが、3月14日の月曜日からは業務用・産業用電力が増えるので、多くの発電所が損壊した状態では需要を充足させることは難しかった。そこで、政府や電力会社等の呼びかけにより需要の抑制を図ると共に、供給不足になると予想される時間帯に地域を区切って停電させる措置がとられた。これを計画停電という。計画停電は周知方法等で一部混乱が生じると共に、社会全体に影響を与えた。電力技術の専門家は発電量が足りないのだから計画停電はやむを得ないと当初は考えていた。電気学会内の雰囲気も同様であったと聞いている。しかし、気づいたことは、自分たち（電気学会会員）は発電量が足りないと電気を安定に供給できないことを、社会の方々や報道機関等に日頃どれだけ理解していただく努力をしてきたか、その努力が足りなかったのではないかという反省であった。

　この様な経緯で、電気学会は小さなワーキンググループを発足させ「電気の知識を深めようシリーズ」（全7巻）を執筆し、無料配布する事業を始めた。必要経費は2013年学会が創立125周年を迎えたときの会員からの寄付金を充てた。ワーキンググループが役割を終えて解散されるとき、電気学会は専門家集団としての会員が社会の方々とエンゲージ（連携）して継続して活動する「場」のありかたを検討し、恒常的な委員会として社会連携委員会を発足させた[342]。

---

342) 電気学会社会連携委員会が展開する諸活動は、次のウェブサイトで総覧できる。
　　 https://renkei.iee.jp/
　　 「電気の知識を深めようシリーズ」も「忘れられた巨人　サムユエル・インサル」もウェブサイトの「小冊子を使おう」のページから入手することができる。

おわりに

　本書は社会連携委員会に設けられたインサル伝（第二次）ワーキンググループが原稿を作成し、委員会での議論を経て書籍として刊行したものである。第二次ということは過去に第一次があったということで、その活動成果は2020年12月に上梓した「忘れられた巨人　サミュエル・インサル」（松田道男著、電気学会社会連携委員会編）である。米国の電気事業とそのイノベーションに焦点を当てた著作である。委員会ではその出版経験を踏まえ、米国だけではなく日本についても掘り下げた検討をおこなう第二次ワーキンググループを発足させた。主テーマはやはり電気事業である。ワーキンググループでは米国だけでなく欧州の電気事業についての調査も行ったが、本文に詳説したように日本の電気事業のルーツは米国のサミュエル・インサルにある。そしてインサルの事業モデルを詳細に調査しつつ、日本に適した事業スタイル、いわば松永モデルとでも言うべき九電力体制を確立したのが松永安左エ門である。

　未来は現在の延長線上にあり、現在は歴史を踏まえて成り立っており、史実を大切にしつつ未来を考えたのがこの本である。電気学会の社会連携委員会活動へのご理解とご鞭撻をお願いしたい。

田中　博文

索　引

コラム（Column）索引
負荷率（Load Factor）と不等率（Diversity Factor） ………………………………… 26
発電能力と電灯の数 ……………………… 46
エジソンがフォードの背中を押した ………… 62
松永安左エ門の武蔵野生活 ……………… 132
吉田茂と池田成彬の関係 ………………… 136
2002年「エネルギー政策基本法」 ……… 171
ゴルディロックスの寓意 …………………… 198
AIはエネルギーの為に、エネルギーはAIの為に
……………………………………………… 200
エネルギー、電力に関する参考書 ……… 218
アソシエーションとファンダム …………… 221
配電事業ライセンス制度……………………… 234

人名索引
イートン，サイラス　Eaton Sr., Cyrus Stephen
…………………………………………… 72, 73
インサル，サミュエル　Insull, Samuel
……………………… 3, 11, 40, 181, 223, 248
インサル，マーチン　Insull, Martin
………………………… 36, 40, 66, 79～80
ヴィラード，ヘンリー　Villard, Henry
………………………………… 28, 53～58
ウェスティングハウス，ジョージ Westinghouse, George　……………………… 18, 55～57
エアトン，ウィリアム Ayrton, William Edward
………………………………………… 86～87
エジソン，トーマス・アルバ　Edison, Thomas A.
………………… 9～11, 13～16, 87～88, 209
カーネギー，アンドリュー　Carnegie, Andrew
………………………………………………… 34
カサッザ，ジャック　Cassaza, John A.（Jack）
………………………… 82, 154, 211, 238

グールド，ジェイ　Gould, Jason "Jay" …… 34
グーロー，ジョージ　Gouraud, George E. … 41～43
コッフィン，チャールズ　Coffin, Charles Albert
………………………………… 57, 60～63
サッチャー，マーガレット Thatcher, Margaret Hilda ……………………………………… 151
シスラー，ウォーカー Cisler, Walker Lee …… 148
シュンペーター，ヨーゼフ・アロイス Schumpeter, Joseph Alois ……………………………… 19, 47
ジョスコウ，ポール　Joskow, Paul Lewis
………………………… 154～158, 184, 197
ジョンソン，エドワード Johnson, Edward
………………………………………… 42, 50, 55
スタンリー，ウィリアム Stanley Jr., William
……………………………………………… 56, 91
スワン，ジョゼフ　Swan, Joseph Wilson … 45
ダイアー，ヘンリー　Dyer, Henry ………… 86
テスラ，ニコラ Tesla, Nikola …… 9, 18, 55～56
トクヴィル，アレクシ・ド　Alexis-Charles-Henri Clérel, comte de Tocqueville ……… 220, 221
トムソン，ウィリアム Thomson, William …… 87
ハイエク，フリードリヒ Hayek, Friedrich August von ……………………………………… 151
バイデン，ジョー Biden Jr., Joseph Robinette
……………………………………………… 207
バチェラー，チャールズ　Batchelor, Charles W.
……………………………………………… 53
フリードマン，ミルトン　Friedman, Milton
………………………………… 151, 165, 197
ファラデー，マイケル　Faraday, Michael … 9
マックスウェル，ジェームズ Maxwell, Michael
……………………………………………… 9
マッカーサー，ダグラス　MacArthur, Douglas
………………………………… 132～134, 138

253

モルガン, ジョン・ピアモント Morgan, John Piermont
　…………………… 11, 14, 20, 34, 37, 48, 51〜57, 78
ヤング, オーエン　Young, Owen D. … 75〜76
ライト, アーサー　Wright, Arthur………… 33
ラモント, トーマス　Lamont Jr., Thomas
　William ………………………… 111, 114, 120
ルーズベルト, フランクリン・Roosevelt,
　Franklin Delano ………… 37, 78〜79, 81〜82
レイ, ケネス Lay, Kenneth …………… 158
レーガン, ロナルド　Reagan, Ronald Wilson
　……………………………………………… 151
ロックフェラー, ジョン Rockefeller, John Davison
　……………………………………… 28, 34
ロビンズ, エイモリー　Lovins, Amory B. … 218

人名索引

浅野応輔……………………………… 86
安倍晋三……………………………… 174
甘利明………………………………… 171
井伊重之……………………………… 218
池田成彬 ………………… 113, 120, 135, 138
池田勇人……………………………… 137
出弟二郎…………………………… 122, 127
伊藤元重……………………………… 172
今井伸一……………………………… 189
岩垂邦彦………………………… 86, 89〜90
宇野重規……………………………… 220
太田弘子……………………………… 166
大橋弘………………………………… 164
岡本浩…………………………… 189, 199
荻生田光一…………………………… 188
小平浪平……………………………… 95
加藤政一……………………………… 240
加納時男……………………………… 171
茅陽一………………………………… 218
木川田一隆…………………………… 149

岸田文雄……………………………… 207
久原房之助…………………………… 95
小坂順三………………………… 128, 139
小島正美……………………………… 205
近衛文麿………………………… 123〜126
小林一三………………………… 113, 135
重宗芳水……………………………… 95
志田林三郎……………………… 86, 87, 92
菅義偉………………………………… 192
鈴木浩…………………………… 218, 242
関根泰次………………………… 239, 242
竹内純子 ………………… 218, 243, 245
田中久重……………………………… 94
頼母木桂吉…………………………… 122
永井柳太郎……………………… 123〜124
中上英俊……………………………… 218
中曽根康弘…………………………… 165
中谷巌 …………………… 166, 224〜226
中野初子…………………………… 86, 93
西廣泰輝……………………………… 216
野田佳彦………………………… 171, 174
長谷良秀………………………… 239, 242
鳩山由紀夫…………………………… 171
浜松照秀……………………………… 218
平岩外四………………………… 149, 165
平岩芳朗……………………………… 195
廣瀬圭一……………………………… 189
福澤桃介 ………… 85, 89, 96〜97, 100, 101
福澤諭吉……………………………… 85
藤岡市助 ……………………… 3〜16, 86〜90
前田武四郎…………………………… 92
増田次郎……………………………… 125
松永一子………………………… 131, 132
松永安左エ門 …… 3, 85〜149, 173, 181 214
　　　　　　　　　　　　223, 237, 248
松本丞治………………………… 138〜141

三鬼隆 ……………………………… 136
御園生誠 …………………………… 218
三吉正一 …………………………… 88
村田省蔵 ………………………… 126〜127
矢嶋作郎 …………………………… 87
山尾庸三 …………………………… 87
山口博 ……………………………… 189
横山明彦 ………………………… 173, 189
吉田茂 ………………… 134〜138, 140, 181
蠟山正道 …………………………… 182
若林恵 ……………………………… 220

組織名索引

AEG ……………………… 33, 53, 93
CEGB (Central Electricity Generating Board) ……………………… 151, 164
DOE (Department of Energy)
　………………………… 153, 156, 232
EBASCO (Electric Bond and Share Company) ……………………… 81
FERC (Federal Energy Regulatory Commission) ……………… 153, 156
GHQ → 連合国最高司令官総司令部
IEEE (米国電気電子技術者協会) ……… 241
IPP (Independent Power Producer)
　………………………………… 152, 167
ISO (Independent System Operator)
　………………………… 155〜156, 161
JST → 科学技術振興機構
National Grid Company …………… 151
National Power ……………………… 151
Nuclear Electric …………………… 151
OPEC (Organization of the Petroleum Exporting Countries) ………… 153
PG&E (Pacific Gas & Electric)
　………………………… 157〜159, 191
PJM Interconnection ……………… 156
PowerGen …………………………… 151
PPS (Power Producer and Supplier: 特定規模電気事業者) ……………… 167, 170, 172
RTO (Regional Transmission Operator)
　………………………… 156, 161〜162
SCE (Southern California Edison) …… 159
アーサー・アンダーセン会計監査法人 …… 159
石川島造船所 ………………………… 92
インサルグループ会社
　インサル公益事業投資株式会社 … 72
　エル (EL) ………………………… 66
　コモンウェルス・エジソン社 …………
　　11, 16〜17, 27, 29, 59〜77, 93, 100, 104, 106, 156
　北イリノイ・パブリック・サービス・カンパニー ……………………… 64, 66
　インサル公益事業投資株式会社 (L.U.I) ……………………… 72
　シカゴ企業証券株式会社 (Corp) … 73
　ノース・ショア・エレクトリック …… 29, 64
　ピープルズ・ガス・ライト・アンド・コーク
　　………………………………… 67, 71
　ミドル・ウェスト・ユーティリティーズ
　　………………… 36, 64〜66, 71, 73〜76
ウェスティングハウス ………… 9, 55〜59, 91
英国エジソン ………………………… 16
エクセロン ……………………… 18, 157
エジソン関連会社
　エジソン・ゼネラル・エレクトリック・カンパニー (エジソンGE) ……… 42, 53
　エジソン機械工場 … 45, 49, 51, 52, 88
　エジソン電気照明会社 ………… 48, 49
　エジソン電気導管会社 ………… 49, 51
　エジソン電灯会社 … 14, 42, 47, 48, 51
　エジソン電灯工場 ………………… 48

255

索引

トーマス・A・エジソン建設 …… 50, 51
エジソン照明会社連盟（AEIC）……… 60, 61
エジソン電気協会（EEI）………… 61, 148
エンロン 153, 158, 160, 168〜169, 191
エンロン・ジャパン ………… 160, 168, 169
オーム社　OHMも見よ ………… 243
科学技術振興機構（JST）………… 207, 217
木曾電氣興業 ……………………………… 101
ギャランティー・バンク・オブ・ニューヨーク … 110
銀座電力局 ………………………………… 137
久原鉱業 ……………………………………… 95
慶應義塾 ……………………………… 85, 97, 100
経済産業省…… 164, 169, 172, 174, 176, 181,
　　　　　　　　185, 238, 240, 241
憲政会 ……………………………… 101〜102
広域系統整備委員会 ………………… 240
公益事業委員会 ……………………… 22,
　　24, 69, 116, 117, 133, 135, 137, 138, 139,
　　141, 158, 181, 182, 185, 223
国鉄 ……………………………… 146, 164, 165
国土交通省 ……………………………… 203, 233
国連人口局 ……………………………… 202
五大電力会社協議会 ………………… 120
国会等移転審議会 ……………………… 247
コモンウェルス・エジソン社
→インサルグループ会社の項を見よ
サザンカンパニー ……………………… 160
産業技術総合研究所 ………………… 236
産業計画会議 …………………………… 145
シーメンス ……………………… 9, 33, 53
シカゴ・アーク電力電灯会社 ………… 59
シカゴ・エジソン・エレクトリック ……… 11
資源エネルギー庁
　　　………… 30, 175, 181, 234, 241, 243
芝浦製作所 ……………………………… 94〜95
州間通商委員会 …………………………… 22

集中排除審査委員会 ………………… 134
商工省 ……………………………………… 133
新エネルギー・産業技術総合開発機構（NEDO）
　　………………………………………… 236
新首都推進懇談会 ……………………… 247
新政会 ……………………………………… 101
製品評価技術基盤機構（NITE）…… 214
政友会 ……………………… 101, 102, 114
世界銀行 …………………………………… 215
ゼネラル・エレクトリック（GE）
　　… 9〜11, 17, 51〜53, 57〜63, 73〜78,
　　81, 88〜89, 104
専売公社 ……………………… 146, 164, 165
全米電灯協会（NELA）21, 60, 61, 93, 106, 182
送配電網協議会 …………… 235, 242, 246
大学
　グラスゴー大学 ………………………… 87
　工部大学校 ……………………… 86, 87, 89
　工部大学校電気工学科 ……………… 87
　工部大学校電信科 ……………… 86, 89
　工部寮 …………………………………… 86
　ジョンズ・ホプキンス大学 …………… 87
　東京大学 ………………………………… 236
　広島大学 ………………………………… 236
　北海道大学 ……………………………… 236
　早稲田大学 ……………………………… 236
　シカゴ大学 ……………………………… 151
ダイナジー ……………………… 153, 160
田中製造所 ………………………………… 95
中央電力協議会 ………………………… 144
デトロイトエジソン電力会社 …… 62, 148
テネシー渓谷開発公社（TVA）…… 29, 82
デューク・エナジー ……………………… 160
電気学会 …………… 92, 134, 164, 227, 232, 241
電気事業再編成審議会 ………… 135〜138
電気事業研究会 ………………………… 104

256

電気事業民主化委員会 ……………… 134	電源開発 …………… 140, 142, 215
電気事業連合会 ………… 61, 143, 144, 241	東京電力 ……31, 149, 170～172
電氣廳 …………………………… 127	211, 243～245
電気評論社 ……………………… 243	東北電力 ……………… 211, 243,
電電公社 ……………………… 164, 165	北陸電力送配電株式会社 ……… 231
電力会社（太平洋戦争以前）	北海道電力 ……………… 241, 245
宇治川電氣 ………………… 112	電力系統利用協議会（ESCJ） ………… 169
大阪電燈 …………… 86, 90～92	電力広域的運営推進機関（OCCTO） … 175,
関西電気 …………………… 103	217, 222, 235～236, 238～240, 241～242
九州水力電氣 ……………… 100	電力設備近代化調査委員会 ……… 143
九州電氣 …………………… 100	電力設備実態調査委員会 ……… 142
九州電氣軌道 ……………… 100	電力中央研究所（CRIEPI）
九州電燈鐵道 ………… 100, 102	………… 142～148, 195, 208, 217
京都電燈 ………………… 91～92	電力聯盟 …………… 120～121, 130
品川電燈 …………………… 92	東京電氣 ……………88～89, 94
大同電力 … 102～103, 110, 112, 125	東京白熱電燈球製造 ……………… 88
東京電力（東力） …… 113, 115, 120	東芝 ……………………………… 94
東京電燈（東電） …… 4, 16, 85～89,	トムソン・ヒューストン社 ……… 55～57, 91
91～93, 112～113, 114～115, 120, 135	ドレクセル=モルガン ……… 14, 15, 48
東邦電力 … 98, 102～131, 135, 182,	日本卸電力取引所（JEPX） ………… 170
214	日本学術会議 ……………………… 240
東邦電力調査部 … 27, 109, 122, 123	日本工学アカデミー ……………… 241
名古屋電燈 ………… 92, 101, 104	白熱舎 ……………………………… 88
日本電力 …………… 92, 112, 127	ハルゼー・スチュアート銀行 ……… 39
日本發送電 …… 100, 124～131, 133	日立製作所 ……………………… 95
博多電燈 …………………… 99	福松商會 ………………………… 98
博多電燈軌道 ……………… 99	北海道炭砿汽船 ………………… 97
廣瀧水力電氣 ……………… 85	丸三商會 ………………………… 98
深川電燈 …………………… 92	三吉電機工場 …………………88, 95
福博電氣軌道 ……………… 99	ミラントエナジー …………… 154, 160
電力会社（太平洋戦争以降）	明電舎 …………………………94, 95
JERA ………………… 153, 159	メンロパーク研究所 ……… 14, 45, 48
関西電力 …………… 102, 144	モルガン財閥 …… 37, 65, 72, 81 110, 114, 120
九州電力 ………… 99, 102, 223	ユナイテッド・コーポレーション ……72, 81
九電未来エナジー株式会社 …… 224	ユニコム ……………………… 157
中部電力 …………… 102, 105	立憲政友会 …………………… 102

索引

連合国最高司令官総司令部（GHQ）
　　　　……………83, 111, 118, 132〜141, 181
ロックフェラー家 ………………………… 38

一般事項索引

1992年エネルギー政策法 ………… 154〜156
2050年CN ………………… 188, 194, 197
AI　生成AIも見よ ………… 176, 198, 199
BEV→自動車
CCS………………………………………… 207
CO_2（二酸化炭素も見よ）　205〜206, 212〜214
COP→気候変動枠組条約締約国会議
E10 ……………………………… 206〜207
IPトラフィック………………………… 207
NDC ………………………………… 176, 194
OCCTO→電力広域的運営推進機関
OHM ……………………………………… 243
SAF ……………………………………… 207
SDGs ……………………………………… 227
SNS………………………………… 221〜222

● あ行 ●

アグレゲーター ………………………… 162
浅草発電所………………………………92, 93
アソシエーション ……………… 220〜222
暗黒の木曜日 ……………………… 70, 71, 73
アンシラリーサービス ………………… 155
安定供給（性）………… 170〜176, 188〜190,
　　　　　　　　　　195, 223, 231, 232
アントレプレナー
　　　……… 10, 19, 20, 37, 85, 97, 107
イノベーション ………3, 9, 18, 93, 226, 249
インサル=松永モデル　4, 30, 118, 132, 135, 164
　　　インサル再評価……………………… 16
　　　インサルのイノベーション ……… 18

インサルモデル … 22, 24, 81, 106, 118,
　　　　　　　　　133, 157, 161, 182
　　　企業家インサル ………………… 11
　　　理事長演説 ………………… 21, 30
インベンター ………… 10, 19, 20, 34, 37, 249
ウェル・トゥ・ウイール ………… 204, 205
ウォールストリート ……… 15, 36, 65, 70, 72, 120
宇宙太陽光発電所（SSPS） ……… 215, 237
エジソンの愚行 ………………………… 55
エジソンの呪縛 ………………………… 58
エジソンモデル………………………… 85
エタノール（バイオを見よ）………… 205
エネルギー
　　　一次エネルギー …… 203, 210, 211,
　　　　　　　　　　　　　　217, 227
　　　二次エネルギー ……… 201, 210, 227
　　　エネルギー安全保障……… 176, 193,
　　　　　　　　　　　　　194, 222, 246
　　　エネルギー自給率 ……………… 194
　　　エネルギー需給構造 …………… 217
　　　エネルギー消費…4, 199〜201, 225, 227
　　　エネルギー省2000 ……………… 156
　　　エネルギー省令888 ……………… 155
　　　エネルギー基本計画……… 169, 174,
　　　　190〜194, 203, 214, 215, 217, 220, 225
　　　エネルギー政策基本法 ………… 171
　　　エネルギー白書 ………………… 201
　　　エネルギー問題 ……… 146, 199, 216
　　　最終エネルギー消費………4, 199, 201
　　　再生可能エネルギー … 162, 194, 195
　　　　　　　　　199, 202, 216, 230, 243
オイルショック ………………………… 151
オープン・エンド・モーゲージ方式 ……… 70, 110
オープンアクセス ……………………… 161
温水洗浄便座……………………………… 212
温暖化　地球温暖化をみよ

● か行 ●

カーボンニュートラル……………… 187, **192**, 196, 207, 213, 227, 228, 250
会計分離…………………………………… 161
海底ケーブル ………………… 215, 238, 239
回避可能費用……………………………… 153
科学的経営……………………………… **104**, 107
核融合炉…………………………………… 215
火主水従…………………………………… **143**, 144
化石資源……………………………… 204, 205
化石燃料… 191, **192**, 196, 201, 204, 210, 218, 227
過疎化………………………………… 203, 216, 230
ガソリン
　　　　ガソリン車 ……………… 62, 204～206
　　　　ガソリンスタンド …………… 204～206
　　　　低炭素ガソリン ……………… 205～207
過度経済力集中排除法 ……………… 133, 134
からくり儀右衛門 ………………………… 94
環境性　地球環境も見よ …… 187, **192**, 200, 209, 250
環境への適合 ……………………………… 171
完全競争 ………………………………… 226
起業家 …………………………………… 9, 10
起業家精神 ……………………………… 237
気候変動枠組条約締約国会議（COP） … 227
規制
　　　　規制緩和 ………… 23, **151**, 152, 161, 163, 164, 166, 169, 182, 197, 224
　　　　規制撤廃 … 151, 152, 158, 164, 182, 207
　　　　規制（等）のあり方 ……………… 164
急速充電器 ……………………………… 214
給電指令 ………………………………… 30, 195
9電力体制 ………………83, 138～144, 149
教育……………………………… 40, 86, 202, 236
教育者 …………………………………… 236

供給責任……………… 20～26, 83, 104, 119, 182, 187～191, 209
供給力 ………………………… 103, 190, 244
　　　　供給力確保 ………………………… 61
　　　　供給力過剰 ……………………… 112
　　　　供給力強化 ………………………… 62
　　　　供給力増強 ………………………… 38
　　　　供給力不足 ………… **126**, 158, 176
　　　　供給力抑制 ……………………… 159
行財政改革 ……………………………… 165
行政監察 ………………………………… 166
金融恐慌 …………………………… 113, 120
グランドデザイン ……………………… 230
　　　　国の － ……………………………… 240
　　　　国土の － ………………… 247, 248
　　　　脱炭素化の － ……………………… 194
　　　　電力系統の － ……………………… 176
クリーン・エネルギー、クリーンなエネルギー
　　　　………………………………… 207, 227
グリーン成長戦略 …………… **192**, 214, 227
グローバル資本主義 ………………… 225～226
経済計算 ………………………………… 190
系統連系 ……………… 83, 104, **106**～109
研究者……… 68, 216, 230, 236, 241, 242
原子力…… 147, 196, 197, 206, 212, 213, 220
　　　　大型原子力 ……………………… 195
　　　　原子力政策 ……………… **146**, 147
　　　　原子力発電 ………… **146**, 186, 208
　　　　原子力発電所 ……… 149, 155, 162, 168～170, 174, 192, 209, 249
　　　　原子力委員会 ……………………… 147
　　　　再稼働 ……………… 176, **194**, 211
広域運用 ……… 108～109, 142, 144, 156
広域系統長期方針(広域連系系統のマスタープラン) …………… 176, 194, 235, **238**～240

259

公益事業
  経済的性質 ……………… 182〜185
  公益事業委員会 …… 22〜24, 69, 115
   133, 137〜141, 158, 181, 185
  公益事業持株会社規制法（PHUCA）
   ………………………………37, 82
  公益事業部 ………………… 141, 181
  公益事業本質論 …………………… 182
  公益事業令 ………………… 138, 181
  社会的性質 ……………… 182〜185
  電力・ガス事業部………………… 181
公益性 …………… 21, 176, 178, 181〜192,
  198, 200, 226, 231, 245, 246, 250
公共財…………………………… 226, 245
航空燃料………………………………… 207
合成燃料…………………………… 196, 206
構造改革…………………………… 184, 225
  経済構造改革 …………………… 171
  小泉構造改革 …………………… 224
  小売自由化
  ……… 157, 161, 162, 167, 169, 170
小売自由化州 ……………………… 162
高齢化………………………… 203, 230, 248
顧客株主………………… 39, 67, 69, 70, 72
国営論 109, 114, 118, 121, 127, 128, 131, 136
  国営論との戦い ………………… 118
  国営論に敗北 …………………… 121
国土……… 177, 201, 217, 229, 230, 246
  国土(の)グランドデザイン …… 247, 248
  国土計画 ………………………… 208
五大電力………… 112, 120, 121, 183, 223
国家総動員法………………… 121, 128, 133
ゴマカシの低廉 ……………………… 129
駒橋水力発電所…………………………… 94
コンバインドサイクル …………… 153, 192
コンパクトシティ ………………… 233, 248

● さ行 ●

ザ・クラブ ……………… 37〜39, 65, 72
ザ・チーフ ………………………3, 60, 68
サービス ……… 3, 20, 24, 64, 83, 182, 234
災害復旧……………………………… 215, 235
再生可能エネルギー（エネルギーを見よ）
サプライチェーン
  …………… 20, 46, 193, 206, 217
三現(現場・現物・現実)
  ………………212, 220, 230, 231, 235
三相誘導電動機……………………………94, 95
シカゴ万国博覧会 ……………………32, 56
事業報酬率………………………………… 31
事故・停電
  東京電力広域停電 ……………… 245
  ニューヨーク大停電 ……… 148, 152
  福島第一原子力発電所事故
   …………… 164, 171, 172, 189, 215
  北海道ブラックアウト(全域停電)
   …………………………… 241, 245
  御母衣事故 ……………………… 245
事故点評定……………………………… 240
仕事 ……………………………………4, 201
市場
  市場開放 ………………… 168, 224
  市場原理 ……… 151, 187, 197, 223
  市場原理の活用 ………………… 171
  市場法則 ………………………… 242
地震…………170, 209, 231, 238, 240, 241, 243
  巨大地震 ………………… 172, 246
  首都直下地震 ………… 233, 235, 247
自然災害 …………………… 231, 245, 250
自然独占 ………… 20〜23, 117〜118, 137,
   153, 182, 185, 191, 223
執行権(行政権) ………………… 220, 221

自動車
　　ガソリン車 ……………62, 204〜207
　　電気自動車(BEV)
　　　…… 62, 104, **204**, 209, 210, 214, 234
　　ハイブリッドカー(HEV) ……… 204, 210
資本主義………………… **10**, 18, 21, 34, 85,
　　　　　　　　　　　181, 219, 224, 227
　　グローバル－ ………………………225
　　－経済 ……………**39**, 52, 164, 224
　　日本型－ ……………………………121
　　福祉－ ………………………………67
市民……………………… 162, 193, 220, 221
ジャンボ発電機 ……………………**15**, 51
自由化
　　電気事業自由化 …………………184
　　電力自由化 ……… 18, **151**, 154, 160,
　　　　　163〜167, 178, 181, 188, 218, 226, 235
首都圏…………… 177, 208, 229, 232, 247, 251
　　首都機能移転 ……………………247
　　首都圏一極集中 　216, 217, 230,
　　　　　　　　　　　235, 238, 239, 247
　　首都直下地震 …………233, 235, 247
需要
　　需要曲線 ……………………………26
　　需要想定 ……………208, 215, 238
　　需要地 ……………… 10, 82, 93, 202
　　　　　　　　　　　209, 218, 236〜239
　　需要予測 ……………………**190**, 201
　　需要立地 ……………………………236
少子化………………… 203, 216, 230, 248
情報
　　情報革命 ……………………………237
　　情報化社会 ………………………207
　　情報の世紀 ………………… 178, 237
　　情報文明 ……………………………207

将来像
　　国家、国土の将来像 ………230, 246
　　電力(電力システム)の将来像
　　　　　　　　　　　　……… 177, 246
燭光 ……………………………………45, 46
所有権分離 ……………………………161
新結合 ………………………**19**, 20, 47, 93
人口 …… 93, 107, 178, **202**, 229, 239, 246, 250
人工知能 ………………………………198
人材育成 ………………… **236**, 239, 243
新自由主義 ………… **151**, 165, 197, 224〜226
　　－経済学 ……………………………151
　　－政策 ………………………………165
　　－者 ……………………………151, 163
水・火併用政策 ………………… 108, 109
水主火従 ………………… 94, 109, 142
スイッチング率 ………………………162
水平統制 ………………………………108
スーパーパワー ………………………106
スケネクタディ(NY州) ……… 31, 51〜53, 88, 90
スマートタウン …………………232, 233
世紀
　　情報の－ ……………………178, 237
　　石油の－ ……………………………178
　　電気の－ ……………………………178
生成AI　AIも見よ ………… 9, 221〜222, 230
節電要請 ………………………………244
設備投資 ……… 27, 31, 66, 103, 106, 109, 113
　　　　　　　　138, 139, 176, 196, 208, 210
絶滅寸前の専門家 ………………242, 243
選択の自由 ……………………… 151, 165
総括原価主義 …………… 19〜24, 30, 61, 83,
　　　　　　　　　　　166, 173, 183, 210
送配電・送電
　　一般送配電事業者 …… 234, 235, 242
　　送電線アクセス権 …………………155

261

索引

発送配電 ･･････････････････ 27, 167, 192
発送配電一貫経営 ･････ 133, 136
発送配電垂直統合 24, 117, 122, 164
発送配電コスト ･･･････････････ 27

● た行 ●

第一次世界大戦 ･･････････････38, 67
代替供給者 ････････････････ 161～162
大衆投資家 ････････････ 37, 70～73, 78
大日本送電会社構想 ･･････････ 108
第二電燈局 ･･････････････････ 85, 88
台風
　台風15号（2019年）･･･････ 232, 235
　台風19号（1991年）･････････ 242
太陽電池 ･････････････････ 215, 237
地域独占 ････････････ 21～24, 47, 61,
　　　　　　　117, 164, 182, 185, 223
地球温暖化
　（地球）温暖化ガス 159, 187, 192, 204
　（地球）温暖化対策 ･･･ 192, 209, 227
地球環境　環境性も見よ
　地球環境保護 ･･････････････ 197
　地球環境問題 ･･･ 216, 227～229, 237
蓄電池 ･･････････････････ 210, 234
中央発電所 ･･････ 3, 10, 13～16, 19, 28, 32,
　　　　　　　46, 47, 54～56, 75, 85～86
調整力 ･･･････････････ 176, 190, 195
超電力連系 ･･････････････････ 107
津波 ･･･････････ 172, 231, 246, 251
定額法償却 ･･････････････････ 139
低炭素ガソリン ･･････････ 205～206
定率法償却 ･･････････････････ 139
低廉性 ･････････････････････ 187
データセンター ･･･････ 195, 200, 207,
　　　　　　　　　217, 230, 237, 239
適格発電事業者 ･･････････････ 153

適正利潤 ･････････････････ 22, 83
デマンドメータ ･･････････････ 33, 61
電華 ･･･････････････････ 27, 105
電華会 ･･････････････････････ 105
電化社会 ･･･････････････････ 18, 46
電気
　電気事業法改正 ･･････ 30, 125, 131
　電気自動車　（自動車を見よ）
　電気専売案 ･････････････････ 118
　電気の時代 ･･････････････････ 11
　電気評論 ･････････････････ 242, 243
　電気学会誌、電気学会雑誌 ･････････ 164, 212
電機産業、電機メーカー
　　　　　　 46, 53, 59, 85, 96, 213, 214
電気料金
　インサルモデルの中核 ･･････････ 23
　松永モデルの中核 ･･････ 118～119
　公益性の「廉価性」･･････ 190～192
電源開発促進法 ･･････････････ 141
天候デリバティブ ･･････････････ 159
電脳統合(体) ･･･････････････････ 199
電流戦争 ･････････････････ 54, 89
電力
　電力イノベーター ･･･ 3, 4, 179, 223, 248
　電力王 ･･･････････････････ 17, 85
　電力危機 ･･････････ 157～160, 191,
　　　　　　　　　　　211, 218, 243
　電力飢饉 ･･････････････････ 126
　電力系統工学 ･･･････ 26, 209, 236
　電力系統理論 ･･･････････････ 209
　電力国営論 ･･････ 109, 118～131, 136
　電力国営論:頼母木案 ･･･ 121～123
　電力国営論:永井案 ･･････････ 123
　電力国家管理法 ･･････････ 121, 125
　電力市場開放 ･･･････････ 160, 168

262

電力システム改革 …… 164, 172, 188,
　　　　　　　　　　　　　　215, 219, 222
　　　電力自由化　自由化を見よ
　　　電力需要　需要を見よ
　　　電力戦 ………… 112, 116, 120, 183
　　　電力戦国時代 ………………… 223
　　　電力統制私見 … 106, 108, 114, 182
　　　電力の鬼 ……………………… 3, 132
　　　電力ファイナンス ……………… 109
　　　電力プール案 ………… 118, 119
　　　電力融通 … 118, 130, 137, 143, 170
　　　電力貯蔵 …………………… 195, 211
投資銀行家 ……………… 10, 14, 37, 39, 69
同時同量 ………… 170, 174, 190, 195, 216
東邦電力史 ……… 104～105,, 112, 121, 124
独占（地域独占、自然独占）
　　　インサルモデルの核心 ……… 20～24
　　　松永モデルの核心 ……… 117～118
　　　インサルモデル解体の核心 … 161
　　　松永モデル解体の核心 ……… 164
特定規模電気事業者 ………… 167, 172
特定電気事業 ……………………… 167
特別高圧契約 ……………………… 167
独立系発電事業者 ………………… 167

● な 行 ●

内外価格差 ………………………… 167
二酸化炭素　CO₂も見よ……… 187, 192～196,
　　　　　　　　　　　　198, 203～207
　　　炭素税 ……………………… 197
　　　二酸化炭素回収・貯留技術（CCS）… 207
　　　二酸化炭素排出量
　　　　……………… 203～205, 213, 228
日本型モデル ………… 164, 169, 172, 173
ニューディール政策 ………………… 82
ネオリベラリズム ………………… 151

燃料費調整制度 …………………… 167
農村電化法（REA） ……………… 82
能登半島地震 ……………… 231, 235

● は 行 ●

パール街中央発電所 ………… 15, 47, 87
バイオ
　　　バイオエタノール ……… 205, 206
　　　バイオディーゼル ………… 206
　　　バイオ燃料 ………… 196, 206
排出権取引 ………………………… 197
配電
　　　配電事業ライセンス制度 …… 214, 234
　　　配電電圧昇圧 ………… 213～214
　　　配電統合 ………………… 130
白熱電球 …… 10, 14, 16, 47, 48, 57, 68, 86～88
発送電一貫体制 …………………… 169
発電（設備）
　　　アンモニア発電 ……………… 215
　　　宇宙太陽光発電 ………… 215, 237
　　　ガス発電設備 ………… 232
　　　原子力発電（機、所）
　　　　…………… 151, 176, 188, 210
　　　自家発電設備 ………… 153, 242
　　　重力発電設備 ………… 211
　　　太陽光発電設備（所）… 210, 211, 232
　　　風力（発電）… 153, 187, 195, 201, 234
　　　（可変速）揚水発電設備
　　　　……………… 209～210, 244
発明家 ……………… 9～11, 14, 37, 249
パブリシティー・ビューロー ……… 106
パブリックコメント（パブコメ）…… 221, 240
パワープール ………… 63, 65, 104, 144, 156
阪神淡路大震災 ………… 233, 246, 247
反トラスト法 ……………… 22, 35
平岩レポート ………… 165～166

263

索引

ファンダム ……………………………… 220, 221
フィナンシア ……… 10, 11, 14, 20, 37, 38, 249
フェルミ炉 …………………………………… 148
負荷率…… 26〜28, 31, 64, 84, 106〜107, 117
福祉資本主義 …………………………………… 67
不断性 ………………………… 25, 187, 199, 250
物理法則 ……… 170, 190, 209, 216, 242〜245
不等率 ……………… 26〜28, 31, 84, 106, 117
分散型エネルギー …………………………… 198, 199
分散(型)電源 …………… 166, 187, 232, 234
分都 …………………………………………… 247
ベストミックス ……………… 144, 217, 218
法的分離 …………………………… 161, 175, 176
ホーム・ルール運動 …………………………… 69
ポツダム政令 ………………………………… 138

● ま行 ●
マイクログリッド ……………………… 232〜233
マスタープラン　広域系統長期方針を見よ
松永安左エ門の
　　1度目の挫折 ……………………………… 98
　　2度目の挫折 …………………………… 101
　　3度目の挫折 …………………………… 131
　　4度目の挫折 …………………………… 140
　　松永構想 ………………………………… 143
　　松永モデル
　　　… 4, 30, 83, 118, 132, 137, 149, 163
民意 ………………………………………… 219
民営化 …………… 29, 134〜135, 151, 164, 165

民営電気事業 ………………………………… 85
民主主義 ……………… 220, 221, 240〜241
民有国営(方式) …………… 119〜125, 128〜130
むつざわスマートウェルネスタウン ……… 232, 234
メルトダウン ………………………………… 172
持株会社
　　インサルモデルの中核としての-
　　　…………………………………… 34〜37
　　-設立の端緒 ………………………… 64〜67
　　インサル破綻の原因としての-
　　　…………………………………… 71〜72
　　PUHCAによる-規制 ……………… 81〜84
　　自由化後の-復活 …………………… 157

● や行 ●
ヤードスティック規制 ……………………… 167
予備力 ………………………………… 190, 243

● ら行 ●
ライフサイクル ……………………… 204〜205
リスク
　　リスク分散 ……………… 83, 192, 235
　　リスクマネー ……………………………… 10
レイク郡実験プロジェクト ……… 28〜29, 64, 107
レートベース ………………………………… 31
レコメンデーション(産業計画会議の) ……… 146

● わ行 ●
ワット・ビット連携 ………………………… 199

264

名簿

社会連携委員会		冊子系ワーキンググループ	
委員長	田中 博文	主査	池田 佳和
副委員長	六戸 敏昭	委員(著者)	松田 道男
副委員長	大来 雄二	委員(著者)	大来 雄二
1号委員	池田 佳和	委員	伊藤 裕子
1号委員	臼田 誠次郎	委員	臼田 誠次郎
1号委員	長谷川 有貴	委員	大島 正明
1号委員	中村 格	委員	岡部 洋一
1号委員	佐々木 豊	委員	桂井 誠
1号委員	山内 経則	委員	高橋 一弘
2号委員	久保田 寿夫	委員	中村 格
2号委員	佐藤 信利	委員	長谷川 有貴
2号委員	南方 英明	委員	本田 敦夫
幹事	加東 智明	委員	吉原 育広
幹事	森 雄一	事務局	佐々木 敏男
事務局	本吉 高行		
事務局	佐々木 敏男		

《著者紹介》
松田道男（まつだ・みちお）「第1部、第2部4.1節を担当」
東京大学工学部電気工学科卒。総合商社にて電力インフラ事業をグローバルに担当。そののち法政大学大学院イノベーション・マネージメント研究科客員教授や、Electric Power Research Institute（EPRI）日本総代表を歴任。
著書に『忘れられた巨人サミュエル・インサル』（電気学会）、共著に『忘れられたルーツ』（日本電気協会）と『新時代の電力システム』（NPO法人次世代エンジニアリング・イニシアチブ）がある。電気学会会員。

大来雄二（おおきた・ゆうじ）「第2部（4.1節を除く）を担当」
東京大学工学部卒。米マサチューセッツ工科大学修士課程修了。（株）東芝、東芝総合人材開発（株）、日本技術者教育認定機構を経て、現在は金沢工業大学科学技術応用倫理研究所客員教授、NPO法人次世代エンジニアリング・イニシアチブ理事長。多数の大学で技術者倫理科目を講義。著書（共著）に『鋼鉄と電子の塔』（森北出版）、『新時代の電力システム』（NPO法人次世代エンジニアリング・イニシアチブ）ほか。電気学会、日本工学アカデミー会員。

出でよ電力イノベーター　グリーンとデジタルの先へ

2025年3月15日　初版　1刷発行
2025年3月31日　初版　2刷発行

発行者　本吉 高行
発行所　一般社団法人電気学会
　　　　〒102-0076　東京都千代田区五番町6-2
　　　　電話（03）3221-7275　URL https://www.iee.jp
発売元　株式会社オーム社
　　　　〒101-8460　東京都千代田区神田錦町3-1
　　　　電話（03）3233-0641
印刷所　アーク印刷株式会社

落丁・乱丁の際はお取替いたします
©2025 Japan by Denki-gakkai
ISBN978-4-88686-325-6　Printed in Japan